U0610731

普通高等教育工程应用型系列教材

C 语言程序设计教程

主　编　王明军　刘培奇　张　鹏

副主编　叶　娜　钱文珺

科学出版社

北　京

内 容 简 介

本书以 C 语言的基本语法、语句和算法为基础，结合编者多年的教学经验和实践，深入浅出、循序渐进地介绍 C 语言的基本思想和程序设计方法。为培养和提高学生分析问题和解决问题的能力，书中增加了案例程序的设计思想和程序注释。为巩固学习内容，在每章后配有习题。本书共 12 章，在对 C 语言进行综合概述的基础上，分别介绍 C 语言程序设计基础、分支程序设计、循环程序设计、数组、函数、字符串处理、指针、结构体和共用体、文件、位运算和编译预处理等内容。

本书在编写过程中力求语言简洁、通俗易懂、系统完整，可作为大学本科、专科院校和独立学院的程序设计教材，也可作为广大科技人员和自学 C 语言人员的参考书。

图书在版编目(CIP)数据

C 语言程序设计教程 / 王明军，刘培奇，张鹏主编. —北京：科学出版社，2016.5

普通高等教育工程应用型系列教材

ISBN 978-7-03-048106-1

Ⅰ. ①C… Ⅱ. ①王… ②刘… ③张… Ⅲ. ①C 语言－程序设计－高等学校－教材 Ⅳ. ①TP312

中国版本图书馆 CIP 数据核字(2016)第 085894 号

责任编辑：张丽花 于海云 / 责任校对：桂伟利

责任印制：张 伟 / 封面设计：迷底书装

科学出版社 出版

北京东黄城根北街 16 号

邮政编码：100717

http://www.sciencep.com

北京凌奇印刷有限责任公司 印刷

科学出版社发行 各地新华书店经销

*

2016 年 5 月第 一 版 开本：787×1092 1/16

2022 年12月第八次印刷 印张：16 1/4

字数：391 000

定价：59.00 元

（如有印装质量问题，我社负责调换）

前　言

C 语言是计算机的一门重要的编程语言，以简洁、灵活和功能强大而著称，特别是在计算机操作系统和硬件级别上的操作，深受广大编程人员的青睐。目前，“C 语言程序设计”是大学计算机专业及理工类非计算机专业的重要基础课程之一。

编者针对大学本科阶段理工类专业计算机课程设置的特点，根据国家计算机教学指导委员会教育教学改革、教学实践以及人才培养等相关要求，结合多年的教学实践经验，在对 C 语言程序设计的基本内容进一步优化、补充和完善的基础上编写本书。本书主要以计算思维为导向，理论联系实际，引导和启发学生从计算机的角度思考和解决问题，注重培养学生分析问题和解决问题的能力。在本书编写中，内容力求循序渐进、难题简化、重点突出，聚焦学生学习 C 语言程序设计中的基本语法、基本语句和基本算法，以简洁、通俗、易懂的语言风格介绍 C 语言的基本内容，按照各章节的知识点和难点选配例题和习题。

本书共 12 章及附录。在对 C 语言进行综合概述的基础上，分别介绍 C 语言程序设计基础、分支程序设计、循环程序设计、数组、函数、字符串处理、指针、结构体和共用体、文件、位运算和编译预处理等内容。为便于读者自学，与本书配套使用的《C 语言程序设计习题与解析》在总结归纳每章重点内容的同时，配有例题及习题，进一步加深理解程序设计分析和编程方法。

本书由西安建筑科技大学王明军、刘培奇、叶娜、钱文珺和张鹏共同参加编写。其中第 1、3 章由钱文珺编写，第 2、4、5 章由叶娜编写，第 6、9、11 章由张鹏编写，第 7、8 章由刘培奇编写，第 10、12 章由王明军编写。王明军对全书进行了统编。

在本书的编写中，刘家全教授审阅了全书，并提出许多宝贵的修改意见，在此对刘家全教授的辛勤劳动表示衷心感谢。本书的出版得到了科学出版社工科分社领导和员工的鼎力帮助和支持，特别是匡敏社长及李清编辑给予了大力支持。另外，在本书的编写过程中，还查阅了大量的文献资料，在此对出版社领导和文献资料作者的辛勤劳动一并致以衷心的感谢。

由于作者水平有限，虽然在本书的成书过程中进行了反复修改完善，但书中的不足之处在所难免，敬请广大读者批评指正。

编　者

2015 年 12 月于西安

目　录

第 1 章　C 语言概述

计算机是由硬件系统和软件系统两部分组成的，如果只有硬件而没有软件，计算机就不能实现任何功能。而软件的编制离不开程序设计语言(或称编程语言)。在众多程序设计语言中，C 语言既具有高级语言的优点，又具有低级语言的特性，因而备受软件开发者的欢迎。

本章从计算机与程序的关系出发，介绍程序设计的一般过程，引入算法与结构化程序设计，回忆程序设计语言的发展过程，对 C 语言及其程序设计过程进行简单介绍，最后阐述在 Turbo C 3.0 和 Visual C++ 6.0 环境下开发 C 程序的过程，并对 C 程序的基本构成进行分析。

1.1　计算机与程序

有人以为计算机是“万能”的，会自动进行所有工作，这是很多初学者的误解。其实计算机的每一个操作都是根据人们事先制定的指令进行的。例如，用一条指令要求计算机进行一次加法运算，用另一条指令要求计算机将某一运算结果输出到显示屏等。为了使计算机执行一系列的操作，必须事先编好一条条指令，输入到计算机中。

计算机能够识别和执行的、按照一定次序事先编制好的、能完成特定功能的指令序列就是程序。程序通常是使用某种程序设计语言编写的，运行于某种目标体系结构上。打个比方，一个程序就像一个用汉语(程序设计语言)写下的红烧肉菜谱(程序)，用于指导懂汉语的人(体系结构)来做这个菜。每一条指令是计算机执行的特定操作，一组特定的指令集(一个程序)用来实现一个功能。只要让计算机执行这个程序，计算机就会“自动地”执行指令，有条不紊地进行工作。为了使计算机系统能实现各种功能，需要成千上万个程序。这些程序大多是由计算机软件设计人员根据需要设计好的，作为计算机软件系统的一部分提供给用户使用。

总之，计算机的一切操作都是由程序控制的，离开程序计算机将一事无成。所以，计算机的本质是程序的机器，程序和指令是计算机系统中最基本的概念，只有懂得程序设计才能真正了解计算机是怎样工作的，才能更深入地使用计算机。

1.2　程序设计的一般过程

要让计算机完成特定功能，首先要设计、编写出一个能够正确指导计算机完成这个功能的程序，这就是程序设计。一般情况下，程序设计包括下面几个阶段。

(1) 分析问题，建立模型。要先明确让计算机解决的问题是什么，需要输入什么数据，经过计算机处理后要取得什么结果或效果。针对具体问题，建立合适的数学模型。

(2) 设计算法与数据结构。算法是指解决问题的具体方法与步骤，是对解决方案的一种准确而完整的描述。对同一个问题，通常可以采取不同的解决方法和步骤，也就是采用不同的算法，因此需要从多种算法中选择一个相对较优的。数据结构是计算机存储、组织数据的方式。好的数据结构决定了软件系统实现的难易程度和系统的质量，因此对数据结构的设计与选择是程序设计的一个基本考虑因素。

(3)编写程序(简称编程或编码)。将算法用某种程序设计语言进行描述。

(4)检查并确定最终程序。当编写好程序后，可以采用所用程序设计语言的开发工具对程序进行检查，找到其中的错误并进行修正，直到确定出能解决最初问题的有效程序。

(5)撰写文档。对于大型软件系统，当需要把软件程序交付给用户使用时，需要向用户提供软件使用说明书，说明程序的功能、运行环境等；作为软件程序的开发者，需要对程序设计与开发调试的过程进行记录，如写设计文档、测试文档等，便于日后对软件程序的维护。

【例 1.1】　根据产品数量和单价计算产品总价，当产品数量大于 50 时打 8 折。

根据以上描述设计程序的基本步骤，需要经过下列步骤编写出能够实现题目所要求功能的程序。

(1)分析题目要求可知，需要根据输入的产品数量(假设用 count 表示)和单价(假设用 price 表示)，计算产品总价(假设用 total 表示)，产品总价的计算可依据下面的数学模型：

$$\text{total}=\begin{cases}\text{count}\times\text{price}, & \text{count}\leqslant 50\\ \text{count}\times\text{price}\times 0.8, & \text{count}>50\end{cases}$$

(2)算法有多种描述方式，假设选择使用自然语言来描述，则解决该问题的算法如下。

第一步：输入 count 和 price 的值。

第二步：如果 count≤50，则将 total 置为 count*price，否则将 total 置为 count*price*0.8。

第三步：输出 total 的值。

(3)如果选择 C 语言作为程序设计语言，根据上述数学模型与算法，可以编写出如下程序代码：

```
#include<stdio.h>
void main()
{
     int count;
     float price, total;
     printf("\n 请输入产品数量:");
     scanf("%d",&count);
     printf("\n 请输入产品单价:");
     scanf("%f",&price);
     if (count<=50) total=count*price;
     else total=count*price*0.8;
     printf("产品总价为:%7.2f",total) ;
}
```

(4)编写好程序后，可以在 C 语言集成开发环境中对程序进行编译、链接、执行，检测程序是否实现了所要求的功能。如果程序有错误，可对程序进行调试，修改错误，直到能够正确实现所要求功能。

1.3 算　法

1976 年，N.Wirth 出版的名为 *Algorithms + Data Structure = Programs* 的著作中，明确提出“数据结构”和“算法”是程序的两个要素，即程序设计主要包括两方面的内容：结构特性设计和行为特性设计。结构特性设计是指在问题求解的过程中，计算机所处理的数据及数据之间联系的表示方法。行为特性设计是指完整地描述问题求解的全过程，并精确地定义每个解题步骤的过程，也称为算法设计。

算法就是指求解问题的具体步骤与方法，可以理解为由基本运算及规定的运算顺序所构成的完整的解题步骤，它是对解题方案的准确而完整的描述。例如，在例 1.1 中，为了计算产品总价，我们分析了第一步应该干什么、第二步应该干什么，这就是算法。

1.3.1 算法的描述

算法的描述方法有多种，常用的有自然语言、流程图、N-S 图、伪代码、程序设计语言等。下面依次进行说明。

1. 自然语言表示法

自然语言是指人们日常生活中使用的语言，如汉语、英语等。可以使用自然语言来描述算法，例 1.1 中就使用了自然语言来表达如何根据产品数量及单价来计算产品总价。下面再举一个例子进行说明。

【例 1.2】 计算 1+2+3+…+50 的值。

解决该问题的算法有多种，下面介绍其中一种。设置一个变量 sum 来表示累加和，再设置一个变量 i 来表示加数。

第一步：置 sum 为 0，置 i 为 1。

第二步：把 sum 的值增加 i。

第三步：把 i 的值增加 1。

第四步：判断 i 是否小于等于 50，如果是，则转到第二步，重复执行；如果不是，接着执行第五步。

第五步：输出 sum 的值。

使用自然语言来描述算法比较简单、易懂，但容易出现二义性。例如，“小明说小强把他的作业落在家里了”，这句话中“他的”是指小明的还是小强的，就无法判断。此外，对于一些逻辑比较复杂的算法，用自然语言不能够清楚地表达算法过程。因此，一般情况下，自然语言表示法适用于描述一些简单问题的算法。

2. 流程图表示法

流程图是对过程、算法、流程的一种图形化表达方法，它由一组标准的、约定好的符号组成。图 1-1 给出了常用的一些流程图符号。

图 1-1 中的圆角矩形表示流程的开始或结束。矩形框表示某个流程或处理。菱形框表

示进行条件判断，它通常有一个入口和两个出口，其中包括一个真出口（条件为真时的转向）和一个假出口（条件为假时的转向）。流程线代表流程的进展方向。平行四边形表示输入或输出的数据。圆圈表示连接点，当一个流程图很大，一页画不完需要转到下一页时，可以用连接点将位于不同页上的流程图连接起来。

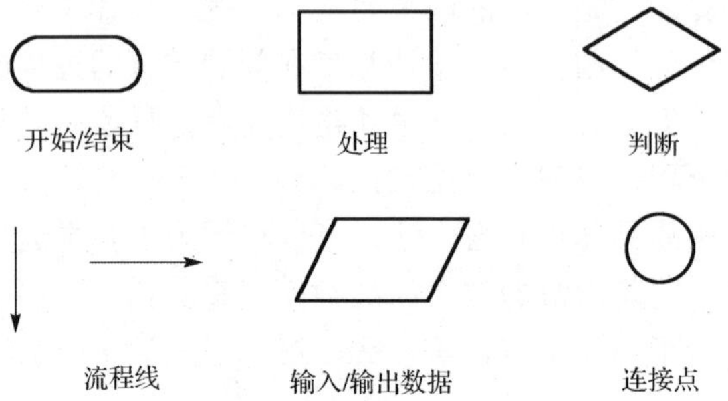

图 1-1　流程图常用符号

【例 1.3】　将例 1.1 中的算法用流程图描述，结果如图 1-2 所示。

【例 1.4】　将例 1.2 中的算法用流程图描述，结果如图 1-3 所示。

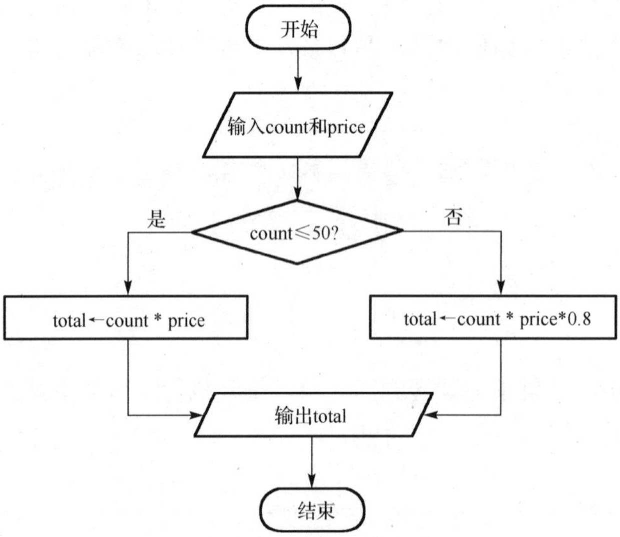

图 1-2　计算产品总价的流程图

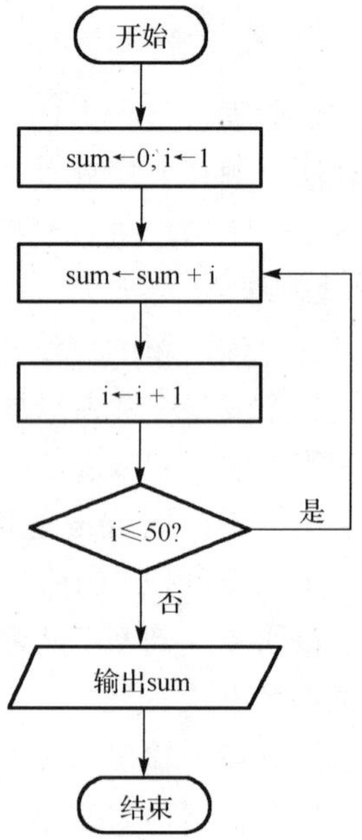

图 1-3　描述例 1.2 算法的流程图

3. N-S 图表示法

1973 年，美国学者 I.Nassi 和 B.Shneiderman 提出了一种新的流程图形式，在这种流程图中去掉了带箭头的流程线，将全部过程写在一个矩形框内，该矩形框内还可以嵌套矩形框，这种流程图称为 N-S 图。

【例 1.5】　将例 1.1 中的算法用 N-S 图描述，结果如图 1-4 所示。

【例 1.6】　将例 1.2 中的算法用 N-S 图描述，结果如图 1-5 所示。

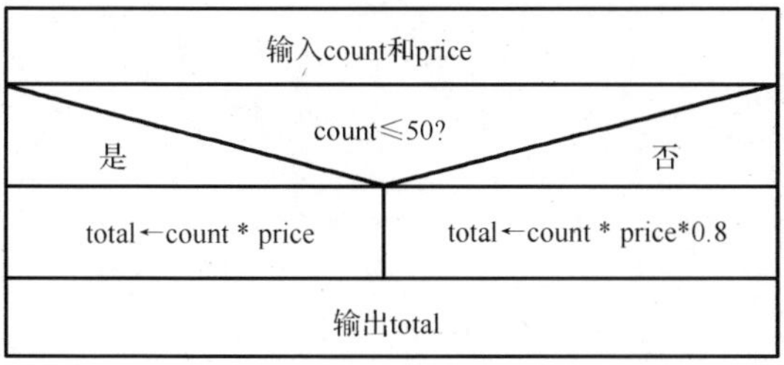

图 1-4　计算产品总价的 N-S 图

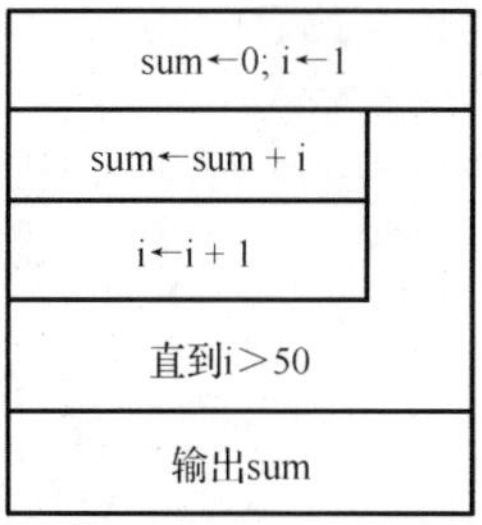

图 1-5　描述例 1.2 算法的 N-S 图

4. 伪代码表示法

伪代码(Pseudo Code)，又称为虚拟代码，是高层次描述算法的一种方法。它是用介于自然语言和计算机语言之间的文字和符号(包括数学符号)来描述算法。使用伪代码的目的是让算法可以容易地被任何一种编程语言(Pascal、C、Java 等)实现。使用伪代码不拘泥于具体实现，格式比较自由，用户可以用自己所熟悉的任何一种语言，只要把程序的意思表达出来就可以。

【例 1.7】　将例 1.1 中的算法用伪代码描述如下。

```
begin
    输入 count 和 price;
    if count<=50 then total=count*price;
    else total=count*price*0.8;
    输出 total;
end
```

【例 1.8】　将例 1.2 中的算法用伪代码描述如下。

```
begin
    sum←0;
    i←1;
    do
    begin
        sum←sum+i;
        i←i+1;
    end
    while(i<=50);
    输出 sum;
end
```

5. 程序设计语言表示法

前面所述的四种算法描述方法可以表达出算法的设计思想，但要实现算法，即让计算机去处理、理解并执行算法，需要使用某种程序设计语言来描述算法。因此，程序设计语言表示法描述的算法是能够被计算机处理与执行的。程序设计语言表示法要求描述算法时必须遵守所使用的程序设计语言的语法规则与要求。

【例 1.9】 将例 1.2 中的算法用 C 语言描述，程序设计如下。

```
#include<stdio.h>
void main()
{
    int sum=0, i=1;
    do
        {
            sum=sum+i;
            i=i+1;
        }
    while(i<=50);
    printf("1 至 50 的和为:%d", sum);
}
```

1.3.2 算法的特征

一个算法应该具有下列特征。

1. 有穷性(Finiteness)

算法的有穷性是指算法必须能在执行有限个步骤后终止。

2. 确切性(Definiteness)

算法中的每一个步骤都应该十分明确，不应当具有二义性。

3. 输入项(Input)

所谓输入是指在执行算法时需要从外界取得的必要信息。一个算法应该有零个或多个输入，以刻画运算对象的初始情况，所谓零个输入是指算法本身定义了初始条件。

4. 输出项(Output)

一个算法应该有一个或多个输出，以反映对输入数据加工后的结果。算法的目的是求解，没有输出的算法是没有意义的。

5. 有效性(Effectiveness)

算法中的任何计算步骤都可以被分解为基本的、可执行的操作步骤，即每个计算步骤都可以在有限时间内完成，并得到确定的结果。

1.3.3 算法的评价

针对同一个问题，通常有不同的解决方法和步骤，也就是可采用不同的算法，因此需要从多种算法中选择一个相对较优的。通常，我们可以从两方面来对一个算法的质量进行评价，即时间复杂度和空间复杂度。

1. 时间复杂度

时间复杂度定义为执行算法所需要的计算工作量，是对算法执行速度的一个度量。假设用 n 来表示问题的规模，对于排序算法来说，要进行排序的数字个数为 n，由于一个算法花费的时间与算法中语句的执行次数成正比，哪个算法中语句执行次数多，它花费的时间就多，因此，算法中基本操作重复执行的次数通常是问题规模 n 的某个函数，用 T(n)来表示，也称为语句频度或时间频度。若有某个辅助函数 f(n)，使得当 n 趋近于无穷大时，T(n)/f(n)的极限值为不等于零的常数，则称 f(n)是 T(n)的同数量级函数。记为 T(n)=O(f(n))，称 O(f(n))为算法的渐进时间复杂度，简称时间复杂度。若算法中语句执行次数为一个常数，则算法的时间复杂度为 O(1)。若算法的时间频度 $T(n)=n^2+2n+1$，则算法的时间复杂度为 $O(n^2)$。

2. 空间复杂度

空间复杂度是对一个算法在运行过程中所需要的存储空间大小的度量。一个算法的空间复杂度定义为该算法执行时所耗费的计算机存储空间，它也是问题规模 n 的函数，记为 S(n)=O(f(n))。一个算法运行时所占用的存储空间主要包括三个方面，即输入/输出数据占用的存储空间、存储算法本身所占用的存储空间和算法运行时产生的临时数据占用的存储空间。其中，输入/输出数据占用的空间大小不会随着算法不同而不同，而存储算法所需的空间与算法书写长度相关，临时数据占用的空间也会随算法不同而不同，因此，算法质量的优劣对其所占据的存储空间大小有着密切影响。

1.4　结构化程序设计

结构化程序设计的概念最早由 E.W.Dijikstra 于 1965 年提出，它是软件发展的一个里程碑。结构化程序设计强调程序设计风格与程序构造的规范化，其基本思想如下。

(1) 自顶向下，逐步求精，模块化：将一个复杂任务按照功能进行拆分，并逐层细化到便于理解和描述的程度，最终形成由若干独立模块组成的树状层次结构。

(2) 使用三种基本控制结构构造程序：任何程序都可由顺序、选择、循环三种基本控制结构构造。

下面对三种基本控制结构进行详细说明。

1.4.1　顺序结构

顺序结构表示程序中的各操作是按照它们出现的先后顺序执行的，其流程如图 1-6 所示。按照书写顺序，处理 2 将在处理 1 执行完后才执行。

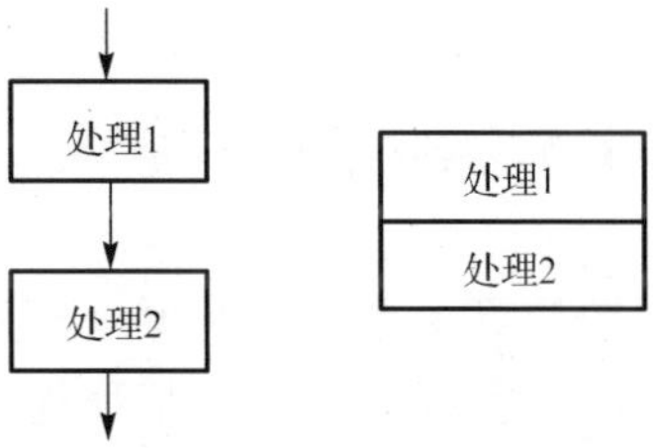

(a) 流程图表示　(b) N-S图表示

图 1-6　顺序结构

1.4.2　选择结构

选择结构又称为分支结构，它表示程序的处理步骤出现了分支，需要根据某一特定的条件选择其中的一个分支执行。其流程如图 1-7 所示，根据条件 1 进行判断，当条件 1 成立(为真)时，执行处理 1，当条件 1 不成立(为假)时，执行处理 2。

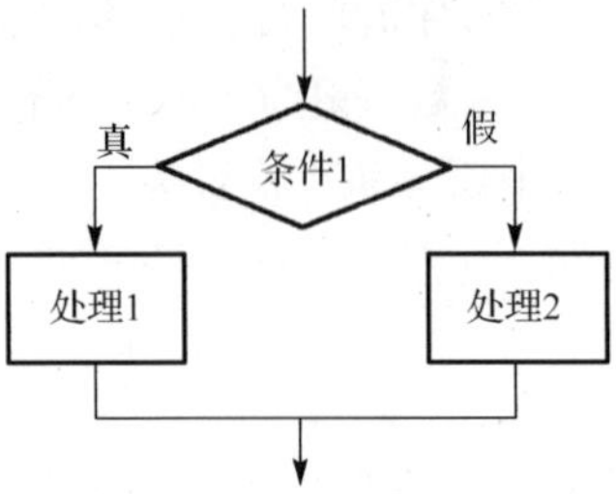

(a) 流程图表示

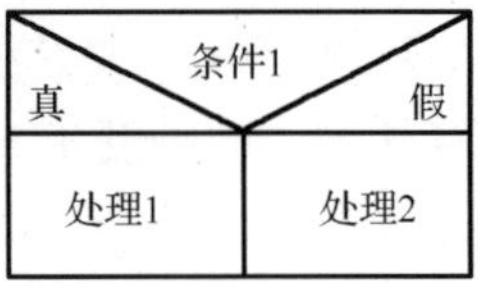

(b) N-S图表示

图 1-7　选择结构

1.4.3　循环结构

循环结构表示程序反复执行某个或某些操作，直到某条件为假(或为真)时才可终止循环。循环结构有两种形式：当型循环和直到型循环。当型循环结构的流程如图 1-8 所示，判断条件 1 是否成立，当条件 1 为真时，执行处理 1，再判断条件 1 是否为真，为真继续执行处理 1，然后判断条件 1，直到条件 1 不成立，结束循环。直到型循环结构的流程如图 1-9 所示，首先执行处理 1，然后判断条件 1 是否成立，如果不成立，则继续执行处理 1，再判断条件 1 是否成立，直到条件 1 成立，结束循环。

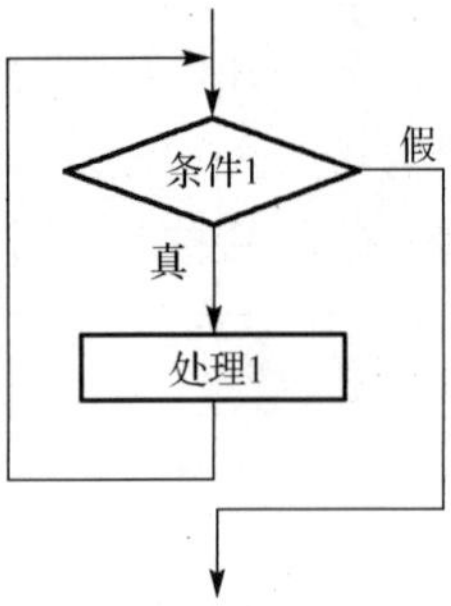

(a) 流程图表示

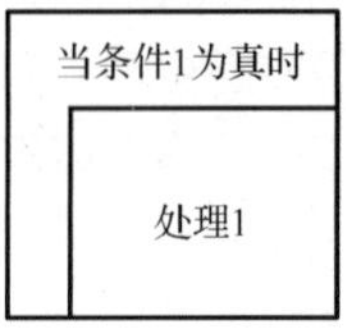

(b) N-S图表示

图 1-8　当型循环结构

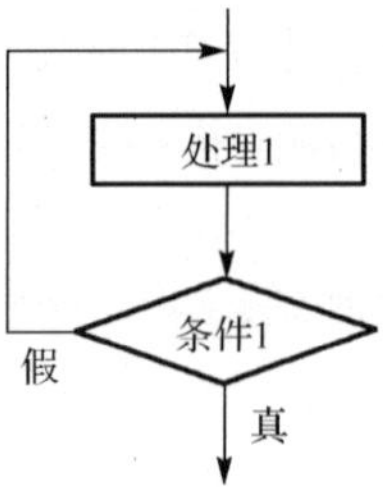

(a) 流程图表示

(b) N-S图表示

图 1-9　直到型循环结构

1.5　程序设计语言

如上所述，当确定好解决问题的算法之后，就可以把算法翻译为用某种程序设计语言所编写的程序，也就是说，一个特定的程序是使用某种程序设计语言来描述和表达的。所谓程序设计语言就是用来编写计算机程序的语言。人们可以通过程序设计语言来和计算机“交谈”，告诉计算机要如何做。

为了方便使用，人们设计出了很多种程序设计语言。从发展历程来看，程序设计语言可以分为三代。

(1) 第一代——机器语言：机器语言是指用由 0、1 所组成的二进制代码形式来表示每条指令，例如，用 00011 表示加运算，用 01000 表示减运算等。机器语言是最早出现的计算机语言，它是计算机真正能够理解并识别的唯一语言，可以由计算机硬件直接执行。它的优点是运行速度比较快，不足之处是烦琐、直观性差、移植性差。

(2) 第二代——汇编语言：汇编语言是机器语言的符号化表示。机器语言全是 0、1 代码，不易记忆和使用，而汇编语言用容易理解和记忆的符号代替了机器语言指令。由于采用了助记符来编写程序，用汇编语言编程比用机器语言的二进制代码编程要方便些，在一定程度上简化了编程过程。但机器语言指令和汇编语言中的符号存在着直接对应关系。因此，汇编语言虽然比机器语言直观，但也只能表达一种“低级”的计算机动作，在使用时容易出错且维护困难；另外，由于采用了助记符，汇编语言程序不能直接被计算机执行，需要经过汇编程序的加工和翻译，才能变成能够被计算机识别和处理的二进制代码程序。

(3) 第三代——高级语言：机器语言和汇编语言都是面向机器的，都与具体机器的硬件系统相关，因此被称为低级语言。为了克服低级语言不直观、抽象程度低、难于编写和理解等缺点，人们又设计了高级语言。高级语言与低级语言相比，在一定程度上独立于机器，计算机硬件不能直接识别和执行高级语言程序，高级语言程序需要经过编译或解释后才能被计算机执行。高级语言在形式上接近于数学语言和自然语言，高级语言的一条指令通常可以代替若干条汇编语言指令，因此易学易用、通俗易懂。目前，高级语言已成为程序设计语言的主流，它可以分为面向过程的语言和面向对象的语言。面向过程的语言常见的有 Pascal、C、Ada 等，面向对象的语言包括 Java、C++、C#等。

1.6　C 语言简介

C 语言是世界上最流行、使用最广泛的高级程序设计语言之一。它既具有高级语言的特点，又具有汇编语言的特点。自产生以来，C 语言已先后被移植到大、中、小及微型机上，得到了广泛应用。它既可以作为系统设计语言，编写系统软件程序，也可以作为应用程序设计语言，编写不依赖计算机硬件的应用软件程序。

1.6.1　C 语言发展史

20 世纪 60 年代，ALGOL 问世，它是第一个结构化程序设计语言。1963 年剑桥大学将 ALGOL 60 发展成为 CPL。1967 年剑桥大学的 Matin Richards 对 CPL 进行了简化，形成了 BCPL。1970 年美国贝尔实验室的 Ken Thompson 以 BCPL 为基础，设计出很简单且接近硬件的 B 语言，并用 B 语言编写了第一个 UNIX 操作系统。1972 年，美国贝尔实验室的 Dennis Ritchie 在 B 语言的基础上，最终设计出了一种新语言，并以 BCPL 的第二个字母作为这种语言的名字，这就是 C 语言。

随着 C 语言的发展和广泛应用，衍生出了 C 语言的很多不同版本。为了制定一个全面、统一的标准，美国国家标准化组织(ANSI)在 1983 年设置了一个专门委员会，进行 C 语言标准的制作。1989 年 C 语言标准被正式采用，称为 ANSI C 或 C89 标准。国际标准化组织(ISO)接受了 C89 作为 ISO C 的标准，并于 1994 年开始对标准进行修订，修订后的标准就是 ISO9899:1999，这个版本称为 C99。C99 对 C89 的一些语法进行了修改，并在 C89 的基础上增加了一些关键字。2011 年，ISO 公布了 C 语言新的国际标准草案，即 C11。

目前，不同软件公司提供的 C 语言编译系统并未完全实现 C99 建议的功能，它们多以 C89 为基础开发，如在微机上常用的 Turbo C、Borland C、Microsoft C 等，它们虽然基本相同，但也有一些不同之处，因此，初学者所用到的初步编程知识基本都在 C89 范围内。在日后进行实际的软件开发工作时，读者应了解自己所使用的 C 语言编译系统的特点和规定。

1.6.2　C 语言的特点

C 语言之所以发展如此迅速，成为最流行的程序设计语言之一，是因为它具有以下特点。

1. 同时具有高级语言和低级语言的特点

由于 C 语言允许直接访问物理地址，可以直接对硬件进行操作，因此它既具有高级语言的功能，又具有低级语言的许多功能。它把高级语言的基本结构和语句与低级语言的实用性结合起来。C 语言可以像汇编语言一样对位、字节和地址进行操作，而这三者是计算机最基本的工作单元。用 C 语言既可以编写不依赖于计算机硬件的应用程序，也可以编写各种系统软件程序。

2. 可移植性好

C 语言在不同机器上的 C 编译程序，86%的代码是公共的，所以 C 语言的编译程序便于移植。在一个环境中用 C 语言编写的程序，不改动或稍加改动，就可移植到另一个完全不同的环境中运行。

3. 功能齐全

具有各种各样的数据类型，并引入了指针的概念，可使程序效率更高。而且计算功能、逻辑判断功能也比较强大。

4. C 语言是结构式语言

C 语言是以函数形式提供给用户的，这些函数可方便地调用，并具有多种循环语句、条件语句来控制程序的流向，使程序完全结构化。这种结构化方式可使程序层次清晰，便于使用、维护以及调试。

5. 目标代码质量和执行效率较高

C 语言描述问题比汇编语言迅速，工作量小，可读性好，易于调试、修改和移植，而代码质量与汇编语言相当。C 语言一般只比汇编程序生成的目标代码效率低 10%～20%。

1.7　C 语言程序开发的过程

使用 C 语言进行程序开发，并将其转换为能够被计算机理解、运行的可执行程序，需要经过编辑、编译、链接、执行几个阶段，如图 1-10 所示。

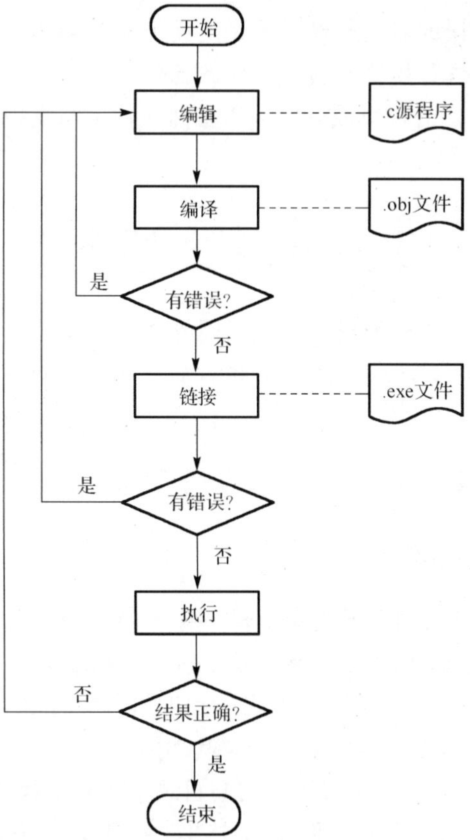

图 1-10　C 语言程序开发流程图

(1) 编辑。编辑是指在编辑器中编写和修改代码。编写出的程序称为源代码或源程序。在编辑代码时，可以使用普通的文本编辑器，如 Windows 系统自带的记事本、编辑软件 EditPlus、UltraEdit 等，也可以使用将编辑、编译等功能集成在一起的集成开发环境(Integrated Development Environment，IDE)，如 Turbo C、Visual C++等。不论使用哪种编辑器，最后要确保编写好的源代码文件的后缀名为.c。

(2) 编译。编译的目的是将源代码转换为某种机器所支持的机器语言代码，如果程序中存在错误，还要报告错误出现的位置和类型。由于 C 语言有多种版本，因此相应地也就存在多种 C 语言编译器。如果程序没有错误，编译通过，就会生成一个新的文件，该文件与源代码文件同名，但扩展名为 obj(在 Windows 环境中)。也就是说，.c 文件被编译之后生成了.obj 文件。如果编译不通过，就说明程序有错误，这时需要对源代码进行编辑修改，然后重新编译。

(3) 链接。链接是指将编译生成的.obj 文件与程序中使用的其他程序模块组合起来。C 语言预先提供了很多标准库函数，这些库函数可以在程序中直接被调用，因此需要将程序与其所使用的库函数链接起来。如果链接成功，则会生成一个可执行程序，在 Windows 环境下，其后缀名为 exe。注意，有些错误可能在编译时没有检查出来，但在链接时能够发现，此时，仍需要回到编辑阶段对源代码进行修改并重新编译和链接。

(4) 执行。当生成了可执行文件后，就可以执行该文件，观看程序的运行结果。例如，在 Windows 环境下，如果编译生成了.exe 文件，就可以像运行其他可执行文件一样运行它。

如果运行过程中出现了错误或者运行结果不是所期待的结果时，说明编写的源代码中存在错误，这时需要对源代码进行检查与调试，修改源代码，重新进行编译、链接等步骤。

需要说明的是，各种 C 语言集成开发环境虽然在使用与支持方式上不尽相同，但都支持上述各个阶段。

1.8 C 语言集成开发环境

对于不同的硬件平台与操作系统，存在不同的软件开发环境，本节将对常用的 C 语言集成开发环境 Turbo C 3.0 和 Visual C++ 6.0 进行简要介绍。程序员可以根据自己的系统环境与使用习惯进行选择。

1.8.1 Turbo C 3.0 开发环境

1. Turbo C 3.0 开发环境简介

Turbo C 3.0 是 Borland 公司开发的集编辑、编译、链接和调试于一体的集成开发环境，它可以用来开发 C 语言程序，也可以用来开发 C++语言程序。较之以前的版本，Turbo C 3.0 的优点是支持鼠标操作，可以在多个窗口间进行切换，具备编辑查找和替换等功能。下面介绍 Turbo C 3.0(以下简称 TC 3.0)主要菜单及其功能。

安装好 TC 3.0 后，要运行它，可以进入安装目录下找到可执行文件 TC.EXE 所在位置，双击即可打开 TC 3.0 集成开发环境，图 1-11 是 TC 3.0 集成开发环境的主界面。

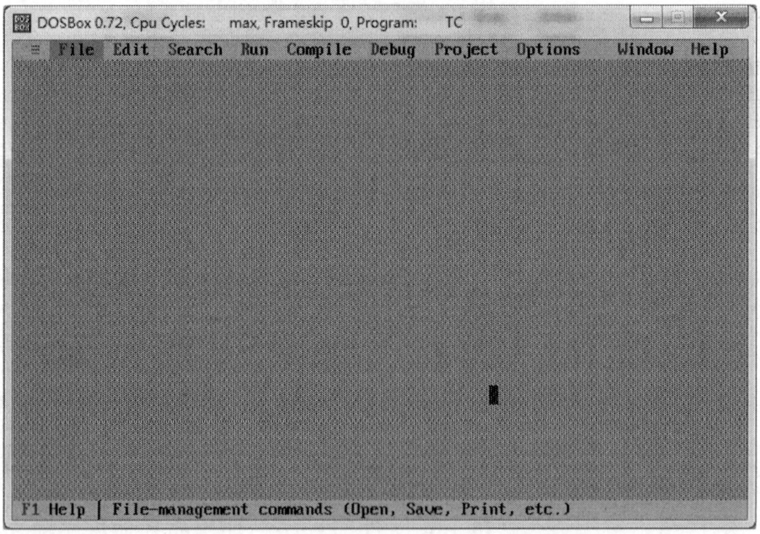

图 1-11 Turbo C 3.0 集成开发环境主界面

TC 3.0 集成开发环境主界面最上方是它的一级菜单，后面将进行详细介绍。

中间的空白区域是代码编辑区，当新建或打开一个.c 文件后，可以在该区域对代码进行编写与修改。

最下面一行是提示行，例如，图 1-11 中的“F1 Help | File-management commands(Open, Save, Print, etc.)”就表示当按下键盘上的 F1 键时，可以打开 Help 菜单，“|”后面的内容

是光标所在菜单项功能的提示，例如，当前光标是在 File 菜单上，所以提示出 File 菜单的功能是提供了文件管理命令。

TC 3.0 包括的一级菜单有 File(文件)、Edit(编辑)、Search(查找)、Run(运行)、Compile(编译)、Debug(调试)、Project(项目)、Options(选项)、Window(窗口)、Help(帮助)，在菜单条的最左边有一个“≡”，这个可以看作“系统”菜单，当单击它时，会弹出与系统设置相关的一些子菜单项。

图 1-12 给出了每个一级菜单下面的子菜单项。

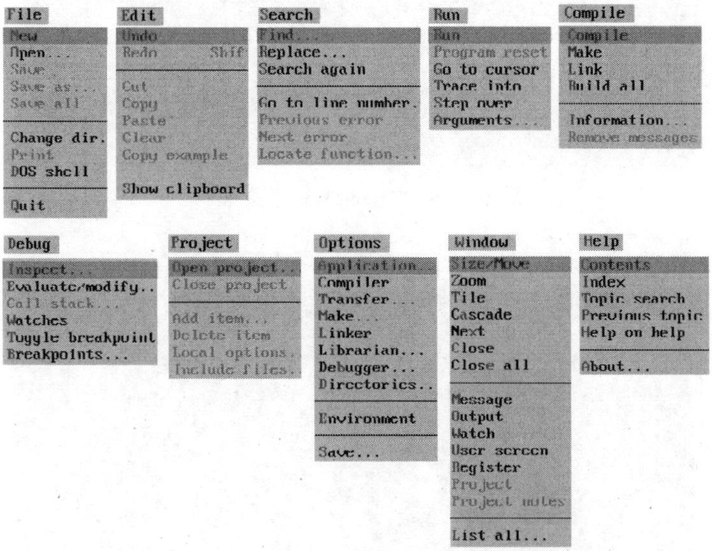

图 1-12　Turbo C 3.0 菜单

下面将以在 TC 3.0 中开发第一个 C 语言程序为主线，介绍一些常用的菜单项。

2. 在 TC 3.0 中开发第一个 C 程序

1) 检查路径设置

在使用 TC 3.0 开发 C 语言程序之前，需要先检查目录路径设置是否正确。执行 Options → Directories 命令，弹出如图 1-13 所示界面。这里，Include Directories 用来设定 include 头文件所在的目录，需要将所安装的 Turbo C 3.0 目录下的 INCLUDE 目录的绝对路径填在这里。Library Directories 用来设定 lib 库文件所在的目录，需要将所安装的 Turbo C 3.0 目录下的 LIB 目录的绝对路径填在这里。Output Directory 用来设定临时文件和所生成的.obj 和.exe 文件所在目录。Source Directories 用来设定.c 源文件存放的目录。

注意：Output Directory 和 Source Directories 可以根据用户需要进行设置，但必须保证 Include Directories 和 Library Directories 设置为 Turbo C 3.0 安装目录下的正确位置，否则在编译程序时会出现不能打开头文件或找不到所需文件的错误。

2) 编辑代码

执行 File → New 命令，在代码编辑区输入如图 1-14 所示 C 语言源代码。

代码输入完毕后，执行 File → Save 或 Save as 命令，弹出如图 1-15 所示窗口，输入保存源文件的路径及文件名。注意，C 语言源代码文件的后缀必须为 c。

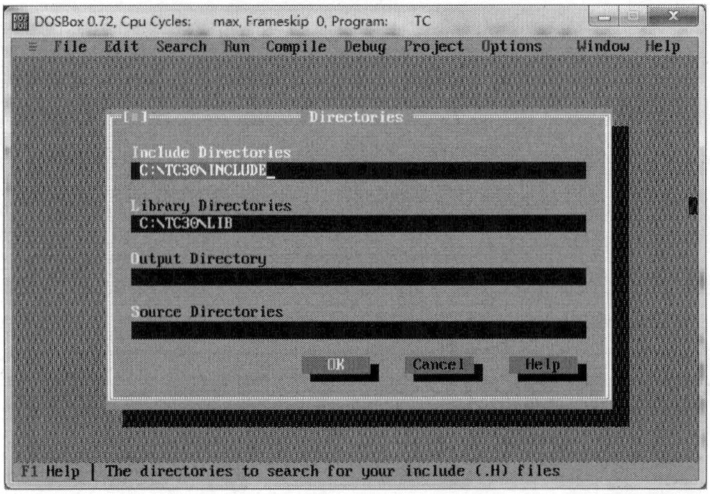

图 1-13　Directories 子菜单

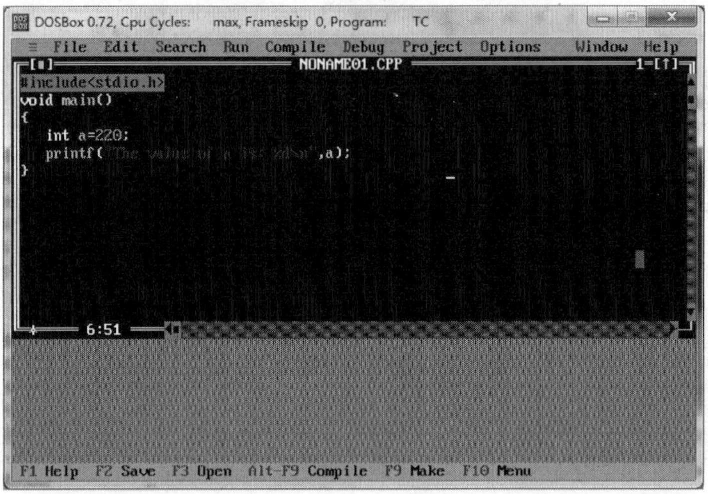

图 1-14　编辑代码

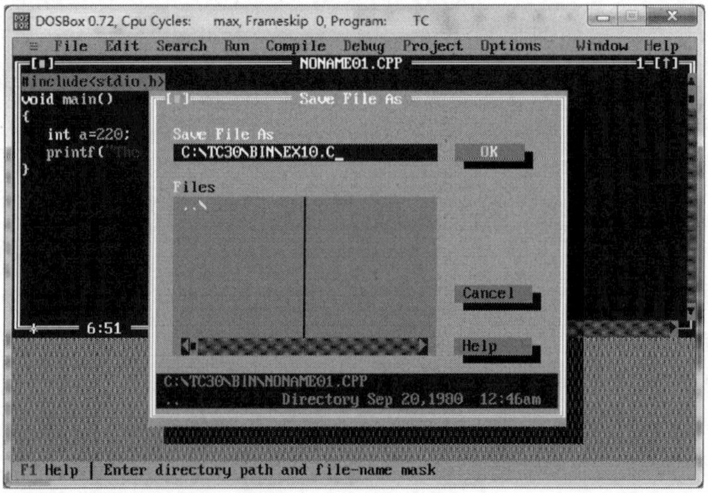

图 1-15　保存文件

此外，也可以使用记事本、写字板等编辑软件编写源代码，编辑完后保存为.c 格式，然后在 Turbo C 3.0 开发环境中执行 File → Open 命令，输入源代码所在路径，打开即可。

3) 编译

编辑好源代码后，执行 Compile → Compile 命令，对源代码进行编译，编译成功会显示如图 1-16 所示的界面，同时生成.obj 文件；如果编译有错误，则会在该界面上显示出错误个数，按任意键后会在代码编辑区下方的消息提示区显示出错误位置和详细错误信息，可以根据错误提示对源代码进行编辑修改。

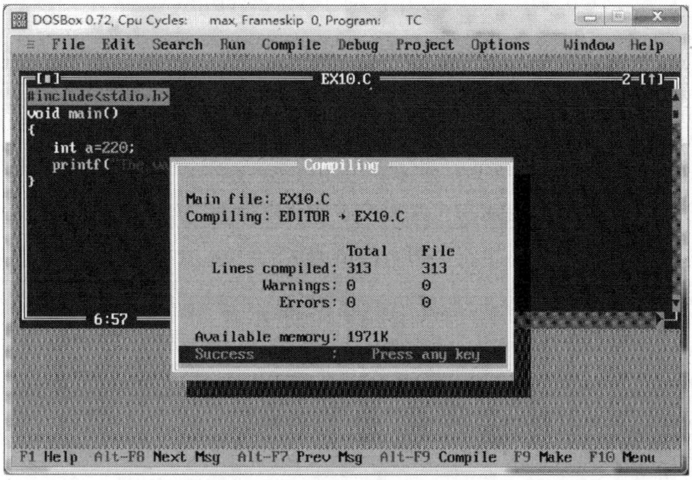

图 1-16　编译成功界面

4) 链接

编译成功后，执行 Compile → Link 命令即可进行链接。如果链接成功，则弹出如图 1-17 所示界面，同时生成.exe 文件；如果有错误，则会显示出错误个数，按任意键后将在消息提示区显示详细错误信息。

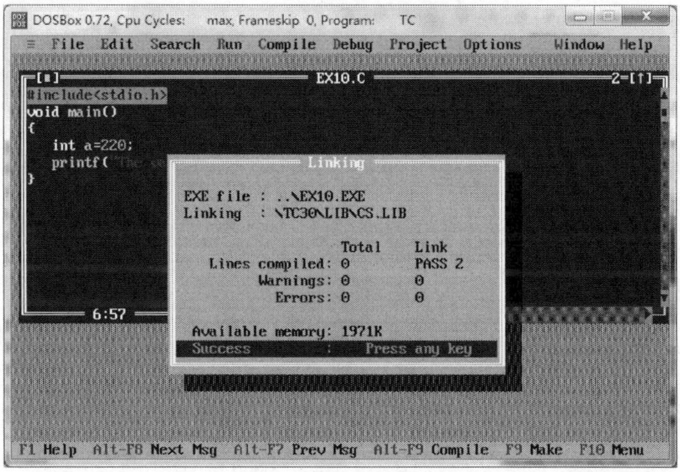

图 1-17　链接成功界面

注意：这里把编译和链接分为两个步骤来执行，也可以在编辑完源代码后执行 Compile → Make 命令将编译和链接一起执行，直接生成.exe 文件。

5) 运行

当生成了.exe 文件之后，执行 Run → Run 命令就可以运行程序了。要查看程序运行结果，可以执行 Window → User screen 或者 File → DOS shell 命令切换到 DOS 窗口下查看。

1.8.2 Visual C++ 6.0 开发环境

1. Visual C++ 6.0 开发环境简介

Visual C++ 6.0 是 Microsoft 公司推出的用于支持 Windows 操作系统的 C++语言开发环境，它也是一个集编辑、编译、链接等功能于一体的集成开发环境。Visual C++ 6.0 既可以对 C++语言程序进行编译，也可以对 C 语言程序进行编译。使用 Visual C++ 6.0 可以开发多种类型应用，如 Win32 应用程序、控制台程序、动态链接库等。下面介绍 Visual C++ 6.0（下面简称 VC 6.0）的使用。

打开 VC 6.0 后，将呈现出如图 1-18 所示的主界面。这是没有打开任何项目或文件时的界面，主要包括菜单栏、工具栏、工作区、代码区和状态栏。如果打开某个项目或文件，则会在工作区和代码区的下方显示出一个信息窗口。由于 VC 6.0 的菜单项功能与 TC 3.0 菜单项基本对应，功能类似，所以不再赘述。

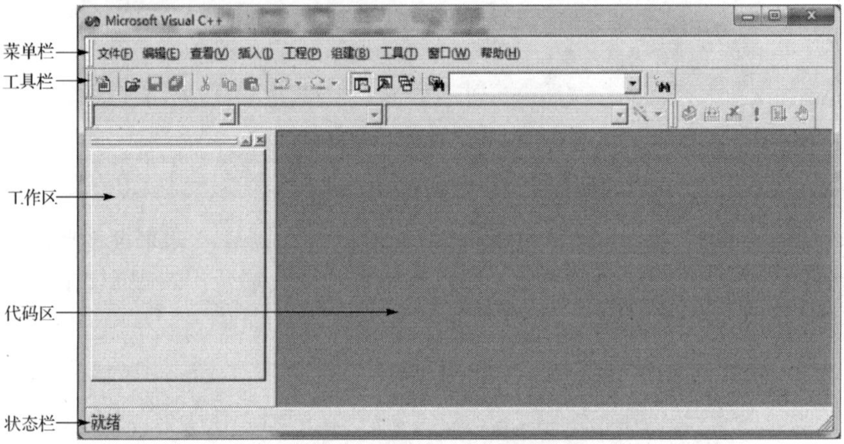

图 1-18 Visual C++ 6.0 主界面

下面仍以开发一个 C 语言程序为主线，介绍 VC 6.0 的一些常用操作。

2. 在 VC 6.0 中开发第一个 C 语言程序

1) 创建工程及文件

在 VC 6.0 中，每个程序都从属于一个工程，单个的程序是不能被编译或链接的。在创建时，可以先创建一个工程，再添加程序文件，也可以先创建一个单独的文件，在编译该文件时，系统会提示创建工程项目。此处只对第一种方法进行介绍。

执行“文件”→“新建”命令，弹出“新建”界面，在界面左边默认显示的是“工程”选项卡的内容。选中“Win32 Console Application”选项，在界面右边设置工程名称，如 First，以及工程存放的位置，如图 1-19 所示。

输入完毕后单击“确定”按钮，转到如图 1-20 所示界面。该界面提供了四种控制台程序的类型，默认为“一个空工程”，保持选中该选项，单击“完成”按钮，弹出显示新建工程信息的界面，单击“确定”按钮，回到 VC 6.0 主界面，如图 1-21 所示，工程 First 已在工作区中打开，由于它是一个空工程，所以工作区中没有包括任何文件。

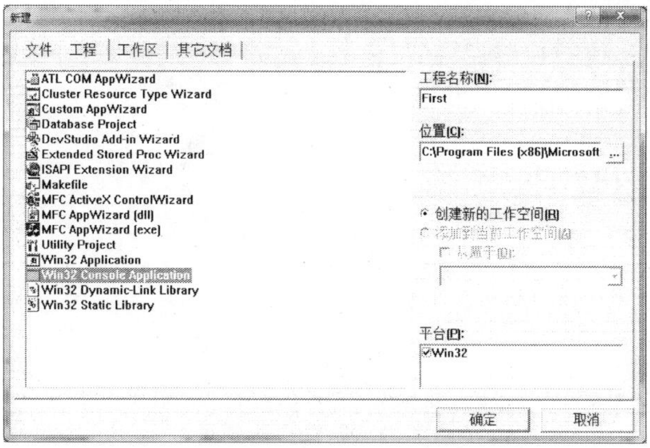

图 1-19　创建工程界面

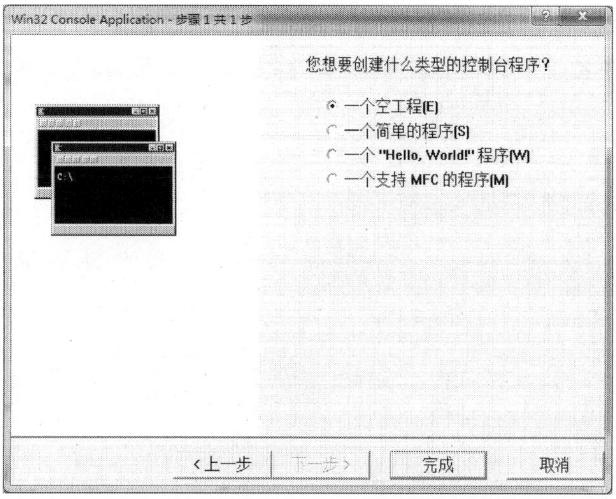

图 1-20　选择 Win32 控制台程序类型界面

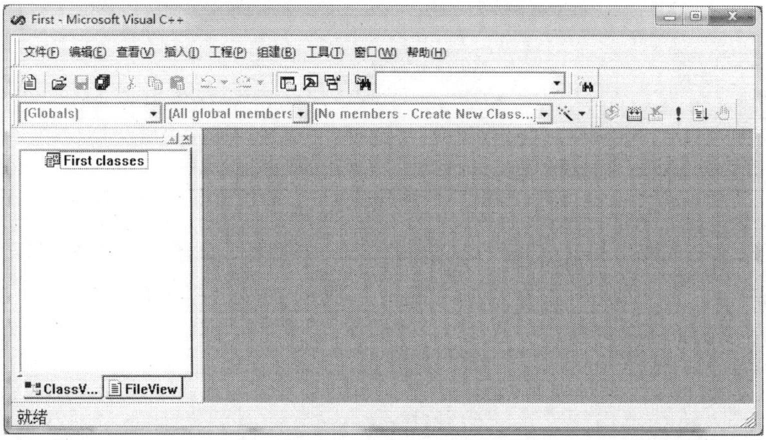

图 1-21　工程 First 界面

此时，再执行“文件”→“新建”菜单命令，弹出“新建”界面，如图 1-22 所示。

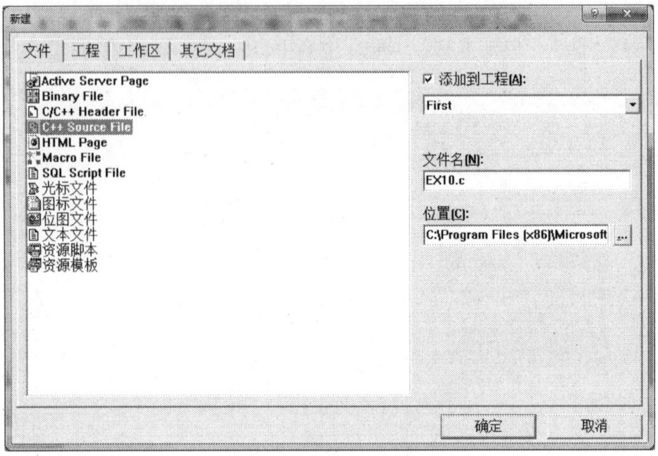

图 1-22　创建文件界面

此时，因为已经创建了工程，所以左边默认显示的是“文件”选项卡的内容，选中“C++ Source File”选项，在右边选中“添加到工程”复选框，然后在下面的“文件名”文本框中填入 C 程序的文件名，如 EX10.c，然后单击“确定”按钮回到主界面，此时在代码区中打开了空白的 EX10.c 文件，输入 C 语言代码，如图 1-23 所示，输入完毕后执行“文件”→“保存”命令或单击工具栏中的保存按钮进行保存。这时，如果将工作区下方的选项卡切换到“File”，就会看到 EX10.c 已经被添加到 First 工程中了。

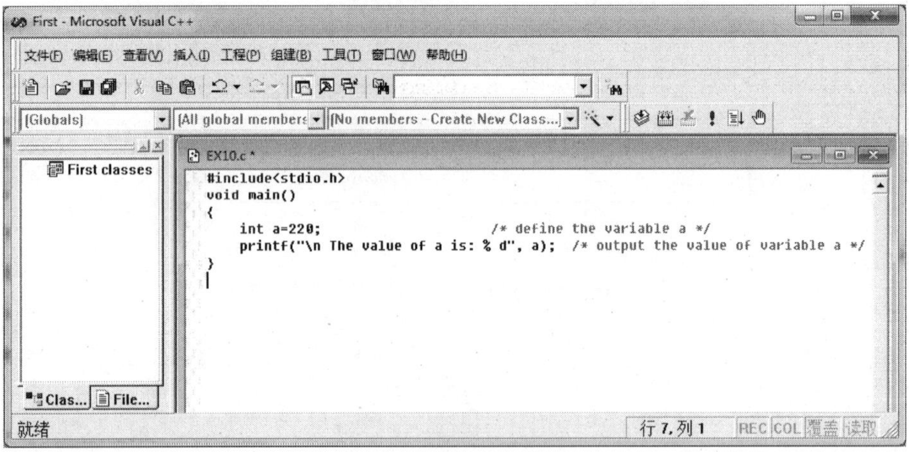

图 1-23　编辑源代码界面

2) 编译

编辑好 C 语言源程序后，需要对它进行编译。执行“组建”→“编译[EX10.c]”菜单命令，如果编译成功，则会在主界面下方的信息窗口中显示提示信息，如图 1-24 所示。如果有错，也会显示出错误提示。

3) 链接

编译成功后，执行“组建”→“组建[First.exe]”命令就会对程序进行链接，如果链接成功，就生成可执行文件。链接成功与否的提示信息也会显示在信息窗口中，与编译类似。

如果要将编译和链接一起完成，可以在编辑完源代码后直接执行“组建”→“组建[First.exe]”命令，这样就会一次性完成编译和链接。

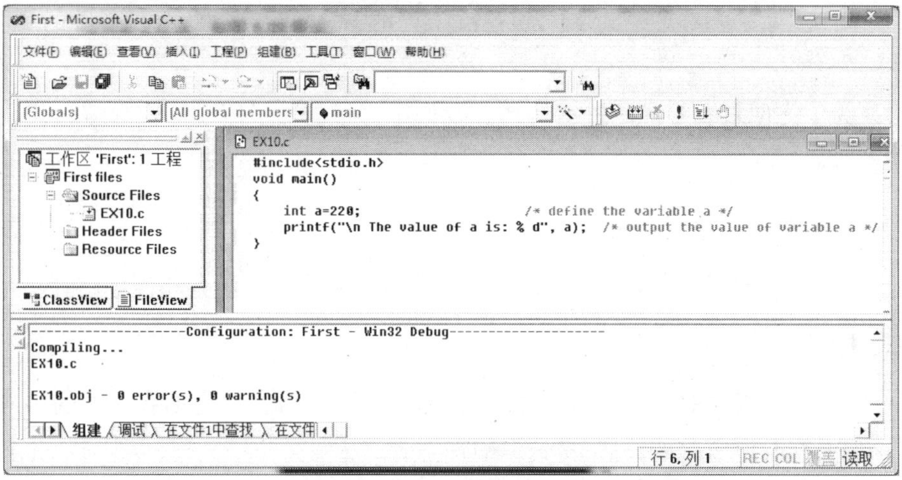

图 1-24　编译成功界面

4) 运行

要运行可执行文件，可以执行“组建”→“执行[First.exe]”命令，执行结果如图 1-25 所示。

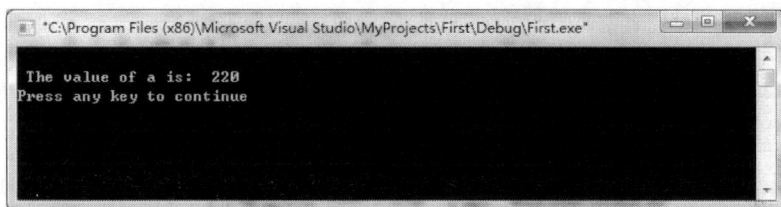

图 1-25　执行结果界面

不论是分开编译和链接，还是将编译和链接一起完成，最终生成的.obj 文件和.exe 文件都位于工程文件夹下面的 Debug 子文件夹中。在运行可执行文件时，除了上述运行方式之外，还可以在命令行窗口中使用 DOS 命令进入到 Debug 文件夹中，在 DOS 提示符下直接输入.exe 文件名，如这里的 First，也可以运行。

1.9　C 语言程序的基本结构

本节将对一个 C 语言程序的结构及其各组成部分进行详细介绍。

1.9.1　一个简单的 C 语言程序

以 1.8 节在开发环境中输入的 C 语言程序代码为例，其具体内容如例 1.10 所示。

【例 1.10】　在屏幕上打印输出一个整数的值，程序设计如下。

```
① #include<stdio.h>
② void main()
```

```
③ {
④   int a=220;                      /*define the variable a*/
⑤   printf("The value of a is: % d\n", a);
                              /*output the value of variable a*/
⑥ }
```

说明：为了方便对每行代码进行解释，我们给每行前加了序号，实际编辑代码时，不需要这些编号。

1.9.2　C 语言程序的组成

一般而言，一个 C 语言程序包含三部分内容，即文件头、函数和程序注释。

1. 文件头

在一个 C 语言程序的开始位置，通常会有一些预处理命令(包括头文件的引入、宏定义等)以及全局性的声明，这些内容统称文件头。

例 1.10 中第①行就属于文件头，它通过文件包含命令 include 引入头文件 stdio.h，这是因为后面的代码中使用了格式化输出函数 printf()，而函数 printf() 是定义在头文件 stdio.h 中的，要使用 printf() 函数，必须先引入其所在的头文件。

2. 函数

例 1.10 第②～⑥行是一个函数的定义。

函数是 C 语言程序的基本单位，一个 C 语言程序由一个或多个函数组成。例 1.10 中只定义了一个函数 main()。一个 C 语言程序中必须有一个而且只能有一个 main() 函数，也称为主函数。main() 函数可以放到程序的任意位置，不论 main() 函数放到哪里，程序的执行都从 main() 函数开始。main() 函数中可以调用其他函数，但其他函数不能调用 main() 函数。

函数的定义包括两部分：函数头和函数体。例 1.10 中第②行是 main() 函数的函数头，其中 void 表示 main() 函数返回值为空，即不返回任何值；main 是函数的名字，简称函数名；main 后面的 () 是函数的参数列表，调用一个函数时，需要按照被调用函数的参数列表指定的参数数据类型和个数给被调用函数传递相应参数，此处参数列表为空，表示不需要给 main() 函数传递参数。

第③～⑥行是 main() 函数的函数体，函数体是一个以“{”开始、以“}”结束的代码块，第③行的“{”和第⑥行的“}”匹配。函数体中可包含变量定义、变量初始化(包括数据输入)、数据处理、结果返回(包括数据输出)和程序注释几部分。这几部分的功能如下。

1) 变量定义

对后续要使用的各个变量进行声明，分配所需的存储单元。

2) 变量初始化

对程序中所使用的各个变量进行初始化，赋予其初始值，一般使用输入函数实现。

3) 数据处理

对数据进行计算和处理，实现函数的主要功能。

4) 结果返回

将处理结果输出，或通过函数返回结果，以供其他程序使用。

5)注释

有关程序注释的详细内容将在下面介绍。为了便于人们理解程序和利于后续维护，强烈建议对程序的功能实现、复杂处理等部分都添加注释。

这五部分中，除了注释之外的其他几个部分都通过语句来实现，语句是组成函数体的基本单元。

3. 程序注释

程序注释的目的在于说明程序(或函数)的主要功能、输入/输出参数的含义等。例1.10中第④行和第⑤行中以“/*”开始、以“*/”结束的内容都是注释。编译程序时，编译器不对注释进行编译处理，因此注释不会对程序功能产生任何影响，但可以提高程序的可读性，方便人们日后查阅或对程序进行维护。使用注释是一种良好的编程习惯。

C程序中每行可以写多条语句，一条语句如果一行写不下，也可以折行书写，但每条语句都要以“;”作为结束。

例如，例1.10中第④行是一个变量定义与初始化语句，定义了一个整型变量a，并置其初始值为220。第⑤行是一个打印输出语句，调用了库函数printf()进行输出。printf()是一个格式化输出函数，它有两个参数，其功能是按照第一个参数规定的格式将第二个参数的值进行输出。这里第一个参数是字符串“The value of a is: % d\n”，其中“\n”是一个特殊字符，表示换行，即将光标移到下一行，字符串“The value of a is:”将会原模原样地输出到屏幕上，“%d”是个格式说明符，说明第二个参数将以整型进行输出，输出时“%d”会被第二个参数的值代替。因此，这个printf()语句最终会打印输出“The value of a is:220”。

1.9.3 C语言程序的一般形式

根据上述介绍，可以总结出C语言程序的一般形式，如图1-26所示。

```
文件头或全局声明
void main( )
{       语句1;
        语句2;
        …
        语句n;
}

int function1( )
{
        语句序列;
}

char functionN( )
{
        语句序列;
}
```

图1-26 C语言程序的一般形式

在此强调以下几点内容。

(1) C 语言程序由一个或多个函数组成，其中必须有一个而且只能有一个 main() 函数。

(2) main() 函数可以位于程序的任何位置，但程序总是从 main() 函数开始执行，并从 main() 函数结束。

(3) 函数体是由语句构成的语句序列，每条语句必须以“;”结束。

习　题　一

一、单选题

1. 程序流程图中的菱形表示的是(　　)。

A) 流程开始　　B) 处理　　C) 判断　　D) 流程线

2. 算法的空间复杂度是指(　　)。

A) 算法在执行过程中所产生临时数据占用的存储空间

B) 算法所执行的语句个数

C) 算法所处理的数据量大小

D) 算法在执行过程中所需要的计算机存储空间

3. 以下叙述正确的是(　　)。

A) 一个 C 程序有且只能有一个 main() 函数

B) 一个 C 程序的 main() 函数必须放在最前面

C) 一个 C 程序可以有多个 main() 函数

D) 一个 C 程序总是从第一个函数开始执行，在程序的最后一个函数中结束

4. 下列关于算法的说法，叙述错误的是(　　)。

A) 算法正确的程序可以有零个输出　　B) 算法正确的程序可以有零个输入

C) 算法正确的程序一定会结束　　D) 算法不是程序

5. C 语言源文件的后缀名是(　　)。

A) .exe　　B) .cpp　　C) .obj　　D) .c

6. (　　) 是组成一个 C 语言程序的基本单位。

A) 函数　　B) 语句　　C) 代码块　　D) 变量

7. 一个 C 语言程序由(　　) 组成。

A) 一个主程序　　B) 若干条语句　　C) main() 函数　　D) 一个或多个函数

8. 一个 C 语言源程序经过编译后生成(　　) 程序。

A) .exe　　B) .obj　　C) .c　　D) .cpp

9. 下面叙述错误的是(　　)。

A) 结构化程序由顺序、分支、循环三种基本结构组成

B) C 语言是一种结构化程序设计语言

C) 由顺序、分支、循环三种结构构成的程序只能解决简单问题

D) 结构化程序设计的原则之一是模块化

10．下列叙述正确的是(　　)。

A) C 语言中的语句必须以分号结束

B) 语句和注释都会被编译成可执行代码

C) 一条语句必须在一行内写完

D) 语句必须和其注释位于一行

二、简答题

1．什么是算法？描述算法的方法有哪些？

2．结构化程序设计的主要观点是什么？

三、程序设计

编写一个简单的 C 语言程序，实现在屏幕上输出“This is the first C program!”。

第 2 章　C 语言程序设计基础

2.1　数 据 存 储

当执行一个程序时，程序的二进制代码及所使用的数据都是存储在计算机内存中的。因此，我们先来回忆一下计算机内存是如何组织的。内存可以看成若干个二进制位(bit)的集合。在微机中，一般由 8 个二进制位组成一个“字节”(Byte，B)。除了位和字节之外，表示内存容量或大小的度量单位有多种，下面是它们之间的换算关系：

1B = 8bit

1KB = 1024B

1MB = 1024KB

1GB = 1024MB

1TB = 1024GB

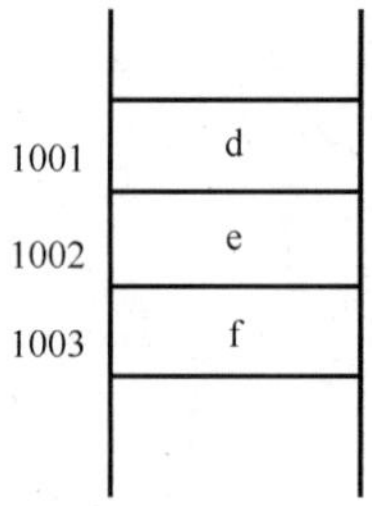

图 2-1　内存单元的地址及其存储的值

计算机中内存是按照字节顺序排列的，为了能够存取每个字节的内容，系统给每个字节都分配了一个地址，内存地址按照字节依次进行编码。例如，在图 2-1 中，显示出了内存中 3 个字节的内容，1001、1002 和 1003 分别是这三个字节的地址，d、e 和 f 分别是这三个字节中存储的数据值。

图 2-1 示意的是一个内存字节中存放了一个字母，但实际上，对于不同类型的数据，可能存放它所需的字节数不一样，不一定总是一个字节。

2.2　数 据 类 型

C 语言提供了多种数据类型，可以分为四类：基本类型、构造类型、指针类型和空类型，如图 2-2 所示。

基本类型不能再分解为其他类型。基本类型包括整型、浮点型(也称为实型)和字符型。

构造类型是在基本类型的基础上构造出的一个新数据类型。构造类型包括数组、结构体、共用体和枚举类型。

指针类型是 C 语言的典型特征。指针类型数据存储的是内存地址。

空类型一般用于定义函数返回值的类型，当一个函数没有返回值时，就用空类型作为其返回值的类型。

关于各种数据类型的详细内容，将在常量和变量之后进行介绍。

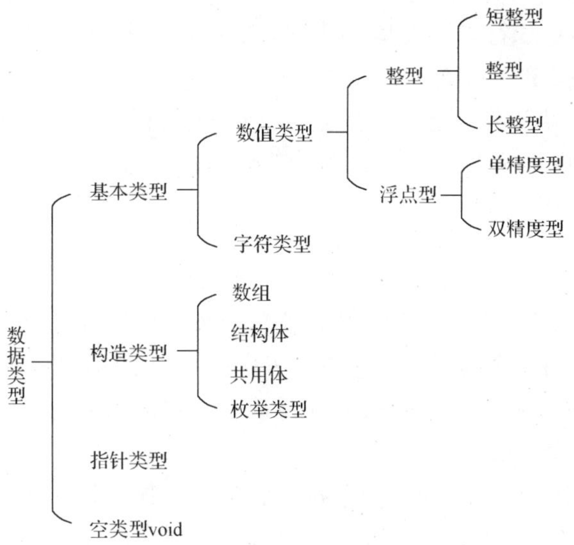

图 2-2　C 语言数据类型

2.2.1　常量和变量

常量和变量都是 C 语言程序中的一种标识符。C 语言中的标识符是由字母、数字和下划线组成的串，而且必须以字母或下划线开头。常量是指在程序执行过程中其值保持不变的量。变量是指在程序执行过程中其值可以变化的量。

1. 常量

常量是指在程序运行过程中，其值不能改变的量。常量可以分为直接常量和符号常量。

1) 直接常量

出现在程序中的诸如整数 25、实数 3.14、字符'A'等都是直接常量，25 是整型常量，3.14 是浮点型常量，'A'是字符类型的常量。直接常量可以不用声明而直接在程序中使用，也称为字面常量。

2) 符号常量

符号常量是指在程序中用一个标识符来代替一个常量。定义符号常量的一般格式如下：

```
#define 标识符 常量
```

其中，“标识符”与“常量”之间用空格或制表符隔开，在后续的程序中，凡是需要使用“常量”的地方，都可以用这个“标识符”代替。

例如，定义符号常量 PI 来代替 3.14159，可以定义如下：

```
#define  PI  3.14159
```

说明：

(1) 符号常量在使用之前必须先定义。

(2) 一般符号常量在程序的开头定义。

(3) 提倡符号常量标识符均用大写字母书写。

(4) 符号常量定义中的“常量”后不能带有分号(;)。

(5) 符号常量不仅可以增加程序的可读性，而且使得程序更容易维护。修改符号常量中 PI 的定义，便可以实现程序中所有的 PI 值一改全改。

2. 标识符与变量

1) 标识符

在 C 语言中，用标识符来确定程序中的实体对象，标识符可看作这些对象的名字。例如，前面定义的 PI 即为一个标识符，它表示 3.14159 的值。C 语言规定，标识符由字母、数字和下划线组成，且第一个字符必须是字母或下划线。如下列变量名都是合法的：PI、a1b2c3、_color、a_book、alpha。

C 语言是区分大小写的，相同字母不同大小写会被当作不同的标识符，如 true、True、TRUE 表示三个不同的标识符。一般而言，符号常量用大写字母命名。系统库函数常以下划线开头，因而用户自定义的标识符尽量不使用下划线开头以避免冲突。

不能定义与 C 语言关键字相同的标识符。标识符也不能和 C 语言的库函数、用户已定义的函数名相同。C 语言的关键字如下：

auto	break	case	char	continue	const	default	do
double	else	enum	extern	float	for	goto	int
if	long	register	return	short	signed	sizeof	static
struct	switch	typedef	union	unsigned	void	volatile	while

原则上标识符的长度可以任意，但是，不同的 C 语言编译系统对标识符的最大长度都有自己的规定，例如，Turbo C 规定标识符不超过 32 个字符。因此在实际应用中应查阅相关的手册，避免因为标识符长度限制引发不可预知的错误，同时为了增加程序的可移植性和可读性，建议避免出现超长标识符，并做到标识符见名知意。

2) 变量

变量是指在程序运行过程中，其值可以改变的量。一个变量有一个名字，在内存中占有一定的存储单元，可以存放变量的值。因而，变量实际是由变量名和变量的值组成的。

在 C 语言程序中，变量必须先定义，后使用。变量名是一种标识符，其命名规则遵守标识符命名规则。

定义一个或多个变量，可以用定义语句实现，一般格式如下：

```
类型  变量名表;
```

其中，类型可以为基本类型或构造类型，变量名表可以是一个变量名，也可以是用逗号分隔的多个变量名。例如：

```
int i, j, k;
float x, y;
```

分别定义了多个整型和浮点型变量。

C 语言规定，在定义变量的同时可以赋初值，例如：

```
int i=1, j=2;
```

实现了在定义变量 i 时给它赋初始值 1，定义变量 j 时给它赋初始值 2。

2.2.2　整型数据

1. 整型常量的表示形式

C 语言中，整型常量有三种表示方式，即十进制、八进制和十六进制。其中十进制的表示方式与一般算术中数字的表示方式相同，如 0、100、–123 等。

八进制数的表示方式为：以数字 0 开头，后面紧跟若干个 0～7 的数字。八进制也可以表示负数，此时以–0 开头，如 0144、–0173 分别表示十进制数 100 和–123。八进制数中不能出现 0～7 之外的数字，否则编译时出错，如 08 即为非法的八进制数。

十六进制数以 0x 或 0X(数字 0 和大小写 X)开头，后面紧跟数字 0～9 和字母 A～F 或 a～f 组成的数。十六进制也可以表示负数，此时在开头数字 0 前加“–”符号，如 0x64、–0x7B 分别表示十进制数 100 和–123。

2. 整型变量

按照取值范围，整型变量分为短整型、基本整型和长整型。类型说明符分别为 short int、int 和 long int，一般将短整型简写为 short，将长整型简写为 long。定义方式如下：

```
short a=100;     /*定义短整型变量 a,同时令它的值为 100*/
int i=0, j=1;    /*定义整型变量 i 和 j,初值分别为 0 和 1*/
long l;          /*定义长整型变量 l*/
```

在实际应用中，有些数据只能取正整数。为了充分利用变量的取值范围，可在变量定义时增加 unsigned 修饰符，声明为“无符号”整型变量。此时该变量不能表示负数，而正整数的表示范围却增加了一倍。前面提到的 short、int 和 long 类型既可表示正数，也可表示负数，默认冠以 signed 关键字，只是为了方便，该关键字省略不写。归纳起来共有 6 种整型变量，如表 2-1 所示。

表 2-1　整型变量的表示形式

分类	表示形式	简写
有符号短整型	signed short int	short
有符号基本整型	signed int	int
有符号长整型	signed long int	long
无符号短整型	unsigned short int	unsigned short
无符号基本整型	unsigned int	unsigned int
无符号长整型	unsigned long int	unsigned long

C 语言标准没有具体规定以上每种类型数据所占内存空间的大小，在具体实现上，各种编译程序可以根据机器硬件的特点选择适当的大小，唯一的限制是，short 与 int 类型至

少要占 2 字节(16 位)，而 long 至少要占 4 字节。short 类型不得长于 int 类型，而 int 类型不得长于 long 类型。

对于微机上的 Turbo C 而言，short 和 int 类型占 2 字节，long 类型占 4 字节。表 2-2 列出了 ANSI 标准定义的整型位数和数值范围。

表 2-2　ANSI 标准定义的整型数据

类型	字节数	数值范围
short	2 字节	[–32768,32767]
int	2 字节	[–32768,32767]
long	4 字节	[–2147483648, 2147483647]
unsigned short	2 字节	[0,65535]
unsigned int	2 字节	[0,65535]
unsigned long	4 字节	[0,4294967295]

对于整型常量，系统默认为 int 类型，除非给定的数值大于 int 类型所能表示的数据范围，此时将默认为 long 类型。如果将一个 int 类型表示范围内的数规定为 long 类型，则可在该数结尾处紧跟一个字母 l 或 L，如 100L 表示长整型常量。

2.2.3　浮点型数据

1. 浮点型常量的表示形式

浮点型常量即为带有小数点的实数。在 C 语言中，浮点型常量只能为十进制数形式，有小数形式和指数形式两种表示法。

1) 小数形式

小数形式由整数、小数点、小数三部分组成。当整数部分为 0 或小数部分为 0 时，可以省略不写，但二者不能同时省略。显然，无论哪种形式，小数点都无法省略，否则将不再是浮点数。–1.0、1.、.1 都是合法的浮点数。

2) 指数形式

指数形式也称为科学计数法。C 语言中的写法为 aEb 形式，表示 $a\times10^b$。其中，a 为小数或整数，当为小数时，遵从上述小数形式的写法，但 a 不能省略；b 必须为整数；字母 E 表示底数为 10，也可写成小写字母 e。–.0E2、2.e-4、0e0 都是合法的形式，而 E2、.E2、1E2.0 是非法形式。

2. 浮点型变量

C 语言中，浮点型变量分为单精度(float)、双精度(double)和长双精度(long double)三种类型。定义方式如下：

```
float x=3.5, y; /*定义单精度浮点型变量 x 和 y*/
double z; /*定义双精度浮点型变量 z*/
long double lx; /*定义长双精度浮点型变量 lx*/
```

浮点型变量没有“有符号”和“无符号”之分，均为有符号数，因而不能冠以 signed 或 unsigned 关键字。

ANSI C 规定了每种浮点型数据的长度、精度和取值范围，如表 2-3 所示。

表 2-3　ANSI 标准定义的浮点型数据

类型	字节数	有效数字	数值范围
float	4 字节	6～7	10^{-37}～10^{38}
double	8 字节	15～16	10^{-307}～10^{308}
long double	16 字节	18～19	10^{-4931}～10^{4932}

由于浮点型变量的值是用有限个存储单元存放的，为了保证数字的量级不变，超出有效范围之外的数字将被舍去，由此产生的误差称为舍入误差。

【例 2.1】　比较程序中两个浮点数的大小。

```
#include<stdio.h>
void main()
{
    float x, y;
    x=1.23456789;
    y=x+6e-7;
    printf("x=%f\ny=%f",x,y);
}
```

程序运行结果如下：

```
x=1.234568
y=1.234568
```

程序中 x = 1.23456789 是指将浮点型常量 1.23456789 赋给变量 x，y = x + 6e − 7 指将变量 x 的值加上 6e−7 后赋给变量 y，其中的“=”表示赋值而不是比较，将在后续章节详细介绍。程序中 printf("x=%f\ny=%f",x,y) 是格式化输出函数，用来输出变量 x 和 y 的值，其用法也会在后续章节详细介绍。

通过例 2.1 可以看出，虽然 y 的值应该等于 1.23456849，与 x 值并不相等，但是实际输出的变量 x 和 y 却均为 1.234568。因为 float 型变量的有效数字为 7 位，所以导致出现舍入误差。

因而，在实际应用中应避免将一个较大的数与较小的数直接相加减，这样可能会导致较小的数直接“丢失”。同样的道理，在比较两个浮点数是否相等时，也不是直接比较，而是用二者之差的绝对值与一个较小的数(如 1e−5)相比较，如果小于这个较小的数，则认为二者相等。

最后需要说明，对于浮点型常量，系统默认为 double 类型。如果将一个浮点型常量表示为 float 类型，需在该数结尾处紧跟一个字母 f 或 F，如 3.14F 表示 float 型常量。

2.2.4　字符型数据

1. 字符常量的表示形式

字符常量是一个整数，写成用单引号括住单个字符的形式，如'A'、'b'、'0'、'#'、'*'

等均为字符常量。字符常量的值是该字符在机器字符集中的数值，例如，大写字母 A 在 ASCII 字符集中值为 65。字符常量可以与其他字符进行比较，也可以像整数一样参与数值运算。

C 语言中还使用一种特殊形式的字符常量——转义字符，它以反斜杠“\”开头，将其后的字符变成另外的含义，如'\a'表示响铃，'\b'表示退格等，详见表 2-4。

表 2-4　转义字符及其作用

转义字符	含义	ASCII 码(十进制)
\a	响铃符	7
\b	退格	8
\f	换页符	12
\n	换行符	10
\r	回车符	13
\t	横向制表符	9
\v	纵向制表符	11
\\	反斜杠字符“\”	92
\?	问号	63
\'	单引号	39
\"	双引号	34
\ddd	1～3 位八进制数 ddd 代表的字符	ddd(八进制)
\xhh	1～2 位十六进制数 hh 代表的字符	hh(十六进制)

可以使用'\ddd'或'\xhh'表示任意字符。例如，换行符('\n')可以写成'\12'或'\xA'，ASCII 码为 0 的控制字符(空操作)可以写成'\0'或'\x0'。

2. 字符变量

字符变量用来存放字符，它在内存中占 1 字节，其值为该字符对应的 ASCII 码值。定义语句如下：

```
char c1, c2; /*定义两个字符型变量 c1 和 c2*/
```

【例 2.2】　尝试使用多种方式输出字母 A 及其 ASCII 码值。

```
#inlude<stdio.h>

void main()
{
    char c1, c2, c3, c4, c5;
    c1='A'; /*将字符常量'A'赋给变量 c1*/
    c2=65; /*将数字 65 赋给变量 c2,作为其 ASCII 码值*/
    c3='\101'; /*将转义字符'\101'(八进制数)赋给变量 c3*/
    c4='\x41'; /*将转义字符'\41'(十六进制数)赋给变量 c4*/
    c5='a' - 32; /*将小写字母'a'减去 32 后赋给变量 c5*/
```

```
    printf("%c,%c,%c,%c,%c\n",c1,c2,c3,c4,c5); /*以字母形式输出*/
    printf("%d,%d,%d,%d,%d",c1,c2,c3,c4,c5);    /*以整数形式输出*/
}
```

注意：字符型变量作为数值使用时，其取值范围为[−128,127]，但实际字符的 ASCII 码值均为正整数。为了避免字符型变量参与数值计算时取到负数，常在其定义时冠以 unsigned 关键字。例 2.3 恰好反映了该问题。

【例 2.3】 展示无符号字符变量和有符号字符变量的差别。

```
#include<stdio.h>

void main()
{
    unsigned char a=200;
    char b=200;

    printf("a=%d,b=%d",a,b);
}
```

程序运行结果如下：

```
a=200,b=-56
```

3. 字符串常量

C 语言中除了使用字符常量外，经常见到字符串常量。所谓字符串常量是指用双引号括住的 0 个或多个字符组成的字符序列。例如，"Hello!"、"3.14"、"+"、" "等都是字符串常量，双引号仅仅是字符串的标记，并不属于字符串的一部分。

字符串中包含的字符常量的个数称为该字符串的长度，其中每一个转义字符当作一个字符计算。例如，字符串"3.14A"、"\63\56\61\64\101"长度均为 5。

字符串在内存中占用的字节数为字符串长度+1，多出来的一个字节用于存放字符'\0'(ASCII 码值为 0)，用于标识字符串结束。在定义字符串常量时，系统自动在结尾处添加'\0'。

注意："A"和'a'是两个完全不同的常量。"A"表示字符串常量，长度为 1，在内存共占用 2 字节存储空间。'a'表示字符常量，在内存中占 1 字节存储空间。不能将字符串常量赋给字符变量。

C 语言中并没有字符串类型，也不能定义字符串变量，通常使用字符数组来存放字符串，相关知识将在后续章节中介绍。

2.3 数据运算

2.3.1 算术运算

1. 基本的算术运算符

C 语言提供了 5 种基本的算术运算符，包括加、减、乘、除和模运算符(求余)。使用这 5 种运算符时需要注意以下几点。

(1) 加减乘除四则运算对于整型(字符型也可视为整型)、浮点型常量和变量均适用。

(2) 整型数据相除时，将自动取整，其结果为整数。如果商为负数，取整方向随系统而异，一般采取"向零取整"的原则。

(3) 求余运算只能用于两个整数。

(4) 当两个变量作乘法运算时，乘号"*"不能省略。

2. 自增、自减运算符

C 语言提供了自增和自减运算符，分别用"++"和"--"表示，用于给变量的值自增 1 和自减 1。例如，i++和++i 实现了将 i 的值在原有的基础上增加 1 的功能，而 i--和--i 实现了将 i 的值在原有的基础上减去 1 的功能。当 i 为 1 时，执行 i++或++i 后，i 的值变为 2。同样，当 i 为 1 时，执行 i--或--i 后，i 的值变为 0。使用自增和自减运算符时需要注意以下几点。

(1) 自增运算符和自减运算符只能用于变量，不能用于常量，例如，5++和(i+j)++都是非法的。

(2) 自增运算符和自减运算符为一元运算符。

(3) ++i 是先使 i 自增 1 再使用 i，i++是先使用 i 而后再将其自增 1。例如，当 i=1 时，分别执行 j=++i 和 j=i++，j 的值分别是 2 和 1。自减运算同理。

注意：类似于 a+=a++或者(i++)+(i++)+(i++)属于未定义行为，这并不是说 C 语言中还未定义这种行为，而是它的结果取决于编译器实现，因而建议不要写这样的代码。

3. 表达式

表达式是用运算符、括号和运算对象(也称操作数)通过有意义的排列所得到的组合。其中的运算对象包括常量、变量、函数等，甚至也可以是一个表达式。下面是一些合法的算术表达式的例子：

```
sqrt((a+b+c)*(-a+b+c)*(a-b+c)*(a+b-c))/4.0
4.0/3*PI*pow(r,3)
```

其中，a、b、c、r 是变量，PI 为符号常量，sqrt()、pow()是 C 语言的内部函数。

而如下是非法的表达式：

(a+b)(a-b)　ax^2+bx+c　a%1.0　(i-3)++

另外，可以把单个常量或变量当作省略了运算符、括号，仅含有操作数的表达式，即可以把单个的常量、变量也看作是一种特殊的表达式。

在程序执行的过程中，表达式的值是可以确定的，表达式的类型也可以通过参与运算的操作数的类型确定。一般情况下，当表达式中各操作数的类型相同时，表达式的类型即为操作数的类型；当表达式中各操作数类型不同时，表达式的类型为各操作数中类型最高的类型。例如：

'A'+32-5L 表达式的类型为 long 型；

1.0*('A'+32-5L) 表达式的类型为 double 型。

4. 算术运算符的优先级与结合性

运算符是具有优先级和结合性的。在求解表达式的值时，应按照运算符优先级从高到低的顺序执行，如先算乘除，后算加减。

如果表达式中一个运算对象两侧的运算符优先级相同，则按照规定的“结合方向”处理。例如，在求解表达式 5*4/3%2 的过程中，先算乘法，再算除法，最后求余，这种结合性称为左结合性。在 C 语言中，大多数二元运算的结合性均为左结合性。

可以使用小括号“()”来改变表达式的优先级。在 C 语言中，方括号“[]”和大括号“{}”有特殊的用途，因而不能使用这两种符号改变表达式的优先级。

一元运算符正(+)、负(–)、自增、自减的优先级高于二元运算符，且它们都是右结合性，例如，– + – 3 与–(+(–3))等价。

5. 类型转换

在表达式求解时，系统总是将“比较窄的”的操作数自动转换为“比较宽的”操作数，从而保证信息不丢失。

char 类型可以视为整数类型，在算术表达式中可以自由地使用 char 类型的常量或变量。

在表达式求解之前，系统总是先把 char、short 类型转换成 int 类型。

另外，C 语言提供了强制类型转换的方法，其语法格式如下：

```
(类型说明符)(表达式)
```

其中，“(类型说明符)”可当作一元运算符。因为它的优先级较高，所以对表达式的结果进行类型转换时，表达式需要用小括号括起来。

例如：

```
(char)i                       /*把变量 i 的值转换成 char 类型*/
(float)1/3                    /*把常量 1 转化成 float 类型后除以 3*/
(double)((int)3.14159%2)      /*将 3.14159 取整后除以 2 取余,最后转换为 double 型*/
```

2.3.2 关系运算和逻辑运算

1. 关系运算符

1) 关系运算符的种类

C 语言中规定了 6 种关系运算符，分别如下：

>	大于运算符
<	小于运算符
==	等于运算符
>=	大于等于运算符
<=	小于等于运算符
!=	不等于运算符

需要注意的是，等于运算符为两个连续的等号，等于、大于等于、小于等于、不等于四个运算符的中间不能有任何其他字符，包括空格，两个符号必须紧邻。

2) 关系运算符的优先级

6 种关系运算符的优先级不全相同，规则如下。

(1)>、>=、<、<=优先级相同，==、!=优先级相同。前四个的优先级高于后两个。

(2)关系运算符均为二元运算符，满足左结合性。

(3)关系运算符的优先级低于算术运算符。

3)关系表达式

在一个表达式中，如果关系运算符的优先级最低，则该表达式可称为关系表达式。关系表达式的值是一个逻辑值。C 语言规定，逻辑值为真时，用整数 1 表示，逻辑值为假时，用整数 0 表示。在运算时，非 0 表示真，0 表示假。例如，有如下关系表达式：

1+1>2 表达式的值为 0。算术运算符优先级较高，先算加法。

1>2==0 表达式的值为 1。“>”的优先级较高，先算“1>2”其值为 0，再与 0 进行比较，结果为真，值为 1。

2. 逻辑运算符

1)逻辑运算符的种类

C 语言中，逻辑运算符有 3 个，分别如下：

&&　　逻辑“与”运算符

||　　逻辑“或”运算符

!　　逻辑“非”运算符

2)逻辑运算符的优先级

逻辑运算符、关系运算符和算术运算符的优先级遵循如下原则。

(1)在 3 个逻辑运算符中，逻辑“非”的优先级最高，逻辑“与”次之，逻辑“或”最低。

(2)与算术运算符和关系运算符比较，它们之间的优先级从高到低的顺序为：逻辑“非”、算术运算符、关系运算符、逻辑“与”、逻辑“或”。

逻辑“与”和逻辑“或”运算符为二元运算符，具有左结合性；逻辑“非”运算符为一元运算符，具有右结合性。

3)逻辑表达式

在一个表达式中，如果逻辑运算符的优先级最低，则该表达式可称为逻辑表达式。同关系表达式的值一样，逻辑表达式的值也为一个逻辑值。在求解逻辑表达式的值时，需要注意以下几点。

(1)当用逻辑“与”连接的两个表达式的值均为“真”时，运算结果为“真”，否则为假。

(2)当用一个或多个逻辑“或”连接的表达式中存在值为“真”的表达式时，运算结果为“真”，当全部表达式的值均为“假”时，运算结果为假。

(3)当表达式的值为“真”时，对该表达式执行逻辑“非”运算，结果为“假”；当表达式的值为“假”时，对该表达式执行逻辑“非”运算，结果为“真”。

例如，有如下逻辑表达式：

!!5 表达式的值为 1。

0||1&&0 表达式的值为 0。

1>2!=3&&!(4==5)表达式的值为 1。根据优先级，先计算“&&”左边的表达式，再计算“&&”右边的表达式，最后对两边的值进行“&&”运算。左边：先计算 1>2，值为 0，再计算 0!=3，值为 1。右边：先计算 4==5，值为 0，再计算!0，值为 1。最后计算 1&&1，结果为 1。

3. 条件运算符

C 语言提供了一种三元运算符，即条件运算符，其写法为“? :”，构成的条件表达式格式如下：

```
表达式 1 ? 表达式 2 : 表达式 3
```

求解方法为：先计算表达式 1 的值，如果为真，则计算表达式 2 的值，并将该值作为整个条件表达式的值，如果为假，则计算表达式 3 的值，并将该值作为整个条件表达式的值。

例如，有如下条件表达式：

a > b ? a : b 实现了取 a 和 b 的较大值。

(1+2) ? 10 : i++表达式的值为 10。因为 1+2 的值为 3，表示为真，则取表达式 2 的值，即数字 10 作为条件表达式的值，因而 i++没有被执行，i 的值不变。

条件运算符的优先级低于算术运算符、关系运算符和逻辑运算符，条件表达式具有右结合性，例如：

```
a > b ? a : b > c ? b : c
```

相当于(a > b) ? a : (b > c ? b : c)，而不等于(a > b ? a : b > c) ? b : c。

2.3.3 位运算

C 语言提供了 6 个用于位操作的运算符，分别如下：

&	按位与
|	按位或
^	按位异或
~	按位非(也称为求反码)
<<	左移
>>	右移

其中，按位与“&”是对参与操作的两个操作数按二进制位进行“与”运算，规则为 0&0=0，0&1=0，1&0=0，1&1=1。

按位或“|”是对参与操作的两个操作数按二进制位进行“或”运算，规则为 0|0=0，0|1=1，1|0=1，1|1=1。

按位异或“^”是对参与操作的两个操作数按二进制位进行“异或”运算，即当两个相应位相异时为 1，相同时为 0，规则为 0^0=0，0^1=1，1^0=1，1^1=0，因而，一个数与自身按位异或总是得到 0，即 a^a = 0。

按位非“~”是对给定的操作数按二进制位取反，即~0=1，~1=0。

左移“<<”是对运算符左侧的操作数按二进制位左移运算符右侧给定的数值位数，右侧空出的位数用 0 填补。一般而言，对于一个整数左移 1 位，其结果相当于该数乘 2，左移 2 位相当于该数乘 4，左移 n 位，相当于该数乘 2^n。

右移“>>”是对运算符左侧的操作数按二进制位右移运算符右侧给定的数值位数，一般而言，对于无符号整数和正整数，右移时左侧空出的位数用 0 填补，对于负整数，右移时左侧空出的位数用 1 填补。一个整数右移 1 位，其结果相当于该数除以 2，右移 2 位相当于该数除以 4，右移 n 位，相当于该数除以 2^n。

可见，位运算操作符只能用于整型数据，包括有符号和无符号的 char、short、int 和 long 类型。以下位操作合法：

2&(2+3)　　1|0　　0177^07　　~0xFF　(4+6)<<(1+2)　　8>>2

其中，0177 和 07 为八进制数；0xFF 为十六进制数；(4+6)<<(1+2) 表示将 4+6 的和，即 10 对应的二进制数左移 1+2=3 位；8>>2 表示将 8 对应的二进制数右移 2 位。

而以下操作非法：

2&1.0　　~1.0　　3.5<<2　　5>>1.5

在位运算符中，按位非运算符为一元运算符，具有右结合性，其他为二元运算符，具有左结合性。它们的优先级可参见本节后的表 2-5。

下面通过一个例子介绍每种位运算符的用法。

【例 2.4】 假设 a=8，b=–24，求 a&b、a|b、a^b、~a、~b、a<<2、a>>2、b<<2、b>>2。

一般计算机使用补码存放数据，首先，求出 a 和 b 的补码(为了简便，我们只取 8 位)。因为 a 为正数，它的原码、反码、补码相同。

$[a]_{原}=[a]_{反}=[a]_{补}=00001000$

b 为负数，它的原码、反码、补码分别如下：

$[b]_{原}=10011000$

$[b]_{反}=1110\ 0111$

$[b]_{补}=[b]_{反}+1=1110\ 1000$

a&b、a|b、a^b 分别为：

```
   0000 1000      0000 1000      0000 1000
&  1110 1000   |  1110 1000   ^  1110 1000
------------   ------------   ------------
   0000 1000      1110 1000      1110 0000
```

~a = 1111 0111　　~b = 0001 0111

a << 2 = 0010 0000　　a >> 2 = 0000 0010

b << 2 = 1010 0000　　b >> 2 = 1111 1010

可以验证，用十进制表示 a << 2 = 32，a >> 2 = 2。对于 b 左移和右移后，要先从补码换算回原码才可直接计算为十进制数，具体如下：

$[b<<2]_{补}=1010\ 0000$

$[b<<2]_{反}=[b]_{补}-1=1001\ 1111$

$[b<<2]_{原}=1110\ 0000$，即 $-(2^6+2^5)=-(64+32)=-96$

$[b>>2]_{补}=1111\ 1010$

$[b>>2]_{反}=[b]_{补}-1=1111\ 1001$

$[b>>2]_{原}=1000\ 0110$，即 $-(2^2+2^1)=-(4+2)=-6$

2.3.4 赋值运算

1. 赋值运算符和赋值表达式

C 语言中，“=”被定义为赋值运算符，其作用是将它右边的表达式的值赋给它左边的变量。由赋值运算符把变量和表达式连接起来，构成的新表达式称为赋值表达式。用赋值表达式给变量赋值的语法格式如下：

```
变量=表达式
```

需要特别注意的是，赋值运算符的左侧必须为变量。例如，如下为合法的赋值表达式：

```
a = 1
max = a > b ? a : b > c ? b : c
x = x + 2   /*不能将其理解为解方程*/
```

而如下表达式非法：

```
1 = 1
i + j = 5
```

赋值运算符的优先级低于前述各节中讲到的任何一种运算符。赋值运算符具有右结合性。例如：

a = b = c =1+1　相当于　a = (b = (c = (1+1)))

执行完毕后，a、b、c 的值均为 2。

2. 赋值运算中的类型转换

在求解赋值表达式时，如果赋值运算符两侧的数据类型不一致，则赋值时将自动进行类型转换。当赋值运算符右侧的数据类型低于或等于左侧变量的类型时，直接赋值；如果右侧数据类型高于左侧变量类型，C 语言不会报错，而是根据一定的规则进行转换。具体规则如下。

(1) 将浮点型数据赋给整型变量时，自动舍弃小数部分。如果浮点数的整数部分包含在整型变量所能表示的数值范围内，则整数部分的数值保持不变，否则数值将会改变。

(2) 将整型数据赋给浮点型变量时，数值不变。

(3) 将 double 型数据赋给 float 型变量时，截取前 7 位有效数字。将 float 型数据赋给 double 型变量时，直接扩充存储位数，保持数值不变。

(4) char、short、int、long 型数据赋给较低级别整型变量(或字符型变量)时，直接截取这些数据相对应的低位进行赋值。

(5) 将 char、short、int 型数据赋给较高级别类型的整型变量时，直接扩充存储位数，保持数值不变。需要注意的是，C 语言把 char 型数据视为有符号数，当 char 型数据值不在[0,127]区间时视为负数，将它赋给其他整型变量时，因为保持数值不变，也会得到负数。例如，有如下赋值语句：

```
char c = 200; /*定义字符型变量 c, 并赋值为 200*/
int i = c;    /*定义整型变量 i,并将 c 的值赋给 i*/
```

执行完上述赋值语句后，i 的值为一个负数，而不是 200。

3. 复合赋值运算符

C 语言提供了一类特殊的赋值运算符，即复合赋值运算符。它的表现形式为二元运算符(如算术运算符)直接拼接赋值运算符。例如，i += 2 中的“+=”表达的含义为 i=i+2。

复合赋值运算符一共有 10 个，分别是+=、–=、*=、/=、%=、>>=、<<=、&=、^=、|=。用法为：

```
<变量><复合赋值运算符><表达式>
```

表达的含义为：先求解“表达式”的值，然后用“变量”的值与“表达式”的值进行运算，运算符为“复合赋值运算符”中的前半部分的符号，最后将运算结果赋给“变量”。例如，a *= b + c 等价于 a = a * (b+c)。

注意：

(1) 复合赋值运算符为一个整体，中间不能插入任何字符，包括空白字符。

(2) 复合赋值运算符与“>=”、“<=”、“!=”外观相似，但表示不同的含义，前者是赋值运算符，后者是关系运算符。

(3) 系统默认给复合赋值运算符右侧的表达式增加了括号，所以 a *= b + c 不能理解为 a = a * b + c。

(4) 复合赋值运算符本身也是赋值运算符，因而与赋值运算符具有相同的优先级和结合性。例如，当 a=1 时，执行 a /= a *= a += a –= 2 后，a 的值为 1。先执行 a –= 2 后 a=–1，再执行 a +=–1，即 a=–1+(–1)得出 a=–2，然后执行 a*=–2，得出 a=4，最后执行 a/=4，最终 a=1。

2.3.5 逗号运算符和逗号表达式

C 语言中，可以使用逗号“,”将若干个表达式拼接起来，形成一个新的表达式，这种表达式称为逗号表达式，其中的逗号“,”称为逗号运算符。逗号表达式的语法格式如下：

```
表达式 1 , 表达式 2 , 表达式 3 , …, 表达式 n
```

求解逗号表达式时，先计算表达式 1，然后计算表达式 2, …，最后计算表达式 n，逗号表达式的值为表达式 n 的值。例如：

```
a = 3, i++, i *= 2, a * 10
```

先执行 a=3，然后将 i 自增 1，再执行 i 的值乘以 2，最后执行 a*10，逗号表达式的值为 30。

使用逗号表达式时，需要注意以下事项。

(1) 逗号运算符是优先级最低的运算符，具有左结合性。因而上例不能理解为 a = (3, i++, i *= 2, a*10)，i 的值也不是先翻倍再自增 1。

(2) 逗号表达式不能以逗号开头或结尾，表达式中间也不能出现两个及两个以上连续的逗号。例如，如下示例为非法逗号表达式：

```
, a = 3, i++, a * 10   a = 3, i++, a * 10,  a = 3, ,i++, a * 10
```

(3) 一个逗号表达式可以与另一个逗号表达式组合成一个新的逗号表达式，这种情况称为逗号表达式的嵌套。例如：

```
a = (i = 1, (j = 2, k = 3 )), b++
```

该表达式执行完毕后，i = 1，j = 2，a = k = 3，同时 b 的值自增 1。

(4)不是任何地方的逗号都是逗号运算符，例如，函数的参数也是用逗号隔开的，但其中的逗号不是运算符。下列式子中的逗号都不是逗号运算符：

```
4.0/3*PI*pow(r,3)
printf("a=%d,n=%d,sum=%ld", a, n, sum)
```

到目前为止，我们已经学习了 C 语言中绝大多数运算符。它们的优先级和结合性如表 2-5 所示，表中优先级自上而下递减，同一行中优先级相同。

表 2-5　运算符的优先级和结合性

优先级	运算符	操作对象元数	结合性
1	() [] -> .		自左向右
2	! ~ ++ -- + - * & (类型) sizeof	一元	自右向左
3	* / %	二元	自左向右
4	+ -	二元	自左向右
5	<< >>	二元	自左向右
6	< <= > >=	二元	自左向右
7	== !=	二元	自左向右
8	&	二元	自左向右
9	^	二元	自左向右
10	|	二元	自左向右
11	&&	二元	自左向右
12	||	二元	自左向右
13	? :	三元	自右向左
14	= += -= *= /= %= >>= <<= &= ^= |=	二元	自右向左
15	,	二元	自左向右

表 2-6 中的运算符分别是：()小括号，[]下标，->指针型，结构成员，!逻辑非，～按位非，++自增，--自减，+求正，-求负，*取内容，&取地址，(类型)类型转换，sizeof 求字节数，*乘，/除，%求余，+加，-减，<<左移，>>右移，<小于，<=小于等于，>大于，>=大于等于，== 等于，!=不等于，&按位与，^按位异或，|按位或，&&与，||或，? :条件运算，=、+=、-=、*=、/=、%=、>>=、<<=、&=、^=、|=赋值运算，“,” 逗号运算。

2.4　系 统 函 数

2.4.1　库函数

C 语言中，函数是指通过特定的规则封装，提供一定功能的程序。C 语言系统提供了丰富的函数供用户使用，这些函数称为库函数或系统函数。它们被包含在.h 文件中，这些文件称为头文件。

库函数按类可划分为数学函数、字符函数、字符串函数、输入/输出函数等，分别对应math.h、ctype.h、string.h、stdlib.h等文件，通过文件包含命令引入到用户程序中，一般格式为：

```
#include<文件名>
```

或

```
#include"文件名"
```

注意：文件包含命令应独占一行，行尾不能加分号“;”。

引入头文件后，用户就可以在程序中使用该头文件中包含的各种函数。系统库函数可参阅附录C。

2.4.2　常用数学函数

C语言提供了大量数学函数，包括幂函数pow()、开方函数sqrt()、绝对值函数abs()和各类三角函数等，它们极大地丰富和简化了用户编程，下面通过一个例子来展示它们的用法。

【例2.5】　已知三角形的三条边长分别为5、6、7，求它的面积和三个内角的度数。

```
#include<stdio.h>
#include<math.h>
#define PI  3.14159

void main()
{
    int a = 5, b = 6, c = 7; /*定义三条边*/
    float p, s, angA, angB, angC;/*定义中间变量、面积和三个内角*/
    /*利用海伦公式求三角形面积*/
    p = (a + b + c)/2.0;
    s = sqrt(p*(p-a)*(p-b)*(p-c)); /*使用开方函数*/
    /*以下分别求三个内角,使用反余弦函数和幂函数*/
    angA = 180/PI * acos((pow(b,2)+ pow(c,2)-pow(a,2))/(2*b*c));
    angB = 180/PI * acos((pow(a,2)+ pow(c,2)-pow(b,2))/(2*a*c));
    angC = 180/PI * acos((pow(a,2)+ pow(b,2)-pow(c,2))/(2*a*b));
    /*输出结果,使用格式化输出函数*/
    printf("三角形面积为%5.2f\n",s);
    printf("三个角分别为%5.2f,%5.2f,%5.2f 度\n",angA,angB,angC);
}
```

程序运行结果如下：

```
三角形面积为14.70
三个角分别为44.42, 57.12, 78.46 度
```

2.4.3　格式化输出函数printf

C语言提供了一个格式化输出函数printf，它和2.4.4节将要讨论的格式化输入函数scanf一样，包含在stdio.h文件中。

格式：

```
printf(格式说明,输出列表)
```

功能：按照格式说明将输出列表中的数据在输出设备中输出。

说明：

(1)“格式说明”用双引号括起来，其中包括以“%”开头的格式说明符(或称格式字符)和原样输出的修饰字符。例如：

```
printf("a=%d",a)
```

双引号中的“a=”原样输出，“%d”用 a 的值替换，输出为整数。

(2)“输出列表”可以是多个变量、常量或表达式。

(3)如果需要原样输出“%”，则需要在格式说明字符串中用两个连续的“%”表示。

(4)格式字符的说明如表 2-6 所示。

表 2-6　printf 格式字符

格式字符	说　明
[−][m][l]d	用于输出十进制整数。m 为整数，表示输出的十进制数至少占的宽度。如果所输出的数据位数大于等于 m，则按实际位数输出；如果所输出的数据位数小于 m，则补空格。负号“−”表示输出的数据左对齐，即右补空格，若省略负号“−”，则数据右对齐，即左补空格。”l”表示以长整型输出，也可写成大写”L”。负号“−”、m 和 l 用方括号扩住，表示该选项可选，下同
[−][m] [l]o	用于输出八进制整数，不输出前导数字 0。格式字符 o 为英文字母而非数字
[−][m] [l]x	用于输出十六进制整数，字母 a～f 为小写，不输出前导 0x。若 x 写成 X，则输出中字母为 A～F
[−][m] [l]u	用于输出无符号十进制数
[−][m]c	用于输出单个字符
[−][m][.n]s	用于输出字符串，它至少占 m 列，但只取字符串的前 n 个字符(注意 n 前有小数点)，指定负号“−”时右补空格，否则左补空格。若[−]、[m]、[.n]均省略，则按字符串实际大小原样输出
[−][m][.n]f	用于输出浮点数。数据总长度至少为 m 列，其中保留 n 位小数(注意 n 前有小数点)，负号“−”表示左对齐，右补空格，省略负号“−”时右对齐。输出浮点数时，整数部分总是保证完整输出，而无论 m 的大小是多少
[−][m][.n]e	以标准指数形式输出浮点数。数据总宽度至少占 m 列，数字部分保留 n 位小数，指数部分占 5 列，其中字母 e 占 1 列，指数符号占 1 列，指数占 3 列。若格式字符 e 写成 E 则输出中字母也为大写
g	选用%f 或%e 格式中输出宽度较短的一种格式，不输出无意义的 0

2.4.4　格式化输入函数 scanf

格式：

```
scanf(格式说明,地址列表)
```

功能：按照指定的“格式说明”从输入设备接收数据，存入地址列表指定存储单元，按回车键结束输入。

说明：

(1)“地址列表”是用逗号分隔的各个变量地址，而不是变量。因而，一般需要用取地址运算符“&”进行说明。例如，如果 a 和 b 为整型变量，则输入格式如下：

```
scanf("%d%d ",&a,&b)
```

(2)“格式说明”中要求连续输入多个整型或浮点型数据时，可以用多个空格、回车或跳格键(Tab)分隔，但是不能用逗号、分号、字母等其他字符分隔。例如：

```
scanf("%d%d ",&a,&b);
```

可以输入：

```
1   2↵
```

使 a 的值为 1，b 的值为 2。而不能输入：1,2↵。

(3)如果在“格式说明”中包含除了格式字符、格式字符的附加说明符以外的其他字符，则在输入数据时应在对应的位置上输入这些字符，例如：

```
scanf("%d,%d ",&a,&b);
```

输入时需将逗号也一同输入：

```
1,2↵
```

而输入：

```
1   2↵
```

是非法的。再如：

```
scanf("a=%d,b=%d ",&a,&b);
```

输入应为：

```
a=1,b=2↵
```

而输入 1　2↵或者 1,2↵或者 a=1 b=2↵等都是错误的。

(4)如果在“格式说明”中用“%c”输入字符时，空格、回车、跳格键、转义字符等都作为有效字符输入，而不能当作分隔符。例如，若想令字符变量 c1、c2、c3 的值分别为 a、b、c，对于以下输入语句：

```
scanf("%c%c%c",&c1,&c2,&c3);
```

应连续输入 3 个字符 a，b 和 c，即：

```
abc↵
```

而输入 a b c↵或者 a,b,c↵等都无法实现上述目的。

(5)输入数值数据时，如果遇到空格、回车、跳格键或其他非数值字符时，则认为该数据输入结束。例如：

```
scanf("%d%c%f ",&a,&b,&c);
```

输入数据：

```
1a2b3c↵
```

则 a 的值为 1，b 的值为字符 a，c 的值为 2。输入的“b3c”自动舍弃。

若输入数据：

```
100 3.14*100↵
```

则 a 的值为 100，b 的值为空格，c 的值为 3.14。之后的“*100”自动舍弃。

(6) 指定输入数据列宽时，系统自动进行数据截取。例如：

```
scanf("%2d%3d ",&a,&b);
```

输入数据：

```
123456789↵
```

a 的值为 12，b 的值为 345。

(7) 如果“格式说明”中包括附加说明符“*”，则在“地址列表”中应不指定接收输入数据的地址。例如：

```
scanf("%d%*d %d ",&a,&b);
```

其中，格式字符的个数大于地址列表中的地址个数。当输入数据：

```
123  456  789↵
```

a 的值为 123，b 的值为 789，而输入的 456 被舍弃。

(8) 输入浮点型数据时，不能对小数部分指定宽度。例如：

```
scanf("%5.2f ",&a);
```

为非法的输入格式。

(9) scanf 函数的格式字符和格式字符的附加说明符相关说明分别如表 2-7 和表 2-8 所示。

表 2-7　scanf 函数的格式字符

格式字符	说　明
d,i	用于输入有符号的十进制整数
u	用于输入无符号的十进制整数
o	用于输入八进制整数
x,X	用于输入十六进制整数(大小写作用相同)
c	用于输入单个字符
s	用于输入字符串。输入时以非空白字符开始，以第一个空白字符结束。输入后字符串末尾自动拼接'\0'作为其结束标志
f	用于输入浮点数，可以用小数形式或指数形式输入
e,E,g,G	与 f 作用相同，e、f、g 可相互替换(e 和 g 的大小写作用相同)

表 2-8　scanf 格式字符的附加说明符

格式字符	说　明
h	用于 d、o、x 前，用来指定输入短整型数据
l	用于 d、o、x 前，用来指定输入长整型数据，或用于 f、e 前来指定输入 double 型数据
m	m 为正整数，表示指定输入数据的宽度占 m 列数据
*	抑制符，表示本输入项在读入后不赋给相应的变量

2.4.5　字符输入/输出函数

除了使用 printf 函数和 scanf 函数进行字符输出和输入外，C 语言函数库还提供了一些专门用于字符(和字符串)输入和输出的函数。

本节将介绍 putchar 函数和 getchar 函数，它们包含在 stdio.h 中，用于单个字符的输出和输入，并且使用非常简单。

1．字符输出函数 putchar

格式：

```
putchar(字符变量或常量)
```

功能：将给定的字符变量或常量对应的字符在终端设备上输出。

说明：

(1) 函数 putchar 的参数为字符型变量、常量，也可使用整型变量和常量，但不能使用字符串、浮点数等。如下用法非法：

```
putchar("\n");     /*不能使用字符串为参数*/
putchar(3.14);     /*不能使用浮点数作为参数*/
```

(2) 当 putchar 的参数为负整数或超出字符表示范围时，将自动截取该数值的低位，输出低位对应 ASCII 值的字符。例如：

```
putchar(-159);
```

将输出字符 a。

【例 2.6】　在屏幕中输出字符串 Girl's 并回车。程序如下：

```
#include <stdio.h>

void main()
{
    char g = 'G',i = 'i';
    putchar(g);
    putchar(i);
    putchar('\x72');
    putchar('l');
    putchar('\'');
    putchar(97+'s'-'a');
    putchar('\n');
}
```

程序运行结果如下：

```
Girl's
```

2. 字符输入函数 getchar

格式：

```
getchar()
```

功能：从输入设备接收一个字符。

说明：

(1) getchar 函数没有参数。

(2) getchar 函数的一般用法是接收一个字符后立刻赋给另外一个变量，例如：

```
c = getchar();
```

(3) getchar 函数接收的字符可以不赋给任何变量，仅作为表达式的一部分，例如：

```
printf("%c",getchar());
putchar(getchar());
```

(4) getchar 可以接收任何输入的字符，包括空格、跳格符、回车符等，但输入的多余字符将被舍弃。例如：

```
c1 = getchar();
c2 = getchar();
c3 = getchar();
```

输入：

```
a↵
b↵
```

此时，c1 的值为 a，c2 的值为回车，c3 的值为 b，最后一个回车符被舍弃。

(5) 使用键盘输入字符时，并不是每敲一个字符，就将该字符立刻送入计算机，而是按下回车符后再一起将所输入的信息一次性输入到计算机，此时再被 getchar 函数按顺序获取。例如，下面的代码片段对于不同的输入方式将得到不同的效果。

```
putchar(getchar());
putchar(getchar());
putchar(getchar());
```

输入/输出示例：

```
abc↵    (输入 abc 后回车)
abc     (输出 abc)
```

对于上述代码片段，换一种输入方式：

```
a↵      (输入字符 a 后回车)
a       (输出字符 a 和回车符,回车符已被第二个 getchar 接收)
b↵      (输入字符 b 和回车)
b       (输出字符 b,最后一个回车符被舍弃)
```

2.5 程 序 设 计

C 语言是一种结构化程序设计语言，它提供了对顺序、选择和循环三种基本控制结构的支持。由于目前我们还没有接触到流程控制语句，因此本节先以一个顺序执行的简单程序为例，对本章所学内容进行巩固。

简单程序是指程序中的所有语句都是按照书写顺序依次执行，没有分支、循环等情况。一个程序由一系列语句构成，语句是构成程序的基本单位，它一般以分号“;”结尾。C 语言语句可以分为表达式语句、函数调用语句、控制语句、复合语句和空语句等几种类型。

下面通过一个例子介绍简单程序设计。

【例 2.7】 从键盘输入球体的半径，求球体的体积和表面积。程序设计如下：

```
#include<stdio.h>
#include<math.h>
#define PI 3.14159

/*该函数的功能是求球体的体积和表面积*/
/*输入参数:无。从键盘接收数据*/
/*输出参数:无。直接从屏幕打印输出*/

void main()
{
    float r, v, s; /*定义变量 r、v、s 分别存放半径、体积和表面积*/
    printf("请输入球体的半径:"); /*提示内容*/
    scanf("%f",&r);            /*从键盘输入半径*/
    v = 4.0/3*PI*pow(r,3);     /*计算体积*/
    s = 4*PI*pow(r,2);         /*计算表面积*/
    printf("半径为%f 的球体,体积为%f,表面积为%f\n",r,v,s); /*输出结果*/
}
```

程序运行结果如下：

```
请输入球体的半径: 1↵
半径为 1.000000 的球体,体积为 4.188787,表面积为 12.566360
```

习 题 二

一、单选题

1. 按照 C 语言规定的用户标识符命名规则，不能出现在标识符中的是(　　)。

A) 下划线　　B) 大写字母　　C) 数字字符　　D) 连接符

2. 以下选项中，能用作用户标识符的是(　　)。

A) _0_　　B) 8_8　　C) void　　D) unsigned

3．以下选项中不合法的标识符是(　　)。

A) print　　B) FOR　　C) &a　　D) _00

4．C 源程序中，不能表示的数制是(　　)。

A) 十进制　　B) 八进制　　C) 二进制　　D) 十六进制

5．以下选项中，合法的一组 C 语言数值常量是(　　)。

A) 12.　0Xa23　4.5e0　　B) 028　.5e-3　-0xf

C) .177　4e1.5　0abc　　D) 0x8A　10,000　3.e5

6．以下选项中能表示合法常量的是(　　)。

A) "\007"　　B) 1.5E2.0　　C) '\'　　D) 1,200

7．设变量已正确定义并赋值，以下表达式正确的是(　　)。

A) x=y+z+5,++y　　B) int(15.8%5)　　C) x=y*5=x+z　　D) x=25%5.0

8．设有定义“int x=2;”，以下表达式中，值不为 6 的是(　　)。

A) x++, 2*x　　B) 2*x, x+=2　　C) x*=(1+x)　　D) x*=x+1

9．有 x、y、z 三个整型变量，在执行“x=y=1;z=x++, y++, ++y;”后，x、y、z 的值分别为(　　)。

A) 2,3,1　　B) 2,3,2　　C) 2,3,3　　D) 2,2,1

10．若有定义“int x,y;”，并已正确给变量赋值，则以下选项中与表达式“(x–y) ? (x++) : (y++)”中的条件表达式“(x–y)”等价的是(　　)。

A) (x–y<0||x–y>0)　　B) (x–y<0)　　C) (x–y>0)　　D) (x–y==0)

11．若有语句定义“int x=10;”，则表达式“x –= x+x”的值为(　　)。

A) 10　　B) –20　　C) 0　　D) –10

12．若有定义“double a=22;int i=0,k=18;”，则符合 C 语言规定的赋值语句是(　　)。

A) i=a%11;　　B) i=(a+k)<=(i+k);　　C) a=a++,i++;　　D) i!=a;

13．若变量 x、y 已正确定义并赋值，以下符合 C 语言语法的表达式是(　　)。

A) ++x,y=x––　　B) x+1=y　　C) x=x+10=x+y　　D) double(x)/10

14．若 a 是数值类型，则逻辑表达式(a==1)||(a!=1)的值是(　　)。

A) a 的值不确定　　B) 0　　C) 2　　D) 1

15．以下选项中可用作 C 程序合法实数的是(　　)。

A) 3.0e0.2　　B) .1e0　　C) E9　　D) 9.12E

16．表达式“(int)((double)9/2–9%2)”的值是(　　)。

A) 4　　B) 0　　C) 3　　D) 5

17．若已定义整型变量 a 并已赋值，下列操作(　　)能将 a 除 7 个低位外的其余各位置成 0。

A) a &=0177　　B) a|=0177　　C) a ^=0177　　D) a>>=9

18．设变量均已正确定义，若要通过“scanf("%d%c%d%c",&a1,&c1,&a2,&c2);”语句为变量 a1 和 a2 赋数值 10 和 20，为变量 c1 和 c2 赋字符 X 和 Y。以下输入形式中正确的是(　　)(注：□代表一个空格)。

A) 10X20Y　　B) 10□X20□Y　　C) 10□X, 20□Y　　D) 10□X□20□Y

19．若变量已正确定义为 int 型，要通过语句“scanf("%d,%d,%d",&a,&b,&c);”给 a 赋值 1，给 b 赋值 2，给 c 赋值 3，以下输入形式中错误的是(　　)(注：□代表一个空格)。

A) 1□2□3　　B) □□□1,2,3　　C) 1,□□□2,□□□3　　D) 1,2,3

20．以下不能输出字符 A 的语句是(　　)。

A) printf("%c\n", 65);　　B) printf("%c\n", 'a'–32);

C) printf("%d\n", 'A');　　D) printf("%c\n", 'B'–1);

二、程序设计

1．编写程序证明：$3^3+4^3+5^3=6^3$。

2．某人从银行贷款买房，已知贷款总额为 30 万元，15 年还清，贷款年利率为 4%(月利率需除以 12)，请以等额本息还贷方式计算：

(1) 每月需要还多少钱？

(2) 还清全部贷款时，共偿还利息多少钱？

注：等额本息还款法每月月供额=〔贷款本金×月利率×(1＋月利率) ^ 还款月数〕÷〔(1＋月利率) ^ 还款月数–1〕。

第 3 章　分支程序设计

第 2 章介绍简单程序设计，即程序中的语句均为从上到下、一条一条地顺序执行，这种结构称为简单结构。然而，在程序设计中经常遇到根据关系运算的结果，选择程序的分支流程，其中包括单分支、双分支和多分支情况，这种结构称为选择结构或分支结构。

本章将重点讲述分支程序设计，学习如何用 if 语句实现单分支结构，用 if-else 语句实现双分支结构，用 if-else-if 语句和 switch 语句实现多分支结构。

3.1　基本的 if 语句

if 语句实现了最简单的单分支选择结构，其思想为判断给定的表达式是否为真(C 语言中非 0 即为真，0 为假)，如果为真，则执行紧随其后的语句组，如果为假，则跳过紧随其后的语句组。流程如图 3-1 所示。

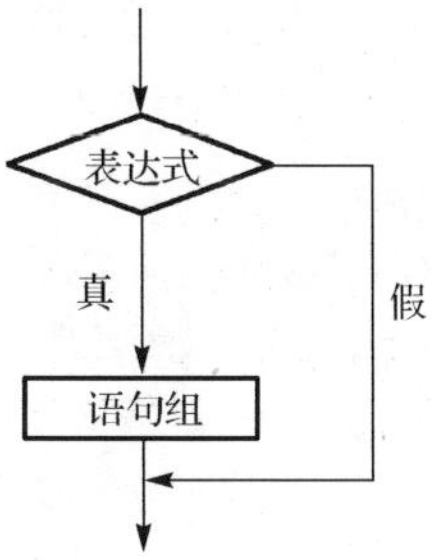

图 3-1　单分支结构

if 语句一般格式如下：

```
if(表达式)
{
    语句组;
}
```

功能：计算表达式的值，如果结果为真，则执行语句组，否则不执行语句组。例如：

```
if(a > b)
        printf("Max is a, value =%d .", a);
```

说明：

(1) 表达式可以是逻辑表达式或者关系表达式，也可以是其他表达式，甚至赋值表达式或者一个变量，如 if(i++) 或 if(x)，在执行 if 语句时首先求解表达式的值，然后根据该值判断是否执行其后语句组。

(2) 左大括号“{”可以紧跟在“if(表达式)”其后，也可以另起一行。

(3) 语句组可以是多条语句，也可以是单条语句，如果仅为一条语句，则可以省略 if

语句的一对“{}”，但如果为多条语句，必须用大括号括起来。以下是语句组仅为一条语句时几种等价的写法。

写法一：

```
if(a<b){
  max=b;
}
```

写法二：

```
if(a<b)
{
    max=b;
}
```

写法三：

```
if(a<b)
max=b;
```

写法四：

```
if(a<b)max=b;
```

(4) 为了增强程序的可读性，建议表达式尽量使用逻辑表达式或关系表达式。

【例 3.1】 某商场开展打折促销活动，若客户购买的商品总价超过 100 元(含 100 元)，折扣为 15%。已知某类商品原价 9.9 元，请用程序实现输入购买该商品数量，自动计算应付金额，然后输出。程序设计如下：

```
#include <stdio.h>

void main()
{
    int count;
    float limit = 100;/*定义参与打折活动的金额下限*/
    float price = 9.9, discount = 0.15;/*定义单价和折扣比例*/
    float total;
    printf("\n 请输入购买数量:");
    scanf("%d",&count);/*输入购买数量并赋给变量 count*/
    total = count * price;/*计算折扣前总价*/
    if( total >= limit ) total *= (1-discount);
                                   /*如果总价大于等于 100 元,那么折扣为 15%*/
    printf("应付金额:%7.2f",total);/*输出应付金额,保留两位小数*/
}
```

程序运行结果如下：

```
请输入购买数量: 60↵
应付金额: 504.90
```

3.2　if-else 语句

if-else 语句实现了双分支选择结构，其思想为判断给定的表达式是否为真，如果为真，则执行 if 后的语句组，如果为假，则执行 else 后的语句组。流程如图 3-2 所示。

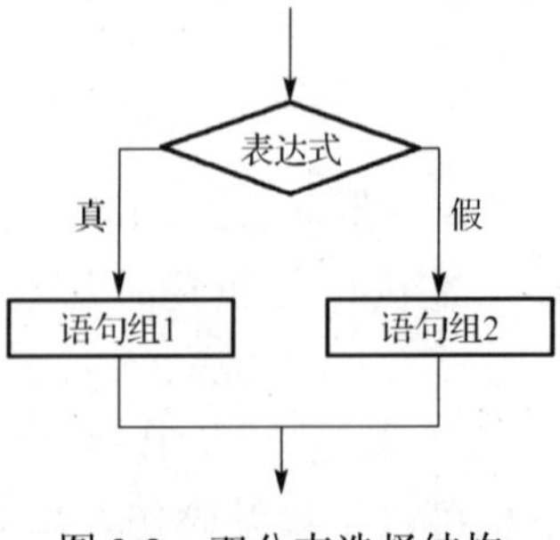

图 3-2　双分支选择结构

if-else 语句的一般格式如下：

```
if(表达式)
{
    语句组 1;
}
else
{
   语句组 2;
}
```

功能：计算表达式的值，如果为真，则执行语句组 1，否则执行语句组 2。例如：

```
if(a > b)
      printf("Max is a, value =%d .", a);
else
      printf("Max is b, value =%d .", b);
```

说明：

(1) else 不能单独使用，必须与 if 配对构成 if-else 一起使用，实现双分支选择。

(2) 根据实际编程的需要，else 可以被省略，此时 if-else 语句就变成了 if 语句。

由于 if-else 语句的 else 部分是可选的，当在嵌套的 if 语句序列中缺省某个 else 部分时可能会引发歧义，下面的语句：

```
if(a > b)
      if(b > c)
             min = c;
else
      max = b ;
```

我们的本意是当 a>b 不成立时，执行 else 后的 max=b 语句。但是事与愿违，C 编译器总是使每个 else 与其前面最近的还无 else 匹配的 if 相匹配。因而实际编译后的语句顺序为 else 与其前面最近的 if 结合为 if-else 语句，而第一个 if 语句没有 else 相匹配，其结果如下：

```
if(a > b)
      if(b > c)
        min = c;
      else
        max = b;
```

为了实现我们的本意，可以通过增加大括号来使 else 子句与所希望的 if 强制结合：

```
if(a > b)
{
     if(b > c)
         min = c;
}
else
     max = b;
```

例 3.1 实现了输入购买数量，自动计算所需金额的程序。但是我们少考虑了一个因素，那就是如果输入负数，商场是否倒贴钱给客户呢？答案当然是否定的，因而有必要对上述程序进行完善。

【例 3.2】 在例 3.1 的基础上，增加对购买数量的判断，如果为负数，则提示输入错误，不再进行金额计算。

```
#include <stdio.h>

void main()
{
    int count;
    float limit = 100; /*定义参与打折活动的金额下限*/
    float price = 9.9, discount = 0.15; /*定义单价和折扣比例*/
    float total;
    printf("\n请输入购买数量:");
    scanf("%d",&count); /*输入购买数量并赋给变量 count*/
    if(count >= 0)
    {
        total = count * price; /*计算折扣前总价*/
        if( total >= limit ) total *= (1-discount);
                                  /*如果总价大于等于 100 元,则折扣为 15%*/
        printf("应付金额:%7.2f",total); /*输出应付金额,保留两位小数*/
    }
    else
        printf("购买数量不能为负数。"); /*提示输入错误*/
}
```

程序运行结果如下：

```
请输入购买数量:60↵                请输入购买数量:-9↵
应付金额:504.90                   购买数量不能为负数。
```

3.3　if-else-if 语句

在开始讲解嵌套的 if-else 语句之前，先来看这样的一个例子：在例 3.1 中，若某商场的打折促销活动规定：如果客户购买的商品总额小于 100 元则不予优惠，大于等于 100 元小于 300 元优惠 15%，大于等于 300 元时优惠 20%。我们可以这样实现：

```
if(total < 100)
    printf("应付金额:%1.2f",total);
else /*金额不小于 100 元,执行如下语句*/
{
    if(total>=100 && total<300) /*金额为[100,300),折扣为 15%*/
        printf("应付金额:%7.2f", (1-0.15) * total);
    else /*金额不小于 100 元,也不在[100,300)区间内,即大于等于 300 元,折扣为 20%*/
        printf("应付金额:%7.2f", (1-0.2) * total);
}
```

根据我们之前讲到的规则：if 或 else 后的语句组仅为一条语句时，可以省略一对大括号。上述例子中，第一处 else 后仅有一条 if-else 语句，省略大括号，同时去掉第一个 else 后和第二个 if 前的多余空白字符，上述程序段就变成了如下格式：

```
if(total < 100)
      printf("应付金额:%7.2f",total);
else if(total >= 100 && total < 300) /*去掉大括号和空白字符后*/
      printf("应付金额:%7.2f", (1-0.15) * total);
else
      printf("应付金额:%7.2f", (1-0.2) * total);
```

于是就产生了 if-else-if 语句结构。同理也可以证明，在 if-else-if 结构中可以含有多个 else-if 子句。

if-else-if 结构是一种多分支选择结构，其思想为：依次判断给定的 n(n>1)个条件，以确定从 n+1 组操作中选择某一组语句执行。流程如图 3-3 所示。

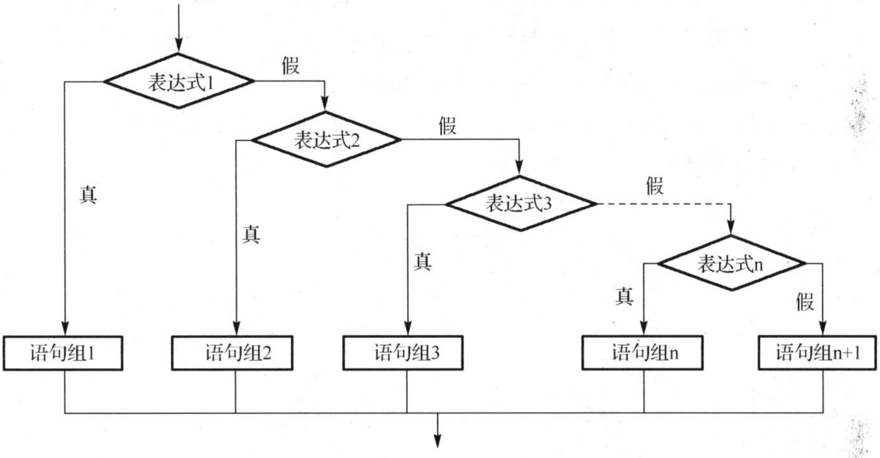

图 3-3　多分支选择结构

if-else-if 语句的一般格式如下：

```
if(表达式 1) { 语句组 1; }
else if(表达式 2){语句组 2;}
else if(表达式 3){语句组 3;}
…
else if(表达式 n) {语句组 n;}
else {语句组 n+1;}
```

功能：逐级判断表达式的值，以确定执行哪一组语句。若表达式 1 成立，则执行语句组 1，否则判断表达式 2，若表达式成立，则执行语句组 2，否则再判断表达式 3，以此类推。

说明：

(1) if-else-if 语句只有一个语句组会被执行。

(2) 当表达式的个数为 1 时，即没有 else-if 子句，if-else-if 语句就变成了 if-else 语句。

(3) 根据实际编程的需要，最后一个 else 可以被省略。

3.4　switch 语句

switch 语句实现了另一种多分支选择结构，一般格式如下：

```
switch(整型表达式)
{
    case 整型常量表达式 1: 语句组 1;
    case 整型常量表达式 2: 语句组 2;
    …
    case 整型常量表达式 n: 语句组 n;
    default: 语句组 n+1;
}
```

功能：计算整型表达式的值，逐个与 case 中整型常量表达式的值比较，若二者相等，则执行其后的语句组，执行完后不再比较，继续执行其后所有 case 后面的语句组，其后的 default 后面的语句组也会被执行。若整型表达式的值与所有 case 中整型常量表达式的值均不相等，则执行 default 后面的语句组，如果 default 子句不在最后，则其后所有 case 后面的语句组也会被执行。即 case 和 default 仅仅为一个入口，无论从哪个入口进入，在入口后的所有语句组均会被执行，如图 3-4 所示。

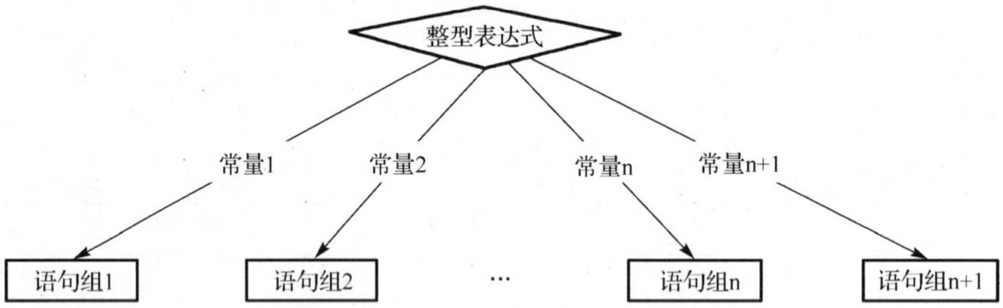

图 3-4　switch 多分支选择结构

有下面的程序片段：

```
switch(ch)
{
    case 'a': case 'b': case 'c': case 'd':
        printf("C");
    default:
        printf("语言");
    case 1:
    case 2:
    case 3:
    case 4:
        printf("程序设计");
}
```

当 ch 为字母 a、b、c、d 中的任一字符时，输出：C 语言程序设计。

当 ch 为 1、2、3、4 中的任一数字(不是字符)时，输出：程序设计。

当 ch 既不是 a、b、c、d 任一字符，也不是 1、2、3、4 中任一数字时，输出：语言程序设计。

说明：

(1) case 后面的各整型常量表达式的值不能相同，否则编译出错。

(2) case 后面可以没有任何语句，也可以有多个语句，无论有多少语句，“{}”均可省略。

(3) 当 case 后面没有任何语句时，可以将多个 case 写成一行，也可以写成多行。

(4) case 子句可以有多个，但 default 子句最多只能有一个。default 子句可以省略不用。极端情况下，switch 语句中甚至也可以没有 case 子句。

(5) 各个 case 子句和 default 子句先后顺序可以改变，default 子句被执行的前提依旧是 switch 整型表达式与各个 case 后的整型常量表达式均不匹配。

(6) 某个 case 子句后的语句组被执行后，将不再判断整型常量表达式的值，而是直接顺序执行其后所有 case 子句后面的语句组。当没有 case 子句被匹配时，执行 default 后的语句组，default 后的 case 子句中的语句组也会被顺序执行。如果想得到 if-else-if 那样的执行效果，即仅有一个 case 子句的语句组被执行，可在每个 case 子句的语句组后添加 break 语句，使程序直接跳出 switch 结构。如果 default 不是最后一个语句组，也要在其后添加 break 语句。此时的 switch 结构变为：

```
switch(整型表达式)
{
     case 整型常量表达式 1: 语句组 1; break;
     case 整型常量表达式 2: 语句组 2; break;
     …
     case 整型常量表达式 n: 语句组 n; break;
     default: 语句组 n+1;
}
```

(7) 除非必要，建议每个 case 子句均添加 break 语句，建议 default 子句总是放在 switch 结构的最后。

【例 3.3】 小明学习成绩很差，为了应对考试中令人头疼的选择题，他发明了一套答题技巧——掷骰子。掷出 1 则选最短的答案，掷出 2 选 A，掷出 3 选 B，掷出 4 选 C，掷出 5 选 D，掷出 6 选最长的答案。请编写程序，帮助小明顺利完成选择题作答。

```
#include<stdio.h>
#include<stdlib.h>
#include<time.h>

void main()
{
     int digit;
     srand(time(0)); /*以当前时间为随机数的种子*/
     digit = rand()%6 + 1; /*上帝开始安排答案*/

     switch(digit) /*根据掷出的数字依次比较 case 后常量,输出答案*/
     {
          case 1: printf("最短者为答案。"); break;
```

```
            case 2: printf("答案:A"); break;
            case 3: printf("答案:B"); break;
            case 4: printf("答案:C"); break;
            case 5: printf("答案:D"); break;
            case 6: printf("最长者为答案。");
        }
}
```

程序运行结果如下：

```
答案：B
```

再运行一次：

```
最长者为答案。
```

3.5　程 序 设 计

【例 3.4】　身体质量指数(BMI)是国际上常用的衡量人体胖瘦程度以及是否健康的一个标准，其计算公式为：BMI = 体重(kg)÷身高^2(m)。请编写程序实现如下功能。

(1)输入体重(kg)和身高(cm)，校验输入数值的合理性。体重小于等于 0 或大于 500kg，身高小于等于 0 或大于等于 300cm 为非法值，给出相应提示，不再计算 BMI。

(2)输入数据合理时计算 BMI 并输出，同时给出提示：BMI>38 或 BMI<11 为不可能，28 < BMI ≤ 38 肥胖，25 < BMI ≤ 28 稍胖，20 < BMI ≤ 25 正常，15 ≤ BMI ≤ 20 偏瘦，11 ≤ BMI < 15 过瘦。

程序设计如下：

```
#include<stdio.h>

void main()
{
  float bmi;
  int weight, height; /*定义体重和身高为整型变量*/
  printf("\n请输入体重(kg)和身高(cm):");
  scanf("%d%d", &weight, &height); /*输入体重和身高并赋给相应变量*/

  if(weight <= 0)
      printf("你将创下体重最轻的吉尼斯世界记录,当心地心引力对你不起作用。");
  else if(weight >500)
      printf("不用测了,你的体重已经把我的秤压坏了。");
  else if(height <=0)
      printf("不至于这么矮吧,你怎么比蚂蚁还小呢？");
  else if(height >=300)
      printf("喔！你好伟大啊!!! 替我向上帝问好。");
  else /*体重、身高校验完毕,开始执行 bmi 计算*/
  {
      bmi = weight/( (height/100.0)*(height/100.0) ); /*计算 bmi 的值*/
      bmi = ((int)(bmi*10+0.5))/10.0; /*保留一位小数,小数点后第二位四舍五入*/
```

```
    if(bmi >38)
      printf("(BMI=%4.1f)别逗了！哪有这种身材。",bmi);
  else if(bmi >28) /* 38>= bmi >28 时为真*/
      printf("(BMI=%4.1f)哇！你好胖啊!必须开始减肥了,听我的没错!",bmi);
  else if(bmi >25) /* 28>= bmi >25 时为真*/
  printf("(BMI=%4.1f)小心喔！稍胖,少吃点可以吗?还要多多运动啊！ ",bmi);
  else if(bmi >20) /* 25>= bmi >20 时为真*/
      printf("(BMI=%4.1f)我好羡慕你啊,你这可是魔鬼身材啊!! :)",bmi);
  else if(bmi >=15) /* 20>= bmi >=15 时为真*/
      printf("(BMI=%4.1f)哇!!!好苗条!",bmi);
  else if(bmi >=11) /* 15> bmi >=11 时为真*/
      printf("(BMI=%4.1f)这个不是火柴杆吗???",bmi);
  else /*bmi<11*/
      printf("(BMI=%4.1f)按照生物学来说,这种生物是不存在的。",bmi);
 }
}
```

程序运行结果如下：

```
请输入体重(kg)和身高(cm):550 180↵
不用测了，你的体重已经把我的秤压坏了。
```

再运行一次：

```
请输入体重(kg)和身高(cm):125 180↵
(BMI=38.6)别逗了！哪有这种身材。
```

再运行一次：

```
请输入体重(kg)和身高(cm):65 175↵
(BMI=21.2)我好羡慕你啊,你这可是魔鬼身材啊!! :)
```

思考：

(1) 计算 bmi = weight/((height/100.0) * (height/100.0)) 中，为什么 height 要除以 100.0 而不是 100？

(2) bmi = ((int)(bmi*10+0.5))/10.0 是如何实现小数点后第二位四舍五入的？

(3) 程序中“else if(bmi>28)”一行中的条件表达式为什么能实现 bmi<=38 && bmi>28 的功能？

习　题　三

一、单选题

1. 有以下程序：

```
#include<stdio.h>

void main()
{
```

```
    int x = 1, y = 0;
    if(!x)y++;
    else if(x == 0)
         if(x)y += 2;
         else y += 3;
    printf("%d\n", y);
}
```

程序运行后的输出结果是(　　)。

A) 3　　B) 2　　C) 1　　D) 0

2. 若定义“float x=1.5; int a=1,b=3,c=2;”，则正确的 switch 语句是(　　)。

A)
```
switch(a+b)
  { case 1: printf("*\n");
    case 2+1: printf("**\n");}
```
B)
```
switch((int)x);
  { case 1: printf("*\n");
    case 2: printf("**\n");}
```
C)
```
switch(x)
  { case 1.0: printf("*\n");
    case 2.0: printf("**\n");}
```
D)
```
switch(a+b)
  { case 1: printf("*\n");
    case c: printf("**\n");}
```

3. 有以下程序段：

```
#include<stdio.h>

void main()
{
    int a, b, c;
    a = 10; b = 50; c = 30;
    if(a > b)a = b, b = c; c = a;
    printf("a=%d b=%d c=%d\n", a, b, c);
}
```

程序输出结果是(　　)。

A) a=10 b=50 c=10　　B) a=10 b=50 c=30　　C) a=10 b=30 c=10　　D) a=50 b=30 c=50

4. 有以下程序：

```
#include<stdio.h>

void main()
{
    int a = 0, b = 0, c = 0, d = 0;
    if(a = 1)b = 1; c = 2;
    else d = 3;
    printf("%d,%d,%d,%d\n", a, b, c, d);
}
```

程序输出(　　)。

A) 编译有错　　B) 0,0,0,3　　C) 1,1,2,0　　D) 0,1,2,0

5. 设有定义“int a = 1, b = 2, c = 3;”，以下语句中执行效果与其他三个不同的是(　　)。

A) `if(a > b)c = a; a = b; b = c;`　　B) `if(a > b){ c = a, a = b, b = c;}`

C) `if(a > b)c = a, a = b, b = c;`

D) `if(a > b){ c = a; a = b; b = c;}`

6. 有如下嵌套的 if 语句：

```
if(a < b)
  if(a < c) k = a;
  else k = c;
else
  if(b < c) k = b;
  else k = c;
```

以下选项中与上述 if 语句等价的语句是(　　)。

A) `k=(a<b)?((a<c)?a:c):((b<c)?b:c);`

B) `k=(a<b)?((b<c)?a:b):((b>c)?b:c);`

C) `k=(a<b)?a:b;k=(b<c)?b:c;`

D) `k=(a<b)?a:b;k=(a<c)?a:c;`

7. 以下程序段中，与语句

```
k = a > b ? (b > c ? 1 : 0) : 0;
```

功能相同的是(　　)。

A)
```
if(a <= b) k = 0;
 else if(b <= c ) k = 1;
```

B)
```
if((a > b) || (b > c)) k = 1;
 else k = 0;
```

C)
```
if((a > b) && (b > c)) k = 1;
 else k = 0;
```

D)
```
if(a > b) k = 1;
 else if(b > c ) k = 1;
 else k = 0;
```

8. 以下选项中与

```
if(a == 1)a=b;
else a++;
```

语句功能不同的 switch 语句是(　　)。

A)
```
switch(a==1)
 {case 0:a=b;break;
  case 1:a++;
 }
```

B)
```
switch(a)
 {case 1:a=b;break;
  default:a++;
 }
```

C)
```
switch(a)
 {default:a++;break;
  case 1:a=b;
 }
```

D)
```
switch(a==1)
 {case 1:a=b;break;
  case 0:a++;
 }
```

9. 有以下程序：

```
#include<stdio.h>

void main()
{
    int a=1,b=2,c=3,d=0;
```

```
    if(a==1&&b++==2)
    if(b!=2||c--!=3)
        printf("%d,%d,%d\n",a,b,c);
    else printf("%d,%d,%d\n",a,b,c);
    else printf("%d,%d,%d\n",a,b,c);
}
```

程序运行后的输出结果是(　　)。

A) 1,3,3　　B) 1,3,2　　C) 1,2,3　　D) 3,2,1

二、程序设计

1. 编程实现：由命令行输入一个学生成绩 a，判断 a 属于哪一级。A 级：90～100，B 级：75～89，C 级：60～74，D 级：0～59。

2. 编程实现：从命令行输入三个数 a、b、c，求它们可否构成一个三角形。

3. 设计一个程序，输入应付款金额(0～100)，如以百元钞付款，应找回最少的钱币个数 50 元、20 元、10 元、5 元、1 元各多少张。

第 4 章　循环程序设计

当给定的条件成立时，反复执行某语句组的程序结构称为循环结构。给定的条件称为循环条件，反复执行的语句组称为循环体。

C 语言中提供了 for、while 和 do-while 三种基本的循环控制语句。本章将重点讲述这三种语句的语法格式、一般用法和它们之间的相互转换，另外介绍强制终止当前循环的 break 语句和重新开始循环的 continue 语句，最后介绍如何使用 goto 语句实现循环控制。

4.1　for 语句

for 语句的一般格式如下：

```
for(表达式 1; 表达式 2; 表达式 3)
{
    语句组;
}
```

功能：首先执行表达式 1，然后开始如下循环：计算表达式 2 的值，如果为真，则执行语句组，之后执行表达式 3，再次计算表达式 2 的值，如果为真，执行语句组，执行表达式 3……如果表达式 2 的值为假，则退出循环。流程如图 4-1 所示。

例如，下面程序片段实现了求 1+2+…+100。

```
int i , sum;
for(i = 1, sum = 0; i <= 100; i++)  sum += i;
```

说明：

(1) for 语句中的表达式 1、表达式 2 和表达式 3 是有分工的，表达式 1 一般是 for 循环的初始化部分，常用于给循环控制变量赋初值。表达式 2 为循环控制条件，一般是关系表达式或逻辑表达式，其值决定了继续循环(值为真)还是终止循环(值为假)。表达式 3 一般用于改变循环控制变量的值，使再次执行表达式 2 时，可以得到不同的结果。

(2) 根据编程的需要，表达式 1、表达式 2 和表达式 3 可以部分省略或全部省略，当表达式 2 省略时，相当于循环控制条件永远为真，此时很容易产生无限循环，即死循环，因而表达式 2 不建议省略。

(3) 表达式 1 和表达式 2 后的分号不能省略。表达式 3 后不可加分号。

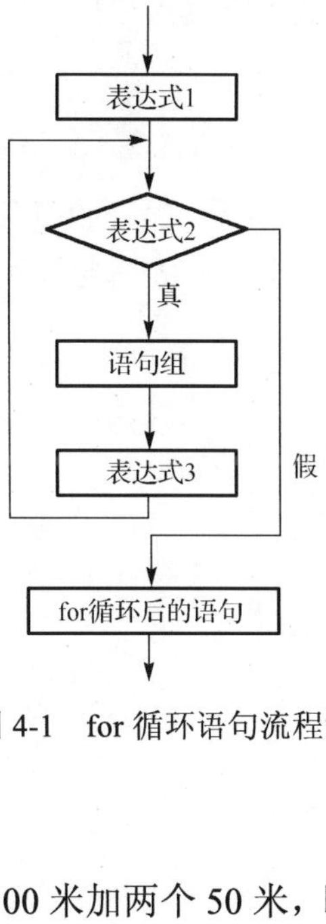

图 4-1　for 循环语句流程图

【例 4.1】　一个皮球从 100 米高空自由落下，每次落地后反弹回原来高度的一半。求它在第 10 次落地时，共经过了多少米。

分析：第一次落地时共经过了 100 米；第二次落地时共经过了 100 米加两个 50 米，即

100 + 2 × 100/2；第三次落地时经过了前两次的和再加两个 25 米，即 100 + 2×100/2 + 2 ×100/2/2，以此类推。

因而程序实现如下：

```
#include<stdio.h>

void main()
{
      int i; /*定义反弹次数的变量*/
      float sum = 0, height = 100; /*定义存放总路程和反弹高度的变量*/
      sum = 100;
      for(i = 2; i <= 10; i++) /*从第二次反弹开始计算,共反弹了 9 次*/
      {
           height /= 2; /*反弹后高度变为原来的一半*/
           sum += 2*height; /*累加经过的总路程*/
       }
    printf("第 10 次落地时,共经过了%5.1f 米。",sum);
}
```

程序运行结果如下：

```
第 10 次落地时,共经过了 299.6 米。
```

4.2　while 语句

while 语句的一般格式如下：

```
while(表达式)
{
      语句组;
}
```

功能：循环执行如下操作，即计算表达式的值，如果为真，则执行语句组，如果为假，则跳过 while 语句，执行其后语句。流程如图 4-2 所示。

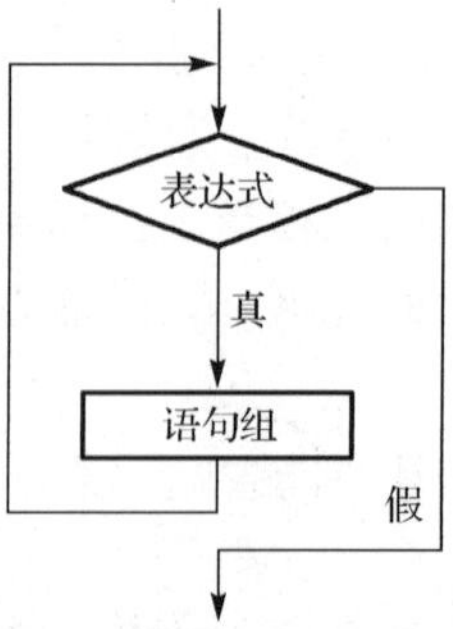

图 4-2　while 循环流程图

例如，下面程序片段实现了求 10!。

```
int i = 1;
long fac = 1;
while(i <= 10) fac *= i++;
```

说明：

(1) while 语句中的表达式为循环控制条件，一般是关系表达式或逻辑表达式，也可为一个变量或常量，如 while(1)，实现了表达式永远为真的一种情况。无论是哪种表达式，其值为真时继续循环，值为假时结束循环。

(2) while 语句的循环体语句组中一般应包含使循环趋向于结束的语句，如上例中的 i++ 使 i<=10 趋向于假，否则容易造成死循环。

(3) while 语句中，利用表达式自身变化实现循环趋向于结束也是一种常见的用法。如上例中求 10！可如下实现：

```
int i = 10;
long fac = 1;
while(i--)fac *= i; /*通过 i 自减的方式实现循环趋于结束*/
```

上条语句等价于“while(i) fac *= i--;”。

(4) while 语句中的表达式不能省略。

【例 4.2】　用 while 语句实现例 4.1。

程序设计如下：

```
#include<stdio.h>

void main()
{
    int i; /*定义反弹次数的变量*/
    float sum = 0, height = 100;/*定义存放总路程和反弹高度的变量*/

    i = 2;                    /*从第二次反弹开始计算*/
    sum = 100;                /*第一次反弹前已下落了 100 米*/
    while(i++ <= 10){         /*控制循环次数,共反弹了 9 次*/
        height /= 2;          /*反弹后高度变为原来的一半*/
        sum += 2*height;      /*累加经过的总路程*/
    }
    printf("第 10 次落地时,共经过了%5.1f 米。",sum);
}
```

程序运行结果如下：

```
第 10 次落地时,共经过了 299.6 米。
```

4.3　do-while 语句

do-while 语句的一般格式如下：

```
do
{
     语句组;
} while(表达式);
```

功能：先执行一次语句组，然后判断表达式的值，如果为真，则继续循环，如果为假，则终止循环。如此反复，直到表达式的值为假时，循环结束。流程如图 4-3 所示。

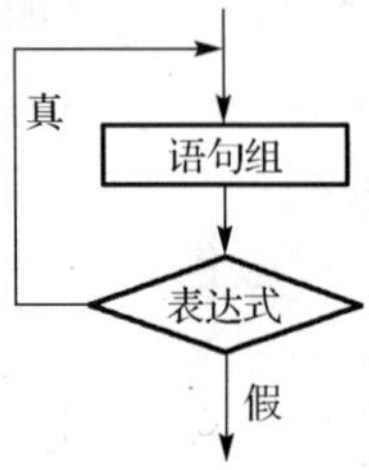

图 4-3　do-while 循环流程图

例如，下面程序片段实现了求[200,300]所有偶数的和。

```
int i = 200;
long sum = 0;
do
{
     sum += i;
     i += 2;
}while(i <= 300);
```

说明：

(1) while 语句的说明部分完全适用于 do-while 语句。

(2) do-while 循环必定至少执行一次循环体语句组，而 for 循环和 while 循环中，循环体语句组可能一次都不被执行。

(3) do-while 语句最后的分号不能省略。

【例 4.3】　用 do-while 语句实现例 4.1。

程序设计如下：

```
#include<stdio.h>

void main()
{
     int i; /*定义反弹次数的变量*/
     float sum = 0, height = 100;/*定义存放总路程和反弹高度的变量*/

     i = 2; /*从第二次反弹开始计算*/
     sum = 100; /*第一次反弹前已下落了 100 米*/
     do
     {
          height /= 2; /*反弹后高度变为原来的一半*/
          sum += 2*height; /*累加经过的总路程*/
          i++;
     }
```

```
    while(i<=10);  /*控制循环次数,共反弹了 9 次*/

    printf("第 10 次落地时,共经过了%5.1f 米。",sum);
}
```

程序运行结果如下：

```
第 10 次落地时,共经过了 299.6 米。
```

4.4　for、while、do-while 循环语句的比较

for、while 和 do-while 均实现了基本的循环控制，但它们之间并没有谁最好用，谁不好用之分，具体使用哪一种循环控制语句，往往根据实际编程的需要进行选择。下面针对 3 种循环控制语句进行简单比较。

(1) 一般情况下，3 种循环控制语句可以相互替换。这一点可以从例 4.1、例 4.2 和例 4.3 中看出。

(2) for 循环和 while 循环是先判断表达式，根据判断结果决定是否执行循环体，而 do-while 循环是先执行一次循环体，再判断表达式的值决定是否进行循环。因而，do-while 循环至少执行一次循环体，而 for 和 while 循环则可能一次都不执行循环体，即 do-while 语句是“先循环再判断”，for 和 while 语句是“先判断后循环”。

(3) for 循环常用于循环控制变量初始值已知，并且控制变量的变化很有规律的场合；while 和 do-while 循环常用于循环次数、循环控制变量的初始值未知，循环控制条件在循环过程中才能确定的场合。

(4) for 和 while 语句是可以相互替代的，一般情况下可以按如下方式转换：

```
                                                        表达式 1;
for(表达式 1; 表达式 2; 表达式 3)                        while(表达式 2)
{                                                       {
                                 <=相互转换=>
   语句组;                                                 语句组;
}                                                          表达式 3;
                                                        }
```

(5) 具体使用哪种循环控制语句没有定论，而是根据实际需要和编程者的习惯进行选择。

4.5　多 重 循 环

多重循环也称为循环嵌套，是指在一个循环体内部又包含了另外一个循环结构。具有包含关系的循环体最大个数称为循环嵌套的层数，或者称为循环深度。循环嵌套的最大层数由编译器决定，不同的编译器对嵌套的最大层数规定可能不同。实际上，在具体应用中几乎遇不到超出最大层数的情况。

for、while 和 do-while 可以相互嵌套，从而组成不同层数的多重循环。组成多重循环时，内层循环必须完整地包含在外层循环之中，不能相互交叉。在检查多重循环是否存在交叉时，可以从最内层循环开始，把每一个循环语句看成一条独立的语句，从内向外逐层检查。

一般情况下，为了提高程序的执行效率，往往将循环次数最多的循环放在最内层循环，将循环次数较少的循环放在最外层循环。

【例 4.4】　编写程序，求 sum=a + aa + aaa + … + aa…a(n 个 a)的值，其中 a 和 n 为 1～9 的任意数字，其值从键盘输入。

程序设计如下：

```
#include<stdio.h>

void main()
{
    int a = 0,n = 0; /*定义存放 a 和 n 的变量*/
    int i,j; /*定义循环控制变量*/
    long sum = 0; /*定义存放最终结果的变量*/
    long na = 0; /*存放 n 个 a 的值*/
    while(a<1||a>9||n<1||n>9) /*当 a 或 n 非法时,提示重复输入*/
    {
        printf("请输入 a 和 n 的值(0<a<10,0<n<10 且为整数):");
        scanf("%d%d",&a,&n);
    }

    for(i=1; i<=n; i++) /*外层循环作加法,循环至少执行一次*/
    {
        for(j=0; j<i; j++) /*内层循环构建 n 个 a 的值*/
            na = na * 10 + a;

        sum += na;
        na = 0;
    }

    printf("a=%d,n=%d,a+aa+aaa+…+aa…a=%ld",a,n,sum); /*输出结果*/
}
```

程序运行结果如下：

```
请输入 a 和 n 的值(0<a<10,0<n<10 且为整数):1 9↵
a=1, n=9, a+aa+aaa+…+aa…a=123456789
```

4.6　break 和 continue 语句

4.6.1　break 语句

一般格式：

```
break;
```

功能：break 语句只能用在两种场合，一是用来终止 switch 语句，转而执行紧随 switch 语句之后的语句；二是跳出当前循环体，转而执行当前循环外且紧随其后的语句。

说明：

(1)在多重循环中，break 只能跳出包含它在内的那一层循环，不能使用一个 break 从多重循环中跳出。

(2)如果 break 包含在循环体语句组中的 if 语句中，其实际执行效果是跳出循环，而不是跳出 if 语句。例如：

```
while(…)
{
    …
    if(…)break;
}
```

break 的效果是跳出 while 循环结构，而不是跳出 if 语句。

(3)break 不能从 goto 语句构成的循环中跳出。

【例 4.5】 随机产生一个[1,30]的整数，由人来猜测，输出猜测结果是大、是小或是正确，只有 5 次机会。如果正确，则直接退出。

程序设计如下：

```
#include<stdio.h>
#include<stdlib.h>
#include<time.h>

void main()
{
    int digit, count = 5, guess = 0;
    srand(time(0)); /*以当前时间为随机数的种子*/
    digit = rand()%30 + 1; /*产生[1,30]的随机数*/

    for(; count > 0; --count) /*开始循环,控制猜 5 次*/
    {
        printf("\nYou have %d tries left.",count);
        printf("\nEnter a guess:");
        scanf("%d",&guess);

        if(guess == digit)
        {
            printf("\nCongratulations. You guessed it!");
            break; /*猜测正确,直接退出*/
        }
        else
            printf("\nSorry,%d is wrong. My number is %s than that.",
                   guess, digit > guess ? "greater" : "less");
    }
    if(count == 0 ) /*5 次均未猜对,公布答案*/
        printf("\nYou have had 5 tries and failed. The number was %d.",digit);
}
```

程序运行结果如下：

```
You have 5 tries left.
Enter a guess:15↲

Congratulations. You guessed it!
```

4.6.2 continue 语句

一般格式：

```
continue;
```

功能：结束本次循环，跳过其后的语句，开始执行下一次循环。

【例 4.6】 求[1,100]的自然数中，不包含数字 8 的所有数字之和。

程序设计如下：

```
#include<stdio.h>

void main()
{
    int i, sum;

    for(i = 0, sum = 0; i<= 100; i++)
    {
        if(i%10 == 8 || i/10 == 8) /*个位是 8 或十位是 8*/
            continue; /*数字中含 8,跳过其后语句,开始下一次循环*/
        sum += i;
    }
    printf("[1,100]的自然数中不包含 8 的所有数之和为%d",sum); /*输出结果*/
}
```

程序运行结果如下：

```
[1,100]的自然数中不包含 8 的所有数之和为 3763
```

4.4 节中曾提到，一般情况下 for 循环和 while 循环可以相互替代。但是，如果语句组中包含了 continue 语句，前面提到的转换方式并不一定成立。

```
                                          表达式 1;
for(表达式 1; 表达式 2; 表达式 3)          while(表达式 2)
{                                         {
    …                                         …
    continue;                                 continue;
        …                                     …
}                                             表达式 3;
                                          }
```

在 for 循环中，执行 continue 语句后先执行表达式 3，然后判断表达式 2 的值。而 while 循环中，执行 continue 将跳过表达式 3，直接判断表达式 2。因而 4.4 节中提到的转换方式是不严谨的。

4.7 goto 语句

C 语言提供了可以无条件强制转移的 goto 语句，一般格式如下：

```
goto 语句标号;
```

功能：改变程序流向，强制转移到标号所指示的语句处。

从理论上讲，goto 语句是没有必要的，甚至有人认为 goto 语句是有害的，已经证明 goto 语句完全可以被取代，不用它也能很容易地写出代码。正是因为 goto 语句无条件强制转移的特性，很容易扰乱程序的总体结构，因而不提倡使用 goto 语句。

goto 语句可以实现循环结构控制，但通常情况下，goto 语句仅用作错误处理。下面分别举例说明。

【例 4.7】　用 goto 语句实现求 1～100 的自然数中，所有包含 8 的数字的和。

程序设计如下：

```
#include<stdio.h>

void main()
{
    int i = 1;
    int sum = 0;
loop:
    if(i < 100)
    {
        if(i%10 == 8 || i/10 == 8) /*个位是 8 或十位是 8*/
            sum += i;
        i++;
        goto loop; /*强制跳转至 loop 标签处*/
    }

    printf("1～100 的自然数中所有包含 8 的数之和为%d",sum); /*输出结果*/
}
```

程序运行结果如下：

```
1～100 的自然数中所有包含 8 的数之和为 1287
```

如果不使用 goto 语句，可以如下方式实现：

```
#include <stdio.h>

void main()
{
    int i, sum = 0;

    for(i = 1; i<100; i++)
        if(i%10 == 8 || i/10 == 8) /*个位是 8 或十位是 8*/
            sum += i;

    printf("1～100 的自然数中所有包含 8 的数之和为%d",sum); /*输出结果*/
}
```

通过上面的比较可以发现，使用 goto 语句求解并没有比使用 for 语句带来任何优势，相反使用 for 语句更加清晰和优雅。但是，在有些情况下 goto 语句可能比较合适。最常见的用法是在某些深度嵌套的结构中执行放弃处理，如一次终止多层循环。使用 break 不能直接达到这一目的，它只能从当前循环中退出。请看下面的示例：

```
    for(…)
        for(…)
        {
            …
            if(isError) goto error; /*出现错误,跳转到 error 标签进行错误处理*/
        }

    if(0) /*该语句永远都不会被执行,除非强制跳转到它内部*/
    {
error:
        …    /*进行错误处理*/
    }
```

最后再次强调：除了极少数特殊情况，使用 goto 语句的程序段一般都比不使用 goto 语句的程序段难以理解和维护，因此，强烈建议尽可能少使用 goto 语句。

4.8 程 序 设 计

【例 4.8】 定义两个人的缘分值为两个人的出生日期天数之差乘以 π，然后反复除以 2，直到商首次小于 1，用该值乘以 100，得到的数值即为二人的缘分值，其中小数部分作四舍五入处理。请编写程序实现：每次输入两个人的出生日期，求二人的缘分值。之后询问是否继续，输入 1，表示需要再次输入出生日期并计算，否则退出程序。

程序设计思路：此程序为一个二重循环，外层循环控制是否继续输入，内层循环根据两个人出生日期天数差计算缘分值。在计算二人的出生日期天数之差时，先计算给定日期到 1900 年 3 月 1 日的天数，然后相减，获取天数的间隔。

程序设计如下：

```
#include<stdio.h>
#include<math.h>
#define PI 3.14159

void main()
{
    int c = 1; /*定义循环控制变量*/
    long day,d1,d2; /*定义两个日期天数之差、出生日变量*/
    int y1,y2,m1,m2; /*定义两个日期的年和月变量*/
    float v; /*定义缘分值变量*/
    while(c) /*控制外层循环*/
    {
        printf("请输入两个人的生日,日期格式为:yyyymmdd\n");
        printf("第一个人的生日:");
        scanf("%4d%2d%2d",&y1,&m1,&d1);
        printf("第二个人的生日:");
        scanf("%4d%2d%2d",&y2,&m2,&d2);
        /*以下计算第一个生日到 1900 年 3 月 1 日天数,用 d1 存储*/
        m1 = (m1 + 9) % 12;
```

```
        y1 = y1 - 1900 - m1/10;
        d1 = 365*y1 + y1/4 - y1/100 + y1/400 + (m1*306 + 5)/10 + (d1 - 1);
        /*以下计算第二个生日到 1900 年 3 月 1 日天数,用 d2 存储*/
        m2 = (m2 + 9) % 12;
        y2 = y2 - 1900 - m2/10;
        d2 = 365*y2 + y2/4 - y2/100 + y2/400 + (m2*306 + 5)/10 + (d2 - 1);

        day = abs(d1 - d2); /*计算天数差。abs()为系统函数,取绝对值*/
        printf("生日天数差为:%d 天\n",day);

        /*以下开始计算缘分值 v*/
        v = PI * day;
        while(v > 1)
            v /= 2;

        printf("两个人的缘分值为:%d\n",(int)(v*100 + 0.5));
        printf("是否继续输入？回复 1 表示是,回复 0 表示否。");
        scanf("%d",&c);
    }
}
```

程序注解：

m1 = (m1 + 9) % 12 用于判断日期是否大于 3 月，还用于记录到 3 月的间隔月数。

y1 = y1 – 1900 – m1/10，表示如果是 1 月和 2 月，则不包括当前年(因为是计算到 1900 年 3 月 1 日的天数)。

d1 = 365*y1 + y1/4 – y1/100 + y1/400 + (m1*306 + 5)/10 + (d1 – 1)，其中：

365*y1 是不算闰年多出那一天的天数；

y1/4 – y1/100 + y1/400 是加所有闰年多出的那一天；

(m1*306 + 5)/10 用于计算当前月到 3 月 1 日间的天数，306=365–31–28(1 月和 2 月)，5 是全年中不是 31 天月份的个数；

(d1 – 1) 用于计算当前日到 1 日的间隔天数。

程序运行结果如下：

```
请输入两个人的生日,日期格式为:yyyymmdd
第一个人的生日:20070301↵
第二个人的生日:19790428↵
生日天数差为:10168 天
两个人的缘分值为:97
是否继续输入？回复 1 表示是,回复 0 表示否。1↵
请输入两个人的生日,日期格式为:yyyymmdd
第一个人的生日:19790428↵
第二个人的生日:19780318↵
生日天数差为:406 天
两个人的缘分值为:62
是否继续输入？回复 1 表示是,回复 0 表示否。0↵
```

习　题　四

一、单选题

1. 有以下程序：

```
#include<stdio.h>

void main()
{
    int y = 9;
    for(;y>0;y--)
        if(y%3==0)printf("%d",--y);
}
```

程序的运行结果是(　　)。

A) 852　　B) 963　　C) 741　　D) 875421

2. 有以下程序：

```
#include<stdio.h>

void main()
{
    int i, j, m = 1;
    for(i = 1; i < 3; i++){
        for(j = 3;j > 0; j--){
            if(i * j > 3)break;
            m *= i * j;
        }
    }
    printf("m=%d",m);
}
```

程序运行后的输出结果是(　　)。

A) m=4　　B) m=2　　C) m=6　　D) m=5

3. 以下不构成无限循环的语句或语句组是(　　)。

A) `n = 0;`
`while(1){n++;}`

B) `n = 0;`
`do{++n;}while(n <= 0);`

C) `n = 10;`
`while(n); {n--;}`

D) `for(n=0,i=1; ;i++) n+=i;`

4. 有以下程序：

```
#include<stdio.h>

void main()
{
    int c = 0,k;
```

```
    for(k = 1; k < 3; k++)
        switch(k)
        {
        default:
            c += k;
        case 2:
            c++;
            break;
        case 4:
            c+=2;
            break;
        }
    printf("%d",c);
}
```

程序运行后的输出结果是(　　)。

A) 3　　B) 5　　C) 7　　D) 9

5．有以下程序：

```
#include<stdio.h>

void main()
{
    int x = 8;
    for(; x > 0; x--){
        if(x%3){
            printf("%d,", x--);
            continue;
        }
        printf("%d,", --x);
    }
}
```

程序的运行结果是(　　)。

A) 8,5,4,2,　　B) 8,7,5,2　　C) 9,7,6,4,　　D) 7,4,2

二、程序设计

1．编写程序实现：输入若干个成绩后，求其平均值，输入成绩若为-1，则表示输入结束。

2．模拟投掷1粒骰子1万次，统计1～6各点出现的次数。

3．输入一个8位正整数，将该数字翻转，与原数相加后输出。例如：

输入原数12345679

反转后为97654321

相加后为110000000

4．输入一个自然数n，求s=1×1+2×2+…+n×n。

(1) 使用for语句实现。

(2) 使用while语句实现。

(3) 使用do-while语句实现。

第 5 章　数　　组

本章将介绍什么是数组，为什么要使用数组，一维数组、二维数组、多维数组的定义，数组元素的引用和数组初始化，以及数组的常见用法和注意事项。

5.1　数组的引入

在介绍数组之前，我们先看一个简单的例子。

【例 5.1】　假设某班级有 10 名学生，请编程实现：从键盘输入该班级某门课程的考试成绩，然后将成绩在屏幕上输出，并计算平均分、最低分和最高分。

程序设计如下：

```
#include<stdio.h>

void main()
{
    float a, b, c, d, e, f, g, h, i, j; /*定义存放 10 个成绩的变量*/
    float sum, average, min, max;/*定义存放总分、平均分、最低分、最高分的变量*/

    printf("请输入 10 名学生的考试成绩:");
    scanf("%f%f%f%f%f%f%f%f%f%f",&a,&b,&c,&d,&e,&f,&g,&h,&i,&j);/*输入成绩*/
    sum = a + b + c + d + e + f + g + h + i + j;
    average = sum/10;/*求平均分*/
    /*以下求最低分*/
    min = a < b ? a : b;
    min = c < min ? c : min;
    min = d < min ? d : min;
    min = e < min ? e : min;
    min = f < min ? f : min;
    min = g < min ? g : min;
    min = h < min ? h : min;
    min = i< min ? i : min;
    min = j < min ? j : min;
    /*以下求最高分*/
    max = a > b ? a : b;
    max = c > max ? c : max;
    max = d > max ? d : max;
    max = e > max ? e : max;
    max = f > max ? f : max;
    max = g > max ? g : max;
    max = h > max ? h : max;
    max = i> max ? i : max;
    max = j > max ? j : max;
```

```
    /*输出学生成绩*/
    printf("成绩分别为:%6.1f %6.1f %6.1f %6.1f %6.1f ", a, b, c, d, e);
    printf("%6.1f %6.1f %6.1f %6.1f %6.1f", f, g, h, i, j);
    printf("\n平均分:%5.1f,最低分:%5.1f,最高分:%5.1f。",average+0.05,min,max);
}
```

程序运行结果如下：

```
请输入10名学生的考试成绩: 100 99 98.5 88 87.5 85 82 70 75 78.5↵
成绩分别为: 100.0  99.0  98.5  88.0  87.5  85.0  82.0  70.0  75.0  78.5
平均分: 86.4,最低分: 70.0,最高分:100.0。
```

假设该学校有两万名学生，输出每名学生的成绩，并求全校该门课程的平均分、最低分和最高分。求解该问题立刻变成了一项艰巨的工程。然而，使用数组便完美地解决了这一问题。

利用数组，例 5.1 可以实现如下：

```
#include<stdio.h>

void main()
{
    int i = 0;
    float a[10]; /*定义存放学生成绩的数组*/
    float sum = 0, average, min=999, max=0;/*存放总分、平均分、最低分、最高分*/

    printf("请输入10名学生的考试成绩:");
    for(i = 0;i < 10;i++)
    {
        scanf("%f",&a[i]);/*输入成绩*/
        sum += a[i]; /*累加总分*/
        min = a[i] < min ? a[i] : min; /*求最低分*/
        max = a[i] > max ? a[i] : max; /*求最高分*/
    }
    average = sum/10; /*求平均分*/

    printf("成绩分别为:");
    for(i = 0; i< 10; i++) printf("%6.1f", a[i]);
    printf("\n平均分:%5.1f,最低分:%5.1f,最高分:%5.1f。",average+0.05,min,max);
}
```

同样输入例 5.1 的值，程序运行结果如下：

```
请输入10名学生的考试成绩:100 99 98.5 88 87.5 85 82 70 75 78.5 ↵
成绩分别为:100.0  99.0  98.5  88.0  87.5  85.0  82.0  70.0  75.0  78.5
平均分: 86.4,最低分: 70.0,最高分:100.0。
```

如果计算 20000 名学生的平均分、最低分和最高分，只需要将上例中几处 10 改为 20000 即可。

由此可见，使用数组非常高效、简洁。

5.2　一 维 数 组

通过例 5.1 我们已经对数组有了初步认识。所谓数组，是在程序设计中，为了处理方便，把具有相同类型的若干变量按有序的形式组织起来的一种集合。上例 float a[10]中，a 即为一个一维数组。本节着重讲解一维数组的定义、数组元素的引用和数组初始化。

5.2.1　一维数组的定义

一般格式：

```
类型说明符　数组名[数组长度];
```

功能：定义一个名称为“数组名”的数组，它包含“数组长度”个元素，每个元素均为“类型说明符”规定的类型。例如：

```
float a[10];
```

定义了一个名为 a 的浮点型数组，它包含 10 个元素，每个元素均为 float 型。

说明：

(1) 数组名的命名规则和变量名相同，遵守标识符命名规则。

(2) 数组长度规定了所定义的数组中包含元素的个数，它只能为自然数，不能为 0、负数或小数。

(3) 定义数组时，必须用一对方括号把数组长度括起来。

(4) 定义一维数组时，数组长度只能为常量表达式的值，不能使用变量。

(5) 定义数组时必须明确或隐式指定数组的长度，数组长度一经指定便不能再被更改。

(6) 数组中，第一个元素的下标固定为 0，称为下标的下界；最后一个元素的下标为数组长度减 1，称为下标的上界。例如，数组 a[10]有 a[0]、a[1]、a[2]、…、a[9]10 个元素，a[0]为数组的第一个元素，a[9]为最后一个元素。

(7) 类型说明符规定了数组中的每个元素均为该类型。例如，数组定义中 float a[10]表明数组 a 中的 10 个元素均为 float 类型。

(8) 数组的定义可以和一般变量的定义出现在同一定义语句中，例如：

```
int i, j, a[10], b[20];
```

(9) 数组的逻辑结构为线性结构，即数组中各个元素的存储地址是连续的。

(10) 正是因为数组具有很强的规律性，使得它的应用极其广泛。使用数组甚至能写出不使用数组无法实现的程序。

5.2.2　一维数组元素的引用

C 语言中，数组必须先定义，后引用。数组元素的引用格式如下：

```
数组名[下标];
```

下标为整型常量或整型表达式，其取值范围为[0，数组长度−1]。数组元素的引用可以视为一个变量。例如：

```
a[0]=(a[1]+a[2])*a[3];
```

其含义为计算 a[1]与 a[2]的和，然后乘以 a[3]，最后将计算结果赋给 a[0]。

注意：在引用数组的元素时，C 语言不检查下标是否越界。例如：

```
int a[10];
a[15] = 100;
```

编译时 C 语言不会报错，但在程序执行时可能引发错误。因而，编程时应当避免数组下标越界。

5.2.3 一维数组的初始化

数组定义后，系统会给数组分配一段连续的存储单元，按顺序分配给每个数组元素。但在初始化之前，每个数组元素的值是不确定的。例如，执行如下程序段：

```
int i,a[10];
for(i=0;i<10;i++)  printf("a[%d]=%d ",i,a[i]);
```

输出结果为：a[0]=720484439, a[1]=–2, a[2]=1965560162, a[3]=1965906884, a[4]=4200624, a[5]=2686868, a[6]=4200718, a[7]=4200624, a[8]=4796624, a[9]=28。

然而，换一台计算机，执行该程序就会得到不同的结果。

正是这种不确定性，数组在未初始化之前，是无法被使用的。

一般有两种方式将数组初始化，一是用赋值语句或输入语句为数组的每个元素赋值，二是在数组定义时，一次性为数组元素批量赋值。

初始化方式一：为每个数组元素单独赋值。例如：

```
int i, a[10]
for(i = 0; i< 10; i++)
     a[i] = i;
```

又如：

```
int i, a[10]
for(i = 0; i< 10; i++)
     scanf("%d",&a[i]);
```

说明：

为数组的每个元素单独赋值，从而实现数组的初始化，这种方式常用于在定义数组时，数组元素的值未知的情况。

初始化方式二：定义数组时同时初始化。

一般格式：

```
类型说明符  数组名[数组长度]={第一个元素的初值, 第二个元素的初值, …}
```

说明：

(1)数组元素的初值必须按顺序放置在一对大括号内，各初值之间用逗号分隔。

(2)数组元素的初值类型需与类型说明符相同。例如：

```
int a[10]={0,1,2,3,4,5,6,7,8,9};
```

定义和初始化后，a[0]=0，a[1]=1，a[2]=2，a[3]=3，a[4]=4，a[5]=5，a[6]=6，a[7]=7，a[8]=8，a[9]=9。

但是如下定义：

```
int a[10]={0.1, 0.2, 0.3, 0.4, 0.5, 0.6, 0.7, 0.8, 0.9, 1.0};
```

无法达到 a[0]=0.1,a[1]=0.2,…的结果。

(3) 可以只给一部分元素赋初值，未赋初值的元素自动为 0。例如：

```
int a[10]={0,1,2,3,4,5};
```

数组 a 有 10 个元素，但是仅给前 6 个元素赋了初值，未赋初值的元素自动赋值为 0。定义和初始化后 a[0]=0，a[1]=1，a[2]=2，a[3]=3，a[4]=4，a[5]=5，a[6]=0，a[7]=0，a[8]=0，a[9]=0。

(4) 定义并初始化时，无法实现只给数组中间部分元素或后半部分元素赋初值，而无视数组靠前位置的元素。

例如，无法实现在定义数组 a[10]时只指定下标为 5、6、7 的元素的值。

(5) 静态数组在定义时已将每个元素自动初始化为 0。例如：

```
int i;
static int a[10];
for(i=0; i<10; i++)printf("a[%d]=%d ",i,a[i]);
```

输出结果如下：

```
a[0]=0 a[1]=0 a[2]=0 a[3]=0 a[4]=0 a[5]=0 a[6]=0 a[7]=0 a[8]=0 a[9]=0
```

(6) 在定义时，若同时为全部元素赋初值，则可以不指定数组长度，数组长度默认为赋初值的元素个数。若只对部分元素赋初值，则不能省略数组长度。例如：

```
int a[]={0,1,2,3,4};
```

C 语言编译器自动根据大括号中数据的个数确定数组长度为 5，相当于：

```
int a[5]={0,1,2,3,4};
```

如果本意为给长度为 10 的数组前 5 个元素赋初值，则数组长度必须指定，定义如下：

```
int a[10]={0,1,2,3,4};
```

为了避免因数组长度未指定导致出乎意料的结果，建议在定义数组时无论是否同时赋初值，均指定数组的长度。

【例 5.2】　将例 5.1 中输入的 10 名学生的成绩按从小到大的顺序排列。

程序设计思路：本例涉及排序问题。排序的方法很多，其中冒泡排序就是一种比较简单和常用的排序方法。它的基本思想为：像水中的气泡一样，较大气泡逐渐上升，较小气泡逐渐下沉，最终达到从小到大排序的目的。实现思路为：经过多轮排序，每一轮都通过两两比较的方式，将小数据换到前面，将大数据换到后面，第一轮后，最大数据已经换到了最后的位置(大气泡已经浮到最上)，第二轮后，次大气泡换到倒数第二个位置上，如此反复，直到所有数据排序完成。

程序设计如下：

```
#include<stdio.h>

void main()
{
    int i = 0, j;
    float a[10], t; /*定义存放 10 名学生成绩的数组和临时交换变量*/

    printf("请输入 10 名学生的考试成绩:");
    while(i< 10)
    scanf("%f",&a[i++]);/*输入成绩*/

    for(i=0; i<10-1; i++) /*控制比较的轮数,只需数组长度-1 轮即可*/
        for(j=0; j < 10-i-1; j++) /*控制相邻数据的比较,注意比较的最后元素在前移*/
            if(a[j] > a[j+1]) /*前面元素比后面的大,交换*/
            {
                t = a[j]; a[j] = a[j+1]; a[j+1] = t;
            }

    printf("排序后成绩为:");
    for(i=0; i<10; i++) printf("%6.1f", a[i]);
}
```

程序运行结果如下：

```
请输入 10 名学生的考试成绩: 100 99 98.5 88 87.5 85 82 70 75 78.5↵
排序后成绩为: 70.0  75.0  78.5  82.0  85.0  87.5  88.0  98.5  99.0 100.0
```

5.3　二维数组和多维数组

当数组具有两个或两个以上维度(或称下标)时，该数组称为多维数组。如果有两个维度，称为二维数组，如果有三个维度，称为三维数组，以此类推。首先详细讲解二维数组。

5.3.1　二维数组的定义

一般格式：

```
类型说明符 数组名[第一维长度][第二维长度];
```

功能：定义一个名称为“数组名”的二维数组，它包含“第一维长度”×“第二维长度”个元素，每个元素均为“类型说明符”规定的类型。

说明：

(1)一维数组定义的说明同样适用于二维数组和多维数组。

(2)二维数组的第一维长度和第二维长度常称为行数和列数，行列下标的值均从 0 开始，即行列下标的下界为 0。

(3)数组元素占用连续的存储空间，并且按行顺序排列。例如：

```
int a[2][3];
```

各元素在内存中的存储顺序为 a[0][0]、a[0][1]、a[0][2]、a[1][0]、a[1][1]、a[1][2]。

(4) 可以简单地将二维数组理解成数组的数组。例如：

```
int a[2][3];
```

可以理解为定义了两个数组 a[0]和 a[1]，即二维数组 a 包含一维数组 a[0]和一维数组 a[1]。数组 a[0]和 a[1]分别包含三个元素：a[0][0]、a[0][1]、a[0][2]和 a[1][0]、a[1][1]、a[1][2]。同理，该理解方式可以延伸到其他多维数组。

5.3.2 二维数组的引用

二维数组元素的引用格式如下：

```
数组名[行下标][列下标];
```

和一维数组引用一样，行列下标为整型常量或整型表达式，其取值范围分别为[0，行下标的上界−1]和[0，列下标的上界−1]。数组元素的引用可以视为一个变量。例如：

```
a[0][0] = (a[1][1] + a[2][2]) * a[3][3];
```

注意：对于二维数组，引用数组的元素时，C 语言同样不检查下标是否越界。例如：

```
int a[5][10];
a[10][15] = 100;
```

编译时 C 语言不会报错，但在程序执行时可能引发错误。因而，编程时应当避免数组越界。

5.3.3 二维数组的初始化

和一维数组一样，二维数组可以用赋值语句或输入语句为数组的每个元素赋值，也可以在定义数组时，一次性为数组元素批量赋值。因为二维数组用赋值语句为每个元素赋值与一维数组基本相同，在此不再作具体介绍，下面仅说明二维数组定义时初始化的情况。

一般格式：

```
类型说明符 数组名[行下标][列下标]={{第一行初值},{第二行初值},…};
```

说明：

(1) 一维数组初始化的说明同样适用于二维数组的初始化。

(2) 二维数组的初始化是按行赋初值的，例如：

```
int a[2][3] = {{1,2,3},{4,5,6}};
```

{1,2,3}赋给第一行元素，即 a[0][0]=1，a[0][1]=2，a[0][2]=3；{4,5,6}赋给第二行元素，即 a[1][0]=4，a[1][1]=5，a[1][2]=6。

(3) 和一维数组一样，可以只给二维数组的部分元素赋初值，未赋初值的元素自动设为 0，例如：

```
int a[2][3] = {{1,2},{4}};
```

赋值后，a[0][0]=1，a[0][1]=2，a[0][2]=0，a[1][0]=4，a[1][1]=0，a[1][2]=0。

(4) 二维数组也可以不分行对所有元素进行初始化，此时把所有元素写在一个大括号内。如果给出的初值个数小于数组总长度，则按线性顺序把所有初值只赋给数组前部的元素，未赋值的元素自动设为 0；如果给出的初值个数大于数组的总长度，则为全部数组元素赋值，多给出的初值舍弃处理。例如：

```
int a[2][3] = {1,2,3,4};
```

其结果为：a[0][0]=1，a[0][1]=2，a[0][2]=3，a[1][0]=4，a[1][1]=0，a[1][2]=0。

```
int a[2][3]={1,2,3,4,5,6,7,8};
```

其结果为：a[0][0]=1，a[0][1]=2，a[0][2]=3，a[1][0]=4，a[1][1]=5，a[1][2]=6，初值 7 和 8 自动舍弃。

(5) 对数组的全部元素赋初值，或只对数组的前一部分连续元素赋初值时，可以省略第一维的长度定义，但第二维长度定义不能省略。例如：

```
int a[][3] = {1,2,3,4};
```

其结果为：a[0][0]=1，a[0][1]=2，a[0][2]=3，a[1][0]=4，a[1][1]=0，a[1][2]=0。

(6) 如果只对数组的部分元素(非最开始的连续元素)赋初值，同时又省略了第一维的长度定义，则应分行赋初值，即便某行无初值，也要保留一对大括号。例如：

```
int a[][4]={{1,2,3},{},{9}};
```

结果如下：a[0][0]=1，a[0][1]=2，a[0][2]=3，a[0][3]=0，a[1][0]=0，a[1][1]=0，a[1][2]=0，a[1][3]=0，a[2][0]=9，a[2][1]=0，a[2][2]=0，a[2][3]=0。

【例 5.3】 从键盘输入一个 2 × 3 的矩阵，然后将其转置，最后计算两个矩阵的乘积。编程实现该功能并输出。

程序设计思路：矩阵可以用二维数组表示。假设 2×3 矩阵为数组 a[2][3]={{1,2,3},{4,5,6}}，则转置后矩阵为数组 b[3][2]={{1,4},{2,5},{3,6}}，二者乘积为数组为 c[2][2]，它的各元素值为：c[0][0]=1×1+2×2+3×3，c[0][1]=1×4+2×5+3×6，c[1][0]=4×1+5×2+6×3，c[1][1]=4×4+5×5+6×6。矩阵示意如下：

$$\text{矩阵 a}[2\times 3]=\begin{bmatrix}1 & 2 & 3\\ 4 & 5 & 6\end{bmatrix}\qquad \text{矩阵 b}[3\times 2]=\begin{bmatrix}1 & 4\\ 2 & 5\\ 3 & 6\end{bmatrix}$$

$$\text{矩阵 c}[2\times 2]=\text{a}[2\times 3]\times \text{b}[3\times 2]=\begin{bmatrix}1\times 1+2\times 2+3\times 3 & 1\times 4+2\times 5+3\times 6\\ 4\times 1+5\times 2+6\times 3 & 4\times 4+5\times 5+6\times 6\end{bmatrix}$$

矩阵转置：用变量 i 控制矩阵的行，用变量 j 控制矩阵的列，可以发现数组元素 a[i][j]=b[j][i]。因而以变量 i 和变量 j 作为循环控制变量，构建二重循环，把 a[i][j]的值赋给 b[j][i]，就可实现矩阵转置。

矩阵乘积：矩阵 a 和矩阵 b 相乘得到矩阵 c，构建矩阵 c(二维数组)仍然需要构建二重循环，以 m 和 n 作为循环控制变量，求解 c[m][n]的每个元素的值。不难发现：c[m][n]=a[m][0] × b[0][n] + a[m][1] × b[1][n] + a[m][2] × b[2][n]，也可以表示为 $c[m][n]=\sum_{k=0}^{2} a[m][k]\times b[k][n]$，因而再构建第三重循环(最内层循环)，用 k 作为循环控制变量，k 的最大值刚好为 a 的列数及 b 的行数。

程序设计如下：

```
#include<stdio.h>
#define M 2
#define N 3
void main()
{
     int a[M][N],b[N][M],c[M][M]={0}; /*定义矩阵 a、b、c*/
     inti, j, m, n, k;

     printf("请输入矩阵 a:\n");
     for(i=0; i< M; i++)
         for(j = 0; j < N; j++)
             scanf("%d",&a[i][j]); /*输入矩阵 a 的每个元素*/

     /*将 a 转置后存入 b*/
     for(j=0; j<N; j++)
     for(i=0; i<M; i++)
          b[j][i] = a[i][j];

     /*构造矩阵 c = a * b*/
     for(m = 0; m < M; m++)
     for(n = 0; n < M; n++)
     for(k = 0; k < N; k++)
     c[m][n] += a[m][k] * b[k][n];

     /*输出矩阵 b*/
     printf("转置后的矩阵 b 为:\n");
     for(j=0; j<N; j++)
     {
          for(i=0; i<M; i++)
          printf("%5d",b[j][i]);
          printf("\n");
     }
     /*输出矩阵 c*/
     printf("两矩阵的乘积为:\n");
     for(m=0; m<M; m++)
     {
          for(n=0; n<M; n++)
          printf("%5d",c[m][n]);
          printf("\n");
     }
}
```

程序运行结果如下：

```
请输入矩阵 a:
1 2 3 ↵
4 5 6 ↵
```

```
转置后的矩阵b为:
   1    4
   2    5
   3    6
两矩阵的乘积为:
  14   32
  32   77
```

可以尝试修改程序中的行列值，得到不同的矩阵。

5.3.4 多维数组

多维数组定义的一般格式如下：

```
类型说明符　数组名[第一维长度][第二维长度][第三维长度]…
```

多维数组的元素个数为每一维长度的乘积。同样，多维数组也为线性结构，数组元素在内存中是按维度顺序连续存放的。

多维数组的定义、引用、元素初始化与二维数组类似，二维数组本身就是维度为2的多维数组，在此，不再对多维数组作过多讨论。

5.4 程序设计

【例5.4】 假设某年级共有两个班，每个班有4名学生，每名学生均选修了高数、英语、程序设计3门课程。请输入每名学生的考试成绩，按班级输出每名学生的学号及成绩，并计算两个班的平均分(班级数量、学生人数、选修课程数量等较少仅仅是为了减少输入的数据量，具体应用中可改为实际值)。

程序设计思路：此时用一个二维数组已不能容纳所有的信息。可以尝试构建一个三维数组，第一维表示班级，长度为2；第二维表示学生数量，长度为4，第三维存放学号和每门课程的成绩，长度为4。程序首先输入第一个班的成绩，每名学生需输入3门课程，因而构成一个三重循环，最外层循环变量控制班级，中间层循环变量控制学生，最内层循环变量控制课程成绩。

程序设计如下：

```c
#include<stdio.h>

void main()
{
     float a[2][4][4]; /*三维数组存放班级、学生和成绩*/
     float score[2]= {0,0}; /*存放两个班平均分*/

     inti, j, k;

     for(i = 0; i< 2; i++) /*控制班级的变化*/
     {
          printf("请输入%2d 班每名学生的成绩:\n",i+1);
```

```
        for(j = 0; j < 4; j++) /*控制学生的变化*/
        {
            printf("%d 班%d 号的三门课程成绩为:",i+1,j+1);
            a[i][j][0] = j+1; /*将学号存放在第 0 的位置上*/
            for(k = 1; k < 4; k++)/*控制输入 3 门成绩*/
            {
                scanf("%f",&a[i][j][k]);
                score[i] += a[i][j][k];
            }
        }
    }

    /*计算两个班的平均分*/
    for(i = 0; i< 2; i++) score[i] /= (4*3);
    /*输出两个班的成绩*/
    for(i = 0; i< 2; i++) /*控制班级的变化*/
    {
        printf("%d 班的平均分为%5.2f,成绩清单为:\n",i+1,score[i]+0.005);
        for(j = 0; j < 4; j++) /*控制学生的变化*/
        {
            printf("%d 号",j+1);
            a[i][j][0] = j+1; /*将学号存放在第 0 的位置上 */
            for(k = 1; k < 4; k++)/*控制输入 3 门成绩*/
                printf("%6.1f",a[i][j][k]);
            printf("\n");
        }
    }
}
```

程序运行结果如下：

```
请输入 1 班每名学生的成绩:
1 班 1 号的三门课程成绩为:100 98 95 ↵
1 班 2 号的三门课程成绩为:88 90 100 ↵
1 班 3 号的三门课程成绩为:60 75 81 ↵
1 班 4 号的三门课程成绩为:78 88 93 ↵
请输入 2 班每名学生的成绩:
2 班 1 号的三门课程成绩为:85 89 93 ↵
2 班 2 号的三门课程成绩为:100 99 96 ↵
2 班 3 号的三门课程成绩为:74 79 86 ↵
2 班 4 号的三门课程成绩为:65 69 78 ↵
1 班的平均分为 87.17,成绩清单为:
1 号 100.0  98.0  95.0
2 号  88.0  90.0 100.0
3 号  60.0  75.0  81.0
4 号  78.0  88.0  93.0
2 班的平均分为 84.42,成绩清单为:
1 号  85.0  89.0  93.0
2 号 100.0  99.0  96.0
```

```
3号  74.0  79.0  86.0
4号  65.0  69.0  78.0
```

习 题 五

一、单选题

1．以下数组定义中错误的是(　　)。

A) int x[][3]={{1,2,3},{4,5,6}};　　B) int x[][3]={0};

C) int x[2][3]={{1,2},{3,4},{5,6}};　　D) int x[2][3]={1,2,3,4,5,6};

2．以下错误的定义语句是(　　)。

A) int x[4][]={{1,2,3},{1,2,3},{1,2,3},{1,2,3}};

B) int x[4][3]={{1,2,3},{1,2,3},{1,2,3},{1,2,3}};

C) int x[][3]={{0},{1},{1,2,3}};

D) int x[][3]={1,2,3,4};

3．有以下程序：

```
#include<stdio.h>
void main()
{
     int i,t[][3]={9,8,7,6,5,4,3,2,1};
     for(i=0;i<3;i++)
          printf("%d ",t[2-i][i]);
}
```

程序执行后的输出结果是(　　)。

A) 3 5 7　　B) 7 5 3　　C) 3 6 9　　D) 7 5 1

4．有以下程序：

```
#include<stdio.h>
void main()
{
     int s[12]={1,2,3,4,4,3,2,1,1,1,2,3},c[5]={0},i;
     for(i=0;i<12;i++)
          c[s[i]]++;
     for(i=1;i<5;i++)
          printf("%d ",c[i]);
}
```

程序的运行结果是(　　)。

A) 4 3 3 2　　B) 2 3 4 4　　C) 1 2 3 4　　D) 1 1 2 3

5．有以下程序：

```
#include<stdio.h>
void main()
{
```

```
    int a[4][4]={{1,4,3,2},{8,6,5,7},{3,7,2,5},{4,8,6,1}},i,k,t;
    for(i=0;i<3;i++)
        for(k=i+1;k<4;k++)
            if(a[i][i]<a[k][k])
                {t=a[i][i]; a[i][i]=a[k][k]; a[k][k]=t;}
    for(i=0;i<4;i++)
        printf("%d,",a[0][i]);
}
```

程序运行后的输出结果是(　　)。

A) 6,4,3,2,　　B) 6,2,1,1,　　C) 1,1,2,6,　　D) 2,3,4,6,

二、程序设计

1. 模拟投掷 2 粒骰子各 1 万次，统计 2 粒骰子点数之和分别出现的次数。

2. 输入 9 个浮点数，并建立一个三行三列的数组 a。求①每行的和；②对角线元素的和(左上至右下)。

3. 输入 10 个整数，并以冒泡法排序后存入数组 a 中，然后输入一个数，查找它在 a 中的位置(下标)，若不存在，则返回–1。

第 6 章　函　　数

6.1　函 数 概 述

众所周知，手机由显示屏、机壳、处理器、主板组成。手机中不同的电子元器件具有其自身特定的功能，所有不同器件所能完成的功能联合起来，就成为我们所定义的手机产品。

与手机产品原理类似，一个成熟的程序产品往往是由若干子功能模块组成的，各个子功能模块完成其特定的任务，不同的子功能模块在 C 语言中是通过函数来实现的。例如，网络聊天程序可以分解为文字传输子模块、图片传输子模块、语音传输子模块、视频传输子模块、文件传输子模块等。在 C 语言中，这种子功能模块的实现采用的是函数的形式；不同函数实现不同的特定任务。

又如，我们在高中所学习的初等数学中就接触过初等函数。初等数学中的函数可以理解为一个运算过程(函数)；给这个运算过程(函数)输入不同的值，运算过程(函数)经过运算后，可以返回运算结果。这个运算过程(函数)就具备特定的功能，并且内部计算的步骤可以视为一个整体，不能被拆分。C 语言中所定义的函数也具有这些特征。

当实现一个功能复杂的程序时，软件设计者需要对软件总体进行规划。若采用面向过程的程序设计方法，就需要通过一个个函数来完成，从而实现整个软件代码的组织，以及不同函数之间的调用。一个 C 程序由一个主函数和若干个其他函数组成。主函数(main 函数)由操作系统调用，它是操作系统调用软件的唯一入口。其他函数(自定义函数、库函数等)可以相互调用，如图 6-1 所示。在软件的一次运行进程中，主函数(main 函数)只能被调用一次，而其他函数(自定义函数、库函数等)调用次数不限，且其他函数(自定义函数、库函数等)不能调用主函数(main 函数)。

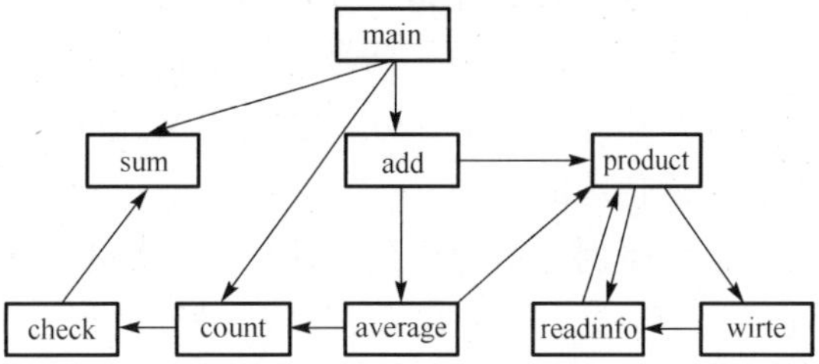

图 6-1　函数调用

采用函数的代码组织方式，有利于提高代码的重复使用率，减少代码的书写量。

6.2　函数的定义

在本书前面章节的程序中我们看到过 printf()、scanf()、main()等这样的字符，它们就是 C 语言中的函数。

在 C 语言中，若干计算语句作为整体具有完整性，对外表现具有特定功能的序列集合称为函数。

6.2.1　函数的一般定义语法形式

```
1  类型标识符  函数名(形式参数列表)
2   {
3         说明部分
4         语句序列
5         return 表达式;//有返回值时,需要使用 return 关键字将结果反馈调用处
6   }
```

6.2.2　函数的组成元素

类型标识符：也称为函数类型标识符。类型标识符表示函数执行完毕后，被调函数向调用该函数的程序返回一个计算结果的值，这个值所属的数据类型应与类型标识符中规定的数据类型一致。被调函数返回的值不能是函数，也不能是数组。如果程序中自定义函数没有写类型标识符，那么默认为整型。需要强调以下两点。

(1) 如果没有需要返回的数据，则不需要 return 语句，同时类型标识符使用 void。

(2) 若需要返回值，则需要 return 语句；return 语句返回的数据类型与类型标识符不一致时，如果可以满足类型转换规则，则进行兼容性转换，然后返回转换后的类型值；如果不能满足类型转换规则，则报错。

函数名：用来表示这个函数的名字。我们可以通过这个名字来调用该函数，使之可以运行。函数名同时也表示该函数在内存中的入口地址。

形式参数列表：外界(调用函数)通过形式参数列表向函数(被调用)传递需要运算的数据。

大括号：第 2 行和第 6 行的一对大括号作为函数体的边界，将函数内部的语句序列与外部隔离开来，使得大括号内部的语句序列与外界具有独立性。

说明部分：说明部分主要是定义在函数运行过程中所需要的变量。C 语言的变量遵循先定义后使用的原则。

语句序列：语句序列是我们经过精心设计的算法，通过这些语句的执行，对形式参数列表中的数据、特定的功能算法进行处理。

【例 6.1】　实现两个整型数字相加。

程序设计如下：

```
//-----------------------函数说明----------------------------
//本函数实现两个整型变量相加
//函数名为 add, 两个形参分别为 int firstPara 和 int secondPara
//函数将结果保存在 result 变量, 通过 return 语句将结果返回
//返回值类型与函数的类型标识符一致
//----------------------------------------------------------
    int add(int firstPara,int secondPara)
{
    int result = 0;
    result = firstPara  +  secondPara;
```

```
    return result;
}
```

6.2.3 函数的分类

计算机科学家在设计 C 语言的时候，将函数设计为两个大的类型：库函数和自定义函数。

1. 库函数

库函数是系统提供给我们的、已经编译好的、可以立即调用的系统函数。这些函数主要是提供软件开发过程中常用的功能，如 print()、scanf()、sin()、cos()、tan()等这些常用的函数。

当我们需要使用这些已经编译好的系统函数时，应在程序的开始部分使用宏命令#include 把函数所在的文件包含到当前程序中。之前我们看到很多程序开始的地方都会书写#include<stdio.h>。之所以要使用#include 将 stdio.h 文件包含到自己的程序中，是因为我们所使用的 printf()、scanf()函数声明位于系统提供的 stdio.h 头文件中。正如#include<stdio.h>常常写在程序的开头，所有包含的文件基本上都是以 h 作为文件类型说明，其中的 h 是使用了 header 的首字母，这也就是我们称其为头文件的缘故。

2. 自定义函数

函数的另一种形式是我们根据自己程序需要而定义的函数。例如，实现统计教学大楼什么时间段进出人数最多。这个功能不是大家普遍使用的，只有在定制某个软件的时候才有这个要求，我们就必须自己定义一个函数来实现统计功能。

在程序组织的形式上，自定义函数需要模仿库函数的方式进行代码的组织。我们需要建立一个头文件，把我们自己编写的代码保存在这个头文件中，当其他程序需要用到这些程序时，需要用#include 将头文件包含进去。例如，我们自己编写的某时段教学大楼男女学生人数统计函数(student_count())，将这个函数保存到文件 mycode.h 文件中。当其他程序需要使用 student_count()函数的时候，需要使用#include"mycode.h"将包含 student_count()函数的文件包含到对应的程序中。

关于#include< > 与#include " "的区别请阅读其他相关资料。

6.2.4 函数的命名规则

1. 命名规则

(1) 英文字母(大小写均可)、数字、下划线 3 种字符组成。
(2) 名字的第一个字符必须是下划线或英文字母。
(3) 函数名字的所有字符加起来不超过编译器规定的变量字符个数(TC 3.0 要求 32 个)。
(4) 自定义函数不能与库函数名相同，也不能与已经定义好的自定义函数同名。
(5) 名字可以体现函数功能。

函数名是否符合(1)～(4)四个规则，决定编译器是否可以成功地将 C 语言程序编译成机器语言。函数名满足前四个要求的条件下，如果也能满足第五条，那么程序的可读性将大大提升。

根据不同开发团队或软件公司编程的习惯，对于函数名规则(5)的执行各有不同。满足规则(5)的主要有：匈牙利命名法、骆驼(Camel)命名法、帕斯卡(Pascal)命名法等，读者若有兴趣，请查阅相关资料。

下面列举一些函数名。

以下是函数命名方式正确的例子：

```
_add(), add_int(), Matrix_Add(), check_1()
```

以下是函数命名方式错误的例子：

```
1_add(), #add(), ~love_me(), ^_^()
```

2. 其他说明

1)无参定义形式

定义函数时，若在函数名后边的圆括号中没有写任何代码，则代表该函数运行不需要提供等待处理的数据(无形式参数列表)，该函数仅仅是完成某个特定的功能。

【例6.2】 无参数函数定义。

程序设计如下：

```
void print_star()
{
    printf("*******");
}
```

当主调函数调用 print_start()函数时，不需要传递任何待处理的数据，这个函数的任务仅仅是在标准输出设备(显示器)上输出*******。

2)无返回值

程序设计中，出于对个性化计算任务的需要，某些函数的调用不需要返回任何信息，故在定义函数的时候，自定义的函数会用到 void 这个关键字作为函数的类型标识符。当使用 void 作为函数类型标识符的时候，其含义是本函数执行完，不需要向调用本函数的程序返回任何结果。换句话说，执行完就执行完了，不需要有什么回应。例 6.2 中的函数就是无返回值函数，所以类型标识符为 void，表示没有返回值。

3)空函数

首先介绍什么是空函数，例如：

```
void read_file_data() { }
```

例子中定义的 read_file_data()函数就是一个空函数。空函数就是函数体中没有任何语句，也就是说，这个函数徒有其表，无事可做。读者可能会有疑惑，既然它什么都不做，为什么还要写它呢？在大型软件程序编码过程中，我们不能一步到位地准确说出要做的软件有什么功能，或者说在具体实现过程中的细节；我们往往都是先从宏观角度认识需要制作的软件有哪些大的模块，进而确定这些模块完成什么功能。当已经确定某些特定功能的时候，我们可以先编写这个函数的主体元素，即函数类型说明符、函数名、函数体(一对花括号是函数体的边界)。那么这个函数提醒我们已经确定这个函数的存在性问题，但是具体的实现细节需要更深入的设计才能准确进行编码。遇到这类问题，建议读者对函数的名字进行精心的设计，最好能够看到函数的名字就知道这个函数要做什么，否则我们面对很多空函数时，就无从下手了。这里需要特别指出的是，编译器允许空函数存在，只要函数定义的语法没有错误，就可以对该代码编译通过。

6.3　函数的调用

定义函数的目的是使用函数的方式组织代码，赋予函数一定的逻辑功能，在需要时可以立即调用。

6.3.1　函数调用的三种形式

程序运行过程中，当需要已经定义好的函数运行时，就会发生函数调用。

首先认识一下函数调用的一般形式：

```
函数名(实参列表)
```

注：实参列表是一组参数。

从函数最一般的调用形式可以看出，函数调用需要写出被调用函数的名字，同时在圆括号里罗列出让函数待处理的变量列表。这里特别说明一下，调用函数的地方所罗列的参数被称为实参(实际参数)；在函数定义部分，函数名后的圆括号中所罗列的参数与调用时罗列的实际参数一一对应，同时把函数定义中罗列的参数称为形式参数；函数调用时，系统将实际参数中的数值依次传给对应的形式参数。有多个参数时，使用逗号(,)将不同的参数间隔开。如果函数调用过程中，主调函数仅仅调用函数运行，而不需要给被调函数传递待处理的数据，圆括号中可以不书写任何内容。

函数调用有三种形式：①函数调用语句；②函数在表达式中调用；③函数作为另外一个函数的参数调用。

1. *函数调用语句*

这种形式的调用是在函数调用的一般形式基础上，使用语句结束符(分号;)。例如：

```
printf("Hello world");
```

2. *函数在表达式中调用*

这种形式的调用是函数调用嵌套在表达式中，函数返回的值要作为表达式计算的一个元素。例如：

```
double x=0.0, y;
y = sin(x)+cos(x) + tan(x);
```

此例中的 sin()、cos()、tan()是系统定义好的库函数，这三个函数首先属于算术运算表达式中的元素(sin(x)+cos(x) + tan(x)算术运算表达式)；算术运算表达式又属于赋值表达式的运算数；赋值表达式后边添加一个分号(;)后，就构成了赋值语句。

在这个例子中，函数的调用属于函数在表达式中调用。

3. 函数作为另外一个函数的参数调用

在程序编写过程中，会遇到这样一种编码形式：将一个函数调用书写到另外一个函数的参数列表中。例如：

```
1 double  add(double firstParm, double secondParm);   //函数原型声明
2 double  x=0.0,y;
3 y = add (sin(cos(x)),  tan(x));        //假设 add 函数为两个数求和
```

这个例子第 1 行是对 add 函数进行原型声明，告诉编译器在程序中发现 add 函数调用的处理办法：匹配到 add 函数后，实际参数列表与形式参数列表中的参数类型是否一致，并且数量是否相同。

第 3 行中，add 函数的实参列表有两个参数，第一个是 sin(cos(x))，第二个是 tan(x)。这两个参数分别是两个函数；由于 sin()和 tan()函数返回的数据类型为 double 类型，所以符合 add 函数的参数类型要求；再看 sin(cos(x)),sin()函数中是 cos(x)函数，也就是说，cos(x)函数把 x 作为实参进行运算后，将 cos(x)的值作为 sin()函数的实参进行运算。最后，sin(cos(x))计算的结果和 tan(x)计算的结果作为 add()函数的两个实参，add()函数被调用执行，然后将运算结果保存在变量 y 中。

注意：

(1) 在调用函数之前，不要忘记将函数所在头文件包含到本文件中。

(2) 自定义函数与调用自定义函数都保存在同一个文件中时，就不需要使用#include 命令包含，但需要注意的是：如果被调函数在调用处的前边编写，那么无须作任何声明，直接根据程序的需要书写函数名与参数列表；如果函数定义的位置在文件的后边书写，函数调用的地方在定义函数的前边发生，那么需要在第一次调用函数的位置前对被调用函数进行声明。

(3) 从函数参数来讲，函数调用分为有参函数和无参函数调用两种形式。

(4) 从函数返回值来讲，有些函数有返回值，有些函数没有返回值(类型标识符为 void)。有返回值的函数，首先在函数定义时，明确书写函数类型标识符(如 int、char 等数据类型关键字)，同时需要使用一个与函数返回值类型一致或赋值兼容的变量进行接收和保存；对于无返回值的函数，不需要使用变量与之匹配使用。

(5) 在函数定义中，形式参数不止一个时(代码第 3 行)，函数参数传递及相应变量值的确定是有方向性的；有的编译系统是从最左边参数向右边依次求值，有的编译系统则是从最右边的参数向左边依次求值。这种方向性，对于函数调用形如“add(i,i++);”的代码会产生实参传递给形参值不相同的情况，程序员需要明确系统求值方向，以及实参向形参传递的值是否如自己设计的那样运行。

6.3.2 函数的嵌套调用

在 C 语言中，不允许函数中定义函数，也就是函数中又嵌入另外一个函数的定义。在遵守以上介绍的函数使用方法规则的同时，有一种函数调用的形式被称为函数的嵌套调用。所谓的函数嵌套调用是指函数体中，存在调用其他函数的语句。嵌套函数运行调用如图 6-2 所示。

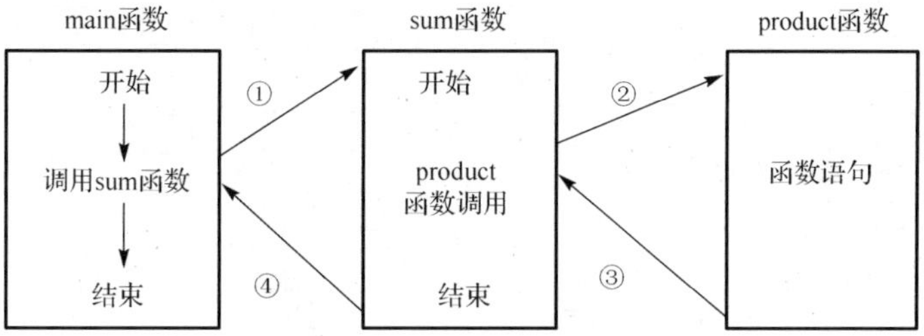

图 6-2 函数调用

图6-2演示的过程为：首先由操作系统调用main()函数，程序由main()函数开始运行，在main()函数中有sum()函数调用，此时系统将当前运行状态作压栈处理，保留当前运行的数据后，转向sum()函数开始运行；sum()函数开始运行，遇到product()函数调用，此时系统将当前运行状态作压栈处理，保留当前运行的数据后，转向product()函数程序的执行；product()函数运行完毕后，返回至sum()发生调用product()的位置，将栈中数据出栈还原后，继续执行位于sum()函数中product()函数调用语句后边的程序；当sum()函数运行完毕后，返回至 main()函数调用 sum()函数的位置，将栈中数据出栈还原后，继续执行main()函数位于sum()函数调用语句后边的语句，直至main()函数结束。

6.3.3 函数的递归调用

在C语言程序的函数调用中，有一种被称为函数递归调用的现象。所谓函数递归调用是指，一个函数体中存在直接或者间接调用自己的现象。例如，现有一个函数，函数名为A，在A函数中有调用A函数的语句。运行流程见图6-3和图6-4。

函数递归调用都表现出直接或者间接调用自己的特征。心细的读者会发现，如果一个函数直接或者间接调用自己，将会进入无限调用的状态，从而使程序进入死循环的局面。

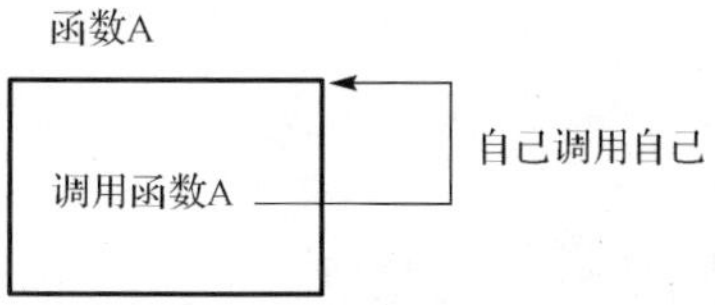

图 6-3 直接递归调用

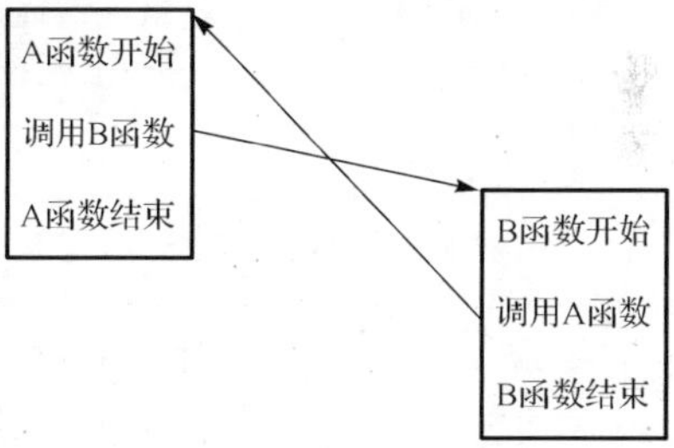

图 6-4 间接递归调用

下面我们来看函数递归调用的要求。在定义一个递归调用的函数时，要注意两点。

(1)函数体中要有直接或间接的自己调用自己的语句。

(2)必须有边界条件语句，使递归有终止运行的机制。

递归函数的思想：不断地把大规模问题的计算分解为若干个同类型小规模问题的计算，这种分解一直到可以得到明确的结果为止，如图6-5所示。

递归函数中实现直接或间接调用自己的语句并不难写，对于递归函数重点要控制好边界条件；当递归条件满足终止自己调用自己的条件时，开始逐步返回被调用的函数中继续执行。

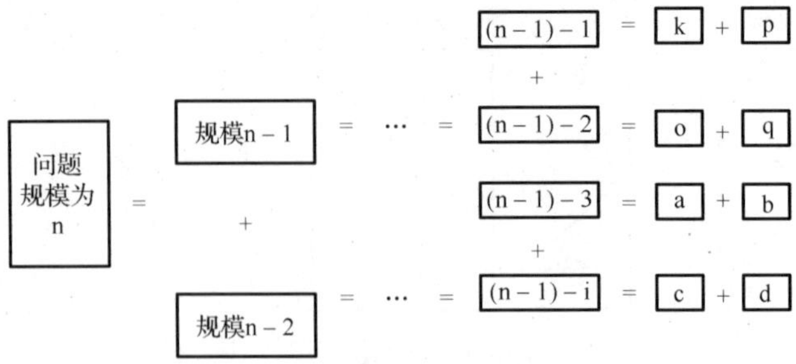

图 6-5　递归思路

我们用求阶乘的例子演示递归调用的例子。阶乘可以定义为

$$N! = \begin{cases} 1, & n = 1 \\ N \times (N-1)!, & n > 1 \end{cases}$$

现以求 5!为例描述运算过程：n=5 时，5!的值使用 5×4!求解；由于不知道 4!的值，也就无法知道 5×4!的值，继续求 4!。按照公式定义 4!=4×3!，由于不知道 3!是多少，无法知道 4!=4×3!，故继续求解 3!；按照公式 3!=3×2!，由于不知道 2!是多少，无法知道 3×2!的值，那么继续求 2!。由于 2!=2×1!=2 是可以计算出来的，所以我们就知道 2!=2。根据公式也就可以计算出 3!=3×2!=6 的结果了。通过公式 4!=4×3!=4×6=24 就计算出了 4!=24。再通过 5!=5×4!=5×24=120，故得到 5!=120。代码如例 6.3 所示。

【例 6.3】　阶乘计算。程序设计如下：

```
#include<stdio.h>
void main()
{
  int jie_Cheng(int n);   //函数原型声明
  int number = 0 , jiSuanJieGuo = 0;
  printf("\n please input number: ");
  scanf("%d",&number);
  jiSuanJieGuo = jie_Cheng(number);
  printf("\n result is : %d\n", jiSuanJieGuo);
 }
//----------------------- 说明 -----------------------
//int jie_Cheng(int n)函数实现递归调用计算阶乘
//形式参数 int n 用来接收主调函数传递过来要计算的数
//----------------------------------------------------
 int jie_Cheng(int n)
 {
   if(n==1)
            return 1;
   else
            return n*jie_Cheng(n-1);
 }
```

程序运行结果如下：

```
please input : 6
result is : 720
```

关于上述程序的说明：

(1)例 6.3 程序给出的是求阶乘的函数，读者上机测试时请注意整型变量所保存的数值范围，如果结果为乱码或不正常，请注意检查输入的数字和输出的结果是否在整型变量所能表达的数字范围内。

(2)程序第 4 行为函数声明。使用函数声明的原因是被调用函数位于调用函数后边，编译器编译时逐行检查语法。若没有说明，当编译器读取到 jie_Cheng(number)时，不知道此处函数调用是否正确，函数是否定义，参数是否合乎兼容性要求，故不能给出正确的处理。当在程序调用处之前给出函数首部的规范说明，编译器就可以按照原型声明的规范进行合法性验证，如果不符合函数调用规范，则编译器停止编译，如果函数调用符合函数调用规范，则继续编译后续程序。

(3)程序第 6 行、第 9 行的\n 含义为换行回车，\n 为转义字符。

(4)程序第 7 行 scanf("%d",&number);语句。&代表取地址符，获取 number 变量的地址，将用户输入的数字保存在 number 变量所在的内存空间中。具体请查阅 scan()函数要求。

(5)在递归函数 jie_Cheng 中，使用了 if-else 语句作为分支结构。n=1 时，为递归调用的边界条件，直接返回 1。如果 n>1，表示递归没有达到递归函数停止的边界条件，依然要计算(n–1)!得到 n! = n×(n–1)!的结果。

(6)阶乘程序例子的思路为将一个大规模的问题转换成为一个同等性质的小规模问题的求解，一直到 1!=1 这个明确的答案。随后，程序反向不断返回计算的精确值，直至 5!=5×4! = 5×24；通过明确 4!的结果来计算 5!。

6.4　函数定义、函数声明与函数原型

巧妇难为无米之炊，意思是再灵巧的媳妇没有粮食，也没办法制作出可口的佳肴。在 C 语言程序中，如果我们不自己定义和编制符合 C 语言语法规范的函数，就无法实现控制计算机所需要完成特定工作的目的。在定义与调用函数的过程中，需要注意函数声明与函数原型的不同。

函数定义，是指按照 C 语言的要求，用 C 语言命令集编写一个函数，以实现某种功能的要求。

函数原型，在函数声明时所书写的就是函数原型，即函数名、参数名，然后在后边增加一个分号(;)，格式为“函数名(参数列表)；”。参数列表有两种形式，一种是编写变量类型与变量名；另一种形式是只用罗列变量类型，不需要写出变量的名字。

函数声明，是指在调用函数前，使用书写函数原型的方式，将所要调用函数的使用规格、方法对编译器进行说明。当编译器碰到一个函数调用语句时，可以知道这个函数的名称、参数等使用方法规范。换句话说，在函数调用前对函数调用规范的说明就是函数声明。在程序中书写函数原型，其作用为函数声明。

说明：

(1)函数定义就是按照需求完整地书写一个符合 C 语言规范的命令集合。例 6.3 的程序中第 11～17 行为函数定义，给出了完整的函数名、函数参数列表、函数体及函数体中的语句。

(2)“int jie_Cheng(int n);”为函数原型。函数原型说明了函数的名称、参数类型、参

数个数、返回值类型。这些信息可以告诉编译器，当碰到函数调用时，所调用的函数的使用规范是什么？调用是否合乎要求，函数调用是否可以正常进行。对于参数列表的书写，可以不用书写变量的名字，例如，“int jie_Cheng(int);”也是正确的，因为编译器此时不关注变量的名字，只需要知道有一个参数，且该参数的数据类型为整型。对于有多个参数的函数，也如同一个参数一样，有两种书写方式；例如，有一个函数的作用是对三个数求和，三个参数的数据类型为整型，那么函数原型有两种写法：

```
add(int  firstParam,int  secondParam,int  thirdParam);
add(int, int, int);
```

(3) 函数声明就是在函数调用前书写函数原型，用来向编译器说明函数调用的规范。

(4) 在实际编程中，一般会将函数定义保存在不同的文件中，然后把函数原型写到头文件中(*.h)。需要调用函数的文件开头要使用宏命令将写有函数原型的头文件包含到主调函数所在的文件中，这样编译器编译的时候就知道调用其他文件中的函数所要遵循的规范是什么了。我们之前常用的#include<stdio.h> 就是宏命令，书写有这个宏命令的文件其实是将 stdio.h 这个文件包含到当前文件中。而 stdio.h 文件中定义了与标准输入/输出相关的函数原型，也就是对这些函数进行声明。有兴趣的读者可以到 tc 目录下找到 include 目录，然后找到 stdio.h 文件。打开 stdio.h 文件后，就会看到大量的函数原型，而函数实体的定义在其他地方已经完成编码了，只需要在调用的地方调用函数即可。例如，printf 函数在 stdio.h 头文件中的函数声明就写成了：

```
int printf(const char *_ _format, …);
```

这样编译器知道了 printf() 的使用规范，当主调函数中需要调用 printf() 函数时，编译器按照函数声明处的函数原型规范进行检查，通过验证后转入 printf() 函数体中运行，如图 6-6 所示。与宏命令相关的内容请查阅宏命令部分。

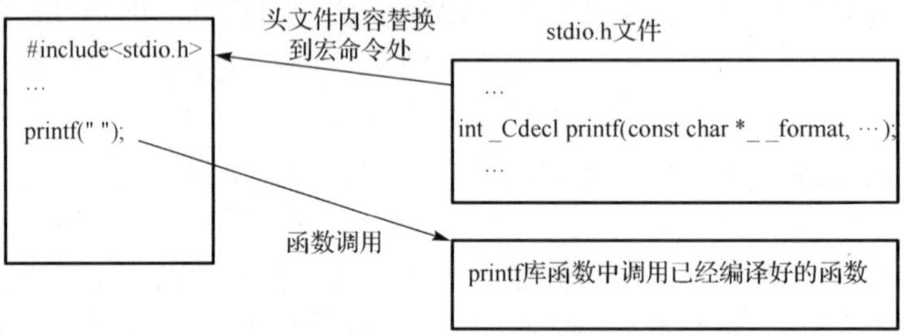

图 6-6　库函数使用

6.5　变量的作用域与变量的存储类型

在 C 语言中，根据变量的作用域和生命周期的差异，从不同的角度对变量进行分类；这种分类清晰地表达了变量的存储形式和作用范围(作用域)。按程序运行过程中数据存储区域的不同，将变量分为动态存储方式和静态存储方式；根据变量作用范围的不同，将变量分为全局变量和局部变量。

6.5.1　全局变量和局部变量

全局变量和局部变量是 C 语言中重要的知识点之一，搞清楚它们的概念和区别，对程序开发中，有效组织变量的有效使用范围十分重要。

1. 局部变量

在一个函数中定义的变量是局部变量，它在这个函数中可以被访问和使用。

针对图 6-7 说明：

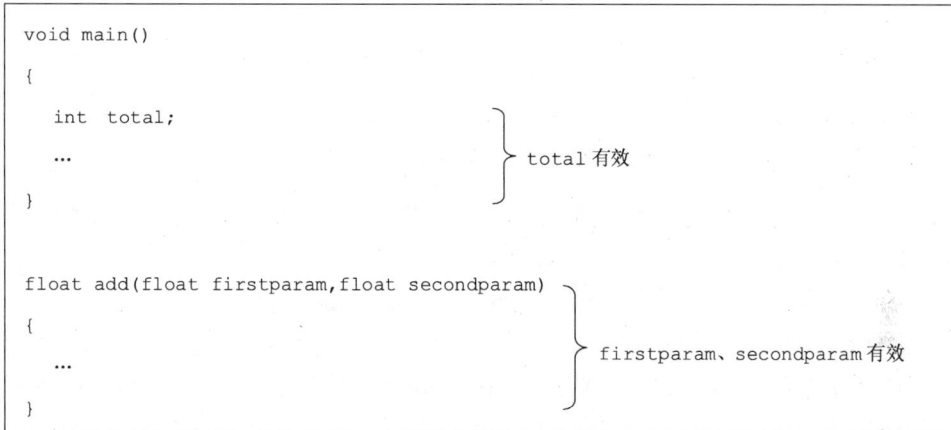

```
void main()
{
   int  total;          } total 有效
   …
}

float add(float firstparam,float secondparam)   } firstparam、secondparam 有效
{
   …
}
```

图 6-7　局部变量作用范围

(1) 在 main() 函数中定义了一个数据类型为整型的 total 变量，从这个变量定义的那一刻起，一直到 main() 函数结束(函数体结束的花括号前)，total 变量均可以使用。需要强调的是，total 虽然在 add() 函数之前定义，但是 total 的有效适用范围截止到 main() 函数结束(函数体结束的花括号前)，不会扩展到 add() 函数中。main() 函数虽然是主函数，但是在 main() 函数中定义的变量依然是局部变量，作用域限制在 main() 函数体中。

(2) 在函数首部 add(float firstparam,float secondparam) 中定义了两个参数，它们分别是 firstparam 和 secondparam，且同为单精度浮点型变量。当 add() 函数运行时，系统在内存中为 firstparam 和 secondparam 分配空间，然后将实参中对应的数据复制到内存的形参空间中保存。firstparam 和 secondparam 两个变量属于依附于函数 add() 的形参变量，它们的有效作用范围为 add() 函数开始至 add() 函数结束(add 函数体内有效)。当 add() 函数运行结束后，系统收回 firstparam 和 secondparam 变量所占据的内存空间，它们也就无法再次被使用。

2. 复合语句中的局部变量

复合语句中也可以定义变量，其在复合语句范围内有效。

针对图 6-8 说明：

(1) 在 main() 函数中，有一对花括号{}定义的代码片段，这个片段就是复合语句。示例程序在复合语句中定义了整型变量 b 和 c，同时在复合语句的边界内(一对花括号所包含的范围)，这两个变量可以正常使用，当程序运行脱离的复合语句的边界后，b 和 c 无效。

```
#include<stdio.h>
void main()
{
   int a,b;
   …
   {
      int b,c;
      …
      a = b+c;
   }
}
```

c 有效范围
内层 b 有效范围

a 有效范围
外层 b 有效范围

图 6-8　局部变量屏蔽同名的全局变量

(2) 在 main() 函数中，函数开始定义了两个整型变量 a 和 b，这两个变量的作用范围为 main() 函数体内。

(3) main() 函数的函数体内有两个变量 b，一个在 main() 函数开始位置定义，另一个在 main() 函数体内的复合语句内定义。这两个同名变量在使用时分别有不同的有效范围：复合语句中定义的变量 b 仅在复合体中有效；在 main() 函数开始处定义的变量 b，其作用范围为除复合语句范围内的 main() 函数体内；在复合语句内由于有同名变量 b，所以复合语句内屏蔽复合语句外定义的同名变量 b 的使用。

3. 全局变量

全局变量与局部变量最大的不同是，全局变量作用范围比局部变量更大。一般来说，在函数内或复合语句内定义的变量为局部变量，在此之外定义的变量称为全局变量。全局变量常见于程序文件的开始处。全局变量与局部变量作用范围比较如图 6-9 所示。

```
#include<stdio.h>
int rate = 2, age = 20;
float tall =10.5;
float average(float param)
{
   …
}
double classify = 1.1;
void main()
{
   int number = 2;
   …
}
```

局部变量 param
有效范围

全局变量 rate、age
有效范围

局部变量 number
有效范围

全局变量 classify
有效范围

图 6-9　全局变量与局部变量作用范围

6.5.2　变量的存储类型

C 语言程序从变量作用域(有效使用范围)来划分，可以将变量分为全局变量和局部变量。如果按变量存储方式来分，还可以将变量分为**静态存储方式**和**动态存储方式**。

在介绍静态存储方式和动态存储方式之前，先看一下系统对内存布局的分配方式。系统为了更好地使用内存空间，将用户区域分为程序区、静态存储区、动态存储区，如图 6-10 所示。

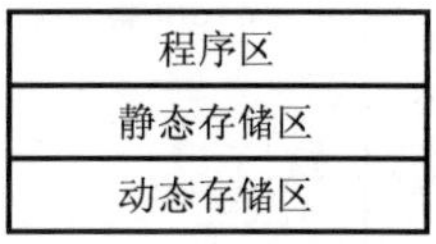

图 6-10　用户区域划分

程序区存储编译好的二进制指令集。**静态存储区**用于存放全局变量。**动态存储区**用于存放局部变量。

C 语言中，以数据在内存中的存储位置为依据，可将变量分为静态存储方式和动态存储方式。

静态存储方式是指程序运行过程中，系统分配固定的存储空间的方式。动态存储方式是指程序运行过程中，根据运行状态的需求临时地、动态地为程序分配存储空间的方式。

程序与数据都保存在内存中，但根据变量类型的不同，一些变量中的数据保存在静态存储区，另一些保存在动态存储区。

程序运行时，将全局变量数据保存到静态存储区，当程序运行完毕后，全局变量占用的静态存储区被释放，变量不再有效。

局部变量的数据在程序运行的过程中，随着函数的调用、复合语句的运行，系统本着“需要内存空间时才分配空间”的原则，动态地在动态存储区分配存储空间。当函数运行完毕、复合语句执行完毕后，在其中申请的变量空间立即释放，变量不再有效。除局部变量外，自动变量、函数调用的现场保护和返回地址等数据，也保存在动态存储区中。

除了上述变量存储区域选择方式，还可以使用关键字指出变量的存储方式。这些关键字分别是 auto(动态变量)、extern(外部变量)、static(静态变量)、register(寄存器变量)。

1. auto 类型变量

在 C 语言中，函数中的局部变量和函数内部没有明确指明存储类型的变量都按自动变量处理。

```
void f()                        void f()
{                               {
   int a;                          auto int a;
}                               }
```

示例代码中“int a;”与“auto int a;”是等价的，都是属于动态存储方式在动态存储区保存该变量中的数据。

2. extern 类型变量

在函数外部定义的变量都为全局变量，其作用范围从定义处有效，到该程序文件的结束处失效。如果在全局变量前增加 extern 关键字，可以扩大该变量的有效范围(对于不同文件全局变量定义使用该关键字，可将变量作用域扩展到其他文件中)。

图 6-11 中，全局变量的有效范围从定义 a、b 变量一直到文件结束均有效。图 6-12 中，程序在第 2 行增加了“extern int a,b;”语句，扩展了全局变量的有效范围。

```
#include<stdio.h>

void main()
{
  …
}
int a,b;

int fun(int x,int y)
{
   …
}
```

全局变量 a、b 有效范围

图 6-11　未使用 extern 的全局变量

```
#include<stdio.h>
extern int a,b;
void main()
{
  …
}
int a,b;

int fun(int x,int y)
{
   …
}
```

全局变量 a、b 有效范围

图 6-12　后全局变量

在不同文件中，扩大全局变量的有效范围：示例(图 6-13)代码分别保存在 main.c 和 fun.c 两个文件中，它们同属于一个项目。由于 fun.c 文件中定义了“extern int a,b; extern float c;”，所以文件 main.c 中的全局变量的作用范围就扩展到了 fun.c 文件中。

```
#include<stdio.h>
int  a,b;
float  c;
void main()
{
   …
}
```

main.c

```
extern int a,b;
extern float c;

void check(int x,int y)
{
   a = x;
   b = y;
   c =x/y;
}
```

fun.c

图 6-13　外部引用

3. static 类型变量

Static 第一种用法：变量声明时，如果明确定义了 static 关键字，就意味着这个变量属于静态存储方式，其数据保存在静态存储区中，在程序运行结束前，该空间不被释放。

【例 6.4】　局部变量定义为 static 示例。

程序设计如下：

```
#include<stdio.h>
void main()
{
```

```
  int  i;
  float check(float);  /*函数原型,可以不写形式参数名,但形参类型必须写*/
  double firstParam=0.0;
  for(i=0;i<=3;i++, firstParam+=1)   /*每运行一次,让 firstParam 的值增加 1*/
  {
   printf("result is %f",check(firstParam));
  }
}

float check(float x)
{
   static float c;
      /*静态局部变量,该变量不随函数结束而消亡,上一次在变量中的值会影响下一次的运算*/
   c = x+c;      /*x 与上一次函数运行保存在 c 中的值相加后,更新 c 变量中的值*/
   x= x+ c +2;
   return x;
}
```

程序运行结果如下：

```
result is 2.000000
result is 4.000000
result is 7.000000
result is 11.000000
```

示例程序中，使用“static float c;”语句。该语句除了说明 c 是单精度浮点型变量外，还使用 static 指出变量 c 为静态变量，使用的是静态存储方式，其数据保存在静态存储区中，在整个程序运行结束前，该空间不释放(存储空间中的值一直有效)，当函数再次执行时，上一次保存在变量 c 中的数值会参与本次运算，对本次运算的结果产生影响。如果没有 static 关键字定义，则说明 c 是一个单精度浮点型变量，该变量属于动态存储方式，数据保存在动态存储区中，虽然整个程序还没有运行结束，但当 check 函数结束后，立即释放 c 变量所占据的空间。

对此示例程序需要强调的是：由于“static float c;”定义在函数 check()中，所以变量 c 只能在函数 check()中使用，不能在 check()函数以外的地方使用。

static 的第二种使用方法：在定义全局变量时。在介绍 extern 时讲过：全局变量的作用范围是从定义处开始，到文件结束停止；如果其他文件对该全局变量使用 extern 关键字，则该全局变量的作用范围扩展到其他文件。但如果限制某个全局变量的作用范围只能限定在该变量所在的文件中，就需要使用 static 关键字定义全局变量，其含义为，该全局变量只能作用到所在文件，禁止其他文件扩展该全局变量作用范围。如果其他文件使用了 extern 关键字扩展使用 static 定义的全局变量，编译时将报错。

示例程序(图 6-14)中，main.c 文件中定义了两个全局变量，其中变量 b 使用了 static 关键字修饰。在 pro_1.c 文件中，欲使用“extern int b;”将 main.c 文件中的全局变量 b 的作用域扩展到 pro_1.c 中，但由于在 main.c 文件中，全局变量 b 使用了 static 关键字(禁止其他文件使用和扩展该全局变量的作用域)，所以 pro_1.c 文件中的“extern int b;”语句在编译时不通过。在 pro_2.c 文件中，“extern int a;”语句可以扩展 main.c 中的全局变量 a 的作用域。

```
#include<stdio.h>
int a;
static int b;
void main()
{
  …
}
float check(float param)
{
  …
}
```

main.c

```
extern int b;   /*此处编译错误*/
 int  read_bool(char x)
{
  …
}
```

pro_1.c

```
extern int a;   /*扩展了全局变量 a 的
                 作用范围*/

void logicl(int a[],int i)
{
  …
}
```

pro_2.c

图 6-14　文件清单

通过 static 关键字对全局变量的定义，可以避免出现其他人写的文件里有同名的全局变量引用，从而达到限制该全局变量作用域的目的。

4. register 类型变量

在程序运行过程中，某个变量的使用频率如果非常高，为了避免读取消耗的时间，可以使用 register 关键字指定变量保存在 CPU 的寄存器中。由于 CPU 中的寄存器有限，所以不能无限制地定义寄存器存储类型的变量。

【例 6.5】　寄存器变量。

程序设计如下：

```
 #include<stdio.h>
void main()
{
  float a =1.1,i;
  register double result =1;   /*寄存器类型变量*/
  for(i=1;i<1000;i++)
      result += a;
  printf("result is %f",result);
}
```

程序运行结果如下：

```
result is 1099.900024
```

强调：只有局部自动变量和形式参数可以作为寄存器变量，全局变量和局部静态变量不能用作寄存器类型变量。

6.6　参数传递机制

6.6.1　普通变量值传递

当我们要使用函数的时候，也就是要调用一个函数时，即可获得这个函数提供的功能。对于一些函数，运行它的时候不需要给它传递任何数据，就能完成特定的功能。换句话说，我们不需要给它输入什么数据，也就是说它完成某种功能也不需要任何数据的输入。

还有另外一种函数，当我们需要它运行的时候，必须给它提供输入数据，它才能对输入数据进行处理。这样的函数就涉及调用时候的值传递问题。我们所熟悉的 sin(x) 就是这样的运行原理。如果需要正弦函数运行，就必须给它传递一个待运算的输入数据，经过运算后正弦函数就会把与输入数据相对应的处理结果返回给我们。

在这个过程中，涉及一个 C 语言的重要知识点，下面通过例子说明该知识点。

【例 6.6】　自定义函数定义与调用。

程序设计如下：

```
#include<stdio.h>
//----------------------自定义函数---------------------------
//功能：实现两数相加,并且返回运算后的结果
//------------------------------------------------------------
int add(int firstPara,int secondPara)
{
    int result = 0;
    result = firstPara  +  secondPara;
    return  result;
}
void main()
{
    int  para1,para2,total = 0;
    printf("please input two number\n");
    scanf("%d,%d",& para1,& para2);
    total = add(para1, para2);
    printf("%d + %d =%d", para1, para2,total);
}
```

程序运行结果如下：

```
please input two number
190,200
190 + 200 = 390
```

例 6.6 的程序包含两个函数，一个是自定义的 add()函数，另一个是主函数(程序入口函数)。这里特别强调一个知识点：自定义函数在主调函数之前定义(add 函数在 main 函数之前已经定义了)，故在 main 函数中不需要再次声明了。编译器同我们看书一样，由前到后编译程序，当编译到 main 函数内部调用函数的语句“total = add(para1, para2);”时，编译器已经知道了 add 函数的使用规范，故编译器可以正常进行编译。

自定义的 add 函数和主函数 main 的意义我们不再陈述。这里我们需要讲解函数调用过程中的值传递机制。

当主函数运行后，程序要求用户输入两个整型数据，随后调用 add 函数。在调用 add 函数的时候，主函数将 para1 变量中的数值传递给 add 函数中的 firstPara 变量，将 para2 变量中的数值传递给 add 函数中的 secondPara 变量。

在内存中，数据的传递形式如下。

假设用户输入的两个数分别是 2 和 3，在内存中 2 保存在 para1 变量中，3 保存在 para2 变量中，如图 6-15 所示。

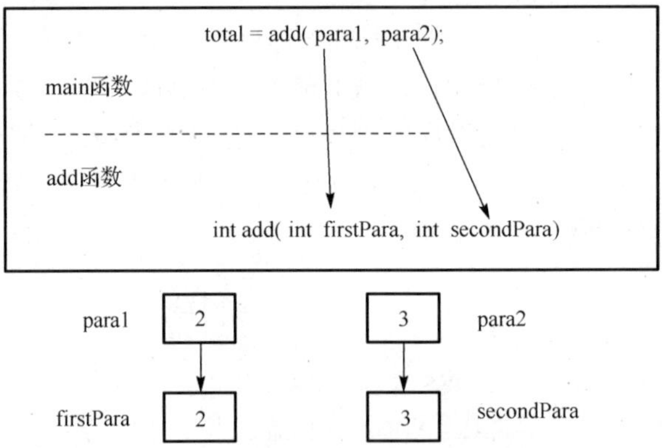

图 6-15　实参向形参传递数据

从主调函数中调用被调函数，需要把待计算的数据传递给被调函数。数据传递按照主调函数(主调函数可以理解为：一个函数命令其他函数开始工作，发出对其他函数调用命令的函数称为主调函数，被命令执行的函数称为被调函数)中实参(para1, para2)书写的顺序，依次向被调函数中形式参数列表中的变量进行数据传递。在这个传递的过程中，仅仅是将主调函数中实参的数据复制给被调函数对应形参的一个副本。若 add 函数中对形参变量中的数值进行其他处理，也不会影响到主调函数中实参变量中的值。例如，如果 add()函数对 firstPara 变量中的 2 进行操作，仅仅是 firstPara 变量中的数值发生了变化，不会影响到 para1 变量中的数值。

6.6.2　数组名作为函数参数的传递

前面所描述的函数参数是简单变量(基本数据类型)的使用。使用简单数据类型，需要将实参列表一一对应地向形参传递，这种情况参数传递数据的个数是明确的。现实编程中，我们可能会碰到调用函数时，需要传递数据个数不确定的实参到调用函数中进行处理，此时就需要另外一种形式的参数，即数组名作为参数的参数传递。

先来看一个例子，要实现求学校每一个班学生大学英语四级考试平均成绩的程序。分析一下，求平均分数需要将一个班的所有学生的成绩加在一起，然后除以这个班的总人数。经过分析，我们可以专门设计一个算法，通过算法指导编写一个函数来处理这个问题。但是难点出现了，之前我们看到的参数都是有明确个数的，而大学每个班里的学生的个数是不确定的，如何通过一个函数接收这些学生的成绩，然后求平均值呢？答案是使用数组名作为参数传递每个班所有学生的成绩。

C 语言规定，C 语言函数调用中，可以把数组名作为参数传递给被调函数。数组名是一个常量，这个量值就是数组首地址，换句话说，数组名就是一个指针常量。

为什么 C 语言传递数量可变的参数要使用数组的方式进行呢？下边给出一段具体的函数代码，然后分析这个程序运行的真实情况。图 6-16 演示了其中的运行原理。

【例 6.7】　数组名作为参数传递。

程序设计如下：

```
#include<stdio.h>
double pingJunChengJi(double student_arr[10] , int number)
void main()
{
 int i;
 double temp=0.0;
 double student[10]={0.0};
 double result=0.0;
printf("\n please input student info: ");
 for(i=0;i<=99;i++)
{
  scanf("%lf",&temp);
  if(temp<0.0)
      break;
  else
      student[i]=temp;
}
result = pingJunChengJi(student,i);
printf("\n result is : %f",result);
}
//-----------------------------------------------------------------
//每个班级学生平均成绩计算
//student_arr 是保存的学生成绩数组，约定每个班不超过 10 人
//number 中保存的是数组中有几个元素是有效数据
//-----------------------------------------------------------------
double pingJunChengJi(double student_arr[100], int number)
{
 int i ;
 double  total = 0.0 , result = 0.0;
 for(i = 0 ; i < number; i++)
 {
  total = total + student_arr [i];
 }
 result = total/number;
```

```
30    return result;
31  }
```

程序运行结果如下：

```
please input student info : 1.2
2.1
3.6
2.5
1.7
3.0
2.7
2.5
1.9
2.8
result is : 2.400000
```

先说明数组名作为函数参数传递的原理，然后解释程序。如图 6-16 所示，程序运行的主体流程是主函数先运行，然后主调函数调用被调函数，被调函数获得运行权，被调函数运行结束后返回主调函数，运行权返回主调函数后，主调函数继续运行，直至结束。

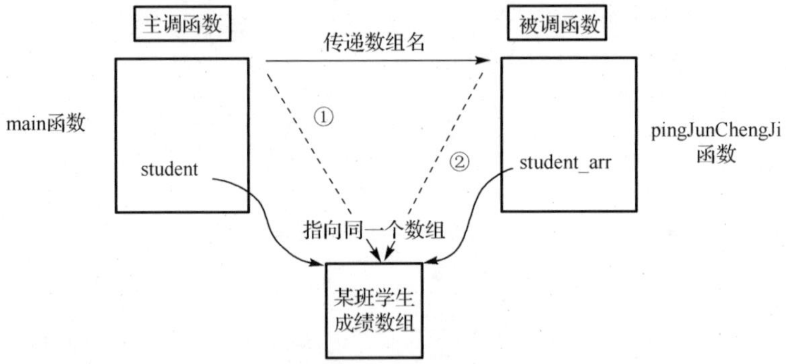

图 6-16　函数调用时数组名作为参数运行机制

主函数运行时，在程序代码第 7 行，定义数组 student[10]，该数组的名称是 student，数组类型为双精度浮点型，这个数组中一共有 10 个元素，也就是可以存储 10 个双精度浮点型数据。在定义数组的同时，系统会在内存中开辟一个 8×10 字节的连续内存空间，用来存储数据。开辟数组空间的过程可见图 6-16 中步骤①箭头所示意的过程。当系统成功开辟内存空间作为数组空间后，数组名 student 就代表了数组空间第一个元素的地址，也就是数组首地址。

程序第 10～16 行处理接收用户随机输入的成绩。在接收成绩时，数组最多接收 10 个学生的成绩，如果一个班的学生没有 10 人，可以输入小于 0 的数字代表成绩输入完毕。输入过程中，使用变量 i 记录这个班的学生人数。

在程序第 18 行，出现函数调用语句 result = pingJunChengJi(student,i)的含义分别是：result 变量用来存储经过计算后的全班学生的平均成绩。“pingJunChengJi(student,i)；”是调用平均成绩计算函数的语句，其中 student 是数组名，代表数组的首地址，i 变量中记录的是数组中有多少个学生的成绩。调用计算平均成绩函数后，student 所代表的地址值传递给形参中的 student_arr 变量，也就是在 pingJunChengJi 函数中，有一个变量 student_arr 也指向了主函数 student 所指向的内存空间(图 6-16 中②)，即 student 和 student_arr 指向同一个数组，所以此处的函数调用依然遵循由实参向形参按值传递的原则进行数值传递。形参属于局部变量，被调函数运行结束后，变量空间立即释放，也就是当 pingJunChengJi 这个函数运行结束后，student_arr 这个变量就从内存中销毁。由于这个程序没有对数组进行修改操作，如果进行修改操作，即使 student_arr 随着 pingJunChengJi 函数运行结束而销毁，pingJunChengJi 函数对数组的操作在 main 函数中也可以看到(由于 student_arr 与 student 指向同一个数组，操作的是同一段内存中的数字)。

对于示例程序，主函数所关注的数组也是被调函数要计算的数组，经过计算后，被调函数返回的计算结果就是主函数所预期得到的研究对象数组中的平均值。

6.6.3　指针变量作为函数参数的传递

指针变量中存储的是内存的地址，它可以作为参数在函数调用时进行传递。若指针变量作为参数，主调函数与被调函数将指向同一内存地址。

在函数调用中，使用指针变量与使用整型变量作为参数，需要搞清楚它们的不同。函数调用依据值传递的原则，指针变量参数传递的是变量地址，整型变量参数传递的是实参变量中的值。两种类型参数的不同如图 6-17、图 6-18 所示。

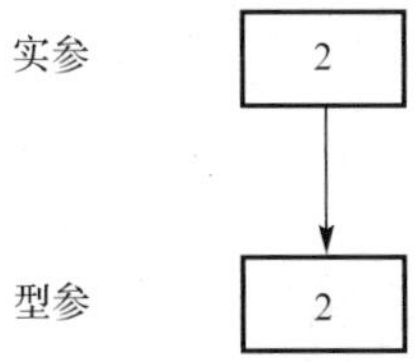

图 6-17　整型变量作为参数

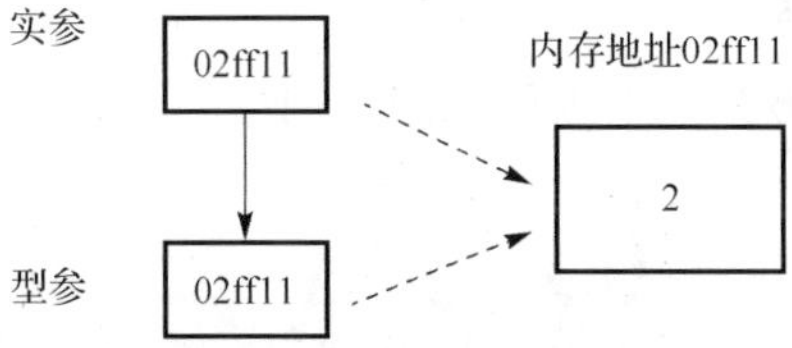

图 6-18　指针变量作为参数

整型变量作为参数，形参变量中的数值是对实参变量中的数值进行拷贝，而被调函数只能对形参变量中的数值进行处理，函数运行完后，必须通过返回值的方式，将处理结果告知主调函数，否则主调函数无法得知处理结果。

指针变量作为参数，传递的是变量的地址，主调函数与被调函数都可以对所指向的变量进行操作。当被调函数对地址为 02ff11 内存空间中的数值进行操作后，无需 return 语句，主调函数也能通过 02ff11 的内存地址，读取到处理后的数值。字符类型、浮点类型作为参数传递，运行原理与整型传递方法一致。

在例 6.7 中，计算平均成绩函数的参数采用了数组的形式，其运行机制的实质是传递数组首地址。根据这一原理，我们可以把形参从数组的形式改成指针的形式：double pingJunChengJi(double *student_arr, int number)。在访问数组时，数组下标方式和指针方式可以互换，所以例 6.7 中，仅改变计算平均成绩函数的型参，不改变函数体中的代码，程序依然可以正确运行。需要强调的是，参数改变，函数声明也要随之改变。

6.7　库函数的使用

C 语言开发环境为我们提供了一些具有共性、基础性功能的函数，这些函数不需要我们另外编写代码，只需在使用的时候调用即可。在本部分内容中将介绍库函数的调用方法。

当需要使用某些基础性功能，如数学函数、时间函数、字符串处理函数时，请先查找本书附录 C，查看是否有需要的函数。C 语言开发环境已经将编写好的函数首部以固定的分类方式组织在不同的头文件中(后缀名为.h 的文件)，例如，printf()、scanf()函数的首部就在 stdio.h 文件中声明。

当程序要使用某个函数时，请在程序文件的开始处使用#include<xxx.h>宏命令，将所要调用函数所在的头文件包含到当前文件里，然后在需要调用函数的地方，按函数首部要求的规格调用该函数。

例如，程序需要计算 sin()的值，首先查找附录 C，我们查找在附录 C 中数学头文件 math.h 中有 sin()函数原型。在要调用 sin()函数的文件开始处，使用#include<math.h>将 math.h 文件包含到当前文件中，随后在需要使用 sin()函数的地方，按照 sin()函数首部要求的方法进行系统函数调用。

函数名称：正弦函数

函数原型：

```
double sin(double x)
```

功能：正弦函数计算后，返回值为一双精度浮点类型数据；函数形参为双精度浮点型数据。

【例 6.8】 库函数 sin()的使用。

程序设计如下：

```
#include<stdio.h>
#include<math.h>      /*引入数学库函数 math.h 为数学库函数文件*/
void main()
{
   double x,y;
   printf("please input value:\n");
   scanf("%lf",&x);   /*由于 scanf()参数规定,对 double 使用%lf*/
   y = sin(x);
   printf("\n sin(%f) = %f",x,y);
}
```

程序运行结果如下：

```
please input value:
32.1
sin(32.100000) = 0.631955
```

6.8 程序设计

本程序实现数字累加求和。用户可以输入 0～100 范围内的任意一个整数，程序动态对用户输入的数从 0 到该数累加求和。

例如，用户输入 50，则计算 0+1+2+3+…+50。

【例 6.9】 用户输入一个大于 0 小于 100 的数，计算从 0 累加到这个数的和。

程序设计如下：

```
#include<stdio.h>
int add(int range);      /*函数声明*/
void main()
{
   int result,i;
   printf("\n please input total range: ");
   scanf("%d",&i);      /*接收用户输入*/
   if(i>=0 && i<=100)  /*校验输入数字是否在规定范围内*/
      result = add(i);
   else
      printf("\n the data that you type is error");
      /*输入数据不符合要求,则输出提示*/
   printf("total is %d",result);  /*输出计算结果*/
}
int add(int range)       /*函数定义*/
{
  int result = 0,i;
  /*此处为局部变量,与main()函数中的同名变量分别保存在内存不同位置*/
  for(i=0;i<=range;i++)   /*累加算法核心代码*/
     result += i;
  return result;          /*返回计算结果*/
}
```

程序运行结果如下:

```
please input total range : 80
total is 3240
```

习　题　六

一、填空题

1. C语言中的函数可以分为____________函数和____________函数。

2. 按存储方式分类，变量的存储方式可分为____________方式和____________方式。

3. main()函数被称为____________函数。

4. 在自定义函数中定义的变量“static int a;”，从存储方式上分类，它属于____________方式的变量。

5. C语言函数参数传递有两种方式，分别是____________和____________。

6. C语言库函数保存在以____________为后缀名的文件中，该文件被称为____________文件。

7. 读程序，完成空缺位置的内容填充。

```
#include<____________>
_________________________
void main()
{
  print_star();
}
```

```
void print_star( )
{
  printf("******");
}
```

8. 读程序，完成空缺位置的内容填充。

```
#include<stdio.h>
______________________;
void main( )
{
  int  arr[10],i;
  for(i=0;i<10;i++)
    printf(" array[%d] is %d",_____,add(arr[i]));
                              //add()数函数调用是__________形式
}
int  array_add(int value )
{
    returen value+1;    //return 的作用是__________
}
```

二、单选题

1. 在 main()函数中定义的变量“int a;”，在内存中使用的是(　　)存储方式。

   A)静态存储方式　　B)动态存储方式　　C)随机存储方式　　D)以上均不对

2. C 语言中，禁止文件 A 中的全局变量作用范围扩展到其他文件的关键字是(　　)。

   A)extern　　B)static　　C)auto　　D)register

3. 使用自定义函数时，以下说法正确的是(　　)。

   A)自定义函数可以调用 main()函数　　B)自定义函数可以调用库函数

   C)自定义函数不能调用自定义函数　　D)以上说法均不对

三、阅读程序，给出运行结果

```
#include<stdio.h>
int fun(int param)
{
   static int a=1;
   param += a++;
   return param;
}
void main()
{
  int a = 3,sum;
  sum = fun(a);
  sum += fun(a);
  printf("%d\n",sum);
}
```

程序输出结果是__________。

四、综合题

1．c 语言函数分为哪些类型？

2．函数调用过程中，函数调用有哪几种形式？

3．自定义函数的定义与声明的关系是什么？

4．函数的命名规则有哪些？

5．下列函数名称符合 C 语言要求的有哪些？

```
_main(), 1_#_ok(), check_logical(), add+sum(), give~total[]()
```

6．使用递归函数计算 10!。

五、编程题

实现功能：允许用户输入 0～100 范围内的任何数，程序计算从 0 到用户输入的数字区间内偶数的累加和(累加和部分使用自定义函数实现)。

第 7 章　字符串处理

字符串处理是程序设计语言中的重要部分，也是实际程序设计中必须面对的重要内容。但在 C 语言编译系统中，没有设置字符串数据类型，当要进行字符串处理时，需要用字符数组的形式变相处理。因此，本章首先需要介绍字符、字符常量、字符变量、字符一维数组等概念，再在字符一维数组的基础上，针对字符处理中不同字符串处理方法，介绍了几个重要的字符串处理函数。最后，用两个例子说明字符串处理的应用。

7.1　字　　符

7.1.1　字符常量

在 C 语言中，一个字符常量代表 ASCII 字符集中的一个字符，可以参与任何整数运算以及关系运算。字符常量是用单引号括起来的字符，分为普通字符和转义字符两种。其中普通字符是用单引号括起来的一个字符，如'b'、'y'、'?'等。在计算机中，字符常量是以其 ASCII 代码存储在存储单元中。而转义字符是一种以反斜杠开始的特殊形式的字符常量，将反斜杠后面的字符转换成另外的意义。C 语言中常用的转义字符见表 7-1。

表 7-1　C 语言中常用的转义字符表

字符	作用	字符	作用
\n	换行	\\	反斜杠 (\)
\t	横向跳格	\'	单引号
\v	竖向跳格	\"	双引号
\f	换页	\ddd	3 位八进制数
\r	回车	\xhh	两位十六进制数
\b	退格 (Backspace)	\0	空值 (ASCII 码值为 0)

在表中，转义字符还可以用字符的ASCII码表示，即用反斜杠 (\) 开头，后跟字符的 ASCII 码，这种方法也称为转义序列表示法，具体有两种形式，其一是用字符的 ASCII 码的八进制表示，即\0dd，0dd 是八进制值 (0 可以省略)；另一种是使用字符的 ASCII 码值十六进制表示，即\xhh，hh 是两位十六进制值。

例如，'A'、'\101'和'\x41'都表示同一个字符常量。

转义序列表示法还可以用来表示一些特殊字符，用来显示特殊符号或控制输出格式。

注意：

(1) C 语言区分大小写，单引号中的大小写字母代表不同的字符常量，例如，'A'与'a'是不同的字符常量。

(2) 单引号中的空格符也是一个字符常量。

(3) 字符常量只能包括一个字符，所以'ab'是非法的。

(4)字符常量只能用单引号括起来，不能用双引号。

(5)转义字符常量只代表一个字符，如'\n'、'\101'。

(6)反斜杠后的八进制数可以不以 0 开头，十六进制数只能由小写字母 x 开头。

7.1.2　字符变量

字符变量就是用来存放字符的变量，在内存中占 1 字节。当把一个字符放入字符变量中时，字符变量的值就是该字符的 ASCII 码值，所以字符变量可按整型变量来处理。

在 C 语言中，字符变量用关键字 char 来定义，其一般形式如下：

```
char Var_list;
```

其中，Var_list 为变量表，由一个变量标识符或多个用逗号分隔的变量标识符组成。例如：

```
char  a;
char  c,d,e;
```

都是合法的字符变量定义语句，说明 a、c、d、e 都是字符变量。另外，也可以在定义字符变量的同时给变量赋初值。例如：

```
char  alpha='a';
```

就在将 alpha 定义为字符变量的同时，使其初值为 a。

7.2　字　符　串

7.2.1　字符串表示

字符串常量是由双引号括起来的一串字符，这些字符可以是字母、数字、专用字符、转移字符等。例如，"Hello!"、"C Programming"、"ax+by=c"都是合法的字符串。但是，在 C 语言中，没有字符串数据类型，字符串是用字符型一维数组实现的。其一般形式如下：

```
char  Array_name[constant];
```

其中，Array_name 为数组的合法标识符，constant 为一个整型常量。例如：

```
char  slogan[5];
```

就定义了长度为 5 个字符的字符串。C 语言规定，在每个字符串的末尾自动加上一个字符'\0'作为字符串结束标志(注意，'\0'占用存储空间但不计入字符串实际长度)。两个连续的双引号(" ")也是一个字符串常量，称为空串，占 1 字节，该字节用来存放'\0'。例如，用字符型一维数组存放字符串"This is a book."时，必须先说明一个字符数组，然后将字符串存入数组，即

```
char  slogan[]="This is a book.";
```

字符串"This is a book."在计算机中的存储形式见图 7-1。

T	h	i	s		i	s		a		b	o	o	k	.	\0
slogan[0]	slogan[1]	slogan[2]	slogan[3]	slogan[4]	slogan[5]	slogan[6]	slogan[7]	slogan[8]	slogan[9]	slogan[10]	slogan[11]	slogan[12]	slogan[13]	slogan[14]	slogan[15]

图 7-1　字符串的存储形式

可以看出，一个字符串可以保存在一个字符数组中。同样的道理，多个字符串可以保存在一个二维字符数组中，二维字符数组可以看作多个一维字符数组，每一维都是一个字符数组。一个 m×n 维的字符数组包含 m 个字符串，每个字符串的字符个数最多为 n 个(包含字符串结束标志'\0')。例如，计算机中常用的 6 种程序设计语言可保存在一个 language 字符数组中，language 的定义和赋初值的语句如下：

```
char  language[6][8]={"VC++","Java","VB","Pascal","Prolog","Fortran"};
```

字符数组 language[6][8]在内存中的存储形式见图 7-2。

Language[0]	V	C	+	+	\0			
Language[1]	J	a	v	a	\0			
Language[2]	V	B	\0					
Language[3]	P	a	s	c	a	l	\0	
Language[4]	P	r	o	l	o	g	\0	
Language[5]	F	o	r	t	r	a	n	\0

图 7-2　二维字符数组 language 的存储形式

从图 7-2 可以看出，language 数组可以看作 6 个一维字符数组 language[0]、language[1]、language[2]、language[3]、language[4]和 language[5]，每个数组最多包含 8 个字符，包括字符串结束标志'\0'。

7.2.2　字符串初始化

在定义一个字符串时，可以给字符数组赋初值。其赋初值有两种形式，即字符赋值和字符串赋值。

1. 字符赋值

逐一为字符数组中各个元素赋值。例如，要把字符串"This is a book."存入字符数组 slogan 中，可用如下语句实现：

```
char  slogan[15]={'T','h','i','s',' ','i','s',' ','a',' ','b','o','o','k',
'.'};
```

或

```
char  slogan[]={'T','h','i','s',' ','i','s',' ','a',' ','b','o','o','k',
'.'};
```

注意：这种初始化没有将结束标记存入数组中。

2. 字符串赋值

将一个完整的字符串直接赋给字符型数组，这种方法比较简单。例如，上面的赋值操作可通过下面几种形式实现：

```
char  slogan[]={"This is a book."};
```

或

```
char  slogan[16]={"This is a book."};
char  slogan[16]="This is a book.";
char  slogan[]="This is a book.";
```

注意：这些初始化自动插入字符串结束标记。

7.3　字符串的输入与输出

7.3.1　字符串输入

除了可以使用字符串赋初值的方法将字符串存入字符型数组之外，还可以用 scanf() 函数输入字符串。scanf() 函数输入字符串的一般形式如下：

```
scanf("%s",&Array_name);
```

其中，%s 为字符串输入的格式，Array_name 为字符型数组的标识符。当 Array_name 为一维数组时，前面的地址符号&可以省略。

在使用 scanf() 函数输入字符串时，有两点必须注意：其一，因空格作为 scanf() 函数字符串输入的结束标志，所以输入的字符串中不允许包含空格；其二，输入的字符串不需要用双引号括起来。

除了可用 scanf() 函数输入字符串之外，C 语言还提供了专用的字符串输入函数 gets()。gets() 函数的一般形式如下：

```
gets(Array_name);
```

gets() 函数可从键盘上读取包括空格在内的全部字符。

7.3.2　字符串输出

在 C 语言中，当把字符串作为一个完整对象时，可通过 printf() 函数和 puts() 函数输出。printf() 函数的一般形式如下：

```
   printf("%s", Array_name);
```

注意：在 printf() 函数输出字符串时，空格不影响字符串输出的完整性。

另外，字符串也可通过 puts() 函数输出。puts() 函数的一般形式如下：

```
puts(Array_name);
```

除了以上两种常见的字符串输出方法外，如果将字符串看成一维字符数组，也可以在循环结构中嵌入字符输出语句，完成字符串的输出。

7.3.3　字符串输入/输出举例

为了进一步说明字符串的输入/输出方法，本节通过一个小程序说明字符串输入和输出的应用。

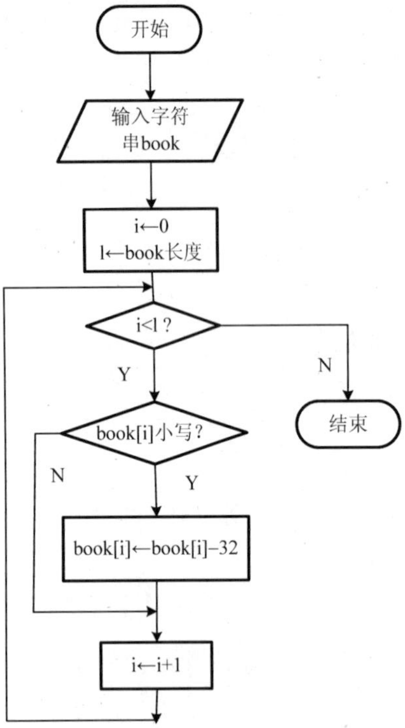

图 7-3　字符串中字符转换流程

【例 7.1】　利用字符串输入和输出方法，将用户从键盘上输入的小写字符串转换成大写字符串输出。

程序设计思想：本例主要让大家掌握简单字符串输入/输出方法。题目中没有对输入/输出作特殊要求，采用简单的 scanf()和 printf()就可以达到题目要求。另外，在题目中要求将输入的字符串中小写字符改为大写字符，这就要求先计算出字符串中的字符个数，再用循环从字符串中一一取出单个字符，并判断每个字符是否在 a～z 范围内，处于该范围之内的字符，就是小写字符，用该字符的 ASCII 码值减去 32，就转换成对应的大写字符了。在这里，求字符串中字符个数由 strlen()函数实现；判断小写字符用 if()实现，if()的条件为 ASCII 码值的 97～122；小写到大写的转换通过字符 c–32 实现。根据以上解题思想，设计的算法如图 7-3 所示。

程序设计如下：

```
#include"string.h"
#include"stdio.h"
void main()
{
    char book[20];
    int i,l;
    printf("Please enter a string:\n");
    scanf("%s",book);
    l=strlen(book);
    for(i=0;i<l;i++)
    {
        if(book[i]>=97&&book[i]<=122)
        {
            book[i]=book[i]-32;
        }
    }
    printf("The result is %s\n",book);
    getchar();
}
```

在程序中，book 是一个长度不超过 20 个字符的字符串。任意一个字符其大写字母的 ASCII 码值与其对应的小写字母的 ASCII 码值相差 32。例如，大写字符 A 的 ASCII 码的十进制值为 65，小写 a 的 ASCII 码的十进制值为 97，其值之差为 32，所以 book[i]= book[i]–32 就得到对应的大写字符。另外，因为英文字符是 26 个，其小写字符的 ASCII 码的十进制值为 97～122，所以 book[i]>=97&&book[i]<=122 指仅对字符串中的小写英文字符进行转

换，其他字符不变。程序中的 strlen()函数实现求字符串的长度，但这个函数定义在 string.h 文件中，因此，在程序的开始必须用#include "string.h"包含关于 strlen()函数的定义。string.h 文件中除了包含 strlen()函数的定义，还包含其他关于字符串处理函数的定义，其他函数在 7.4 节介绍。strlen()函数一般形式如下：

```
int strlen(Array_name);
```

其中，Array_name 为程序员定义的合法字符串标识符。strlen()函数的主要功能是求字符串 Array_name 中包含的字符数，返回值为整型值。

说明：strlen()函数定义在 string.h 文件中。因此，在有关字符串处理的程序中都要包含 string.h 文件。

因此，程序中的 strlen(book)是求字符串 book 的长度，for 循环是按照字符串的长度对 book 中的字符依次转换。程序中的 printf()函数将转换后的字符串输出。若用 puts()函数，也可起到同样作用。程序最后的 getchar()函数，等待从键盘上输入一个任意字符，在本例中的作用是程序执行到这句后，让用户查看程序执行结果。

程序运行后，当用户从键盘上输入"programming"后，其输出结果为"PROGRAMMING"。当输入"my book"后，其输出结果为"MY"，与希望的输出结果"MY BOOK"差别较大，其主要原因是在输入"my book"时，字符串中包含了空格，而 scanf()函数将空格作为字符串结束标志，真正输入到 book 中的字符串为"my"。为了避免出现这种情况，例 7.2 对该程序进行了必要的修改。

【例 7.2】 用 gets()函数改进例 7.1 的字符小写改大写的程序。

程序设计思想：在例 7.1 中采用了 scanf()函数的输入方法。但是当字符串很长，或字符串中包含空格时，scanf()函数会将空格作为分隔符，把一个字符串当作多个字符串处理。为了避免这种情况，本例采用 gets()函数输入字符串，其他处理方法与例 7.1 相同。

程序设计如下：

```
#include"string.h"
#include"stdio.h"
void main()
{
    char book[20];
    int i,l;
    printf("Please enter a string:\n");
    gets(book);
    l=strlen(book);
    for(i=0;i<l;i++)
    {
       if(book[i]>=97&&book[i]<=122)
       {
         book[i]=book[i]-32;
       }
    }
    printf("The result is %s\n",book);
    getchar();
}
```

说明：在例 7.1 和例 7.2 中，strlen()是 C 语言中计算字符串长度的标准函数，但是当字符串没有\0 结尾时，它会产生计算错误。为了避免出现这种情况，在 C 语言国际标准 ISO\IEC9899:2011(简称 C11)中，用 strnlen_s()函数计算字符串长度。strnlen_s()函数需要两个参数，即字符串的地址和数组的大小，返回字符串的长度。若字符串没有\0 结尾，函数就可以避免访问最后一个元素后面的内存。如果第一个参数是 NULL，就返回 0。如果在第二个参数值的元素个数中，第一个参数指定的字符串不包含\0 字符，就返回第二个参数值作为字符串的长度。

7.4　字符串的其他操作

7.3 节介绍了字符串输入、输出和求字符串长度函数，它们是字符串处理的最基本函数。除了这些函数之外，在 string.h 头文件中还包含大量的其他字符串处理函数。本节介绍几个常用函数，其他函数可参考 C 语言使用手册。

7.4.1　字符串复制

在 C 语言中，当需要将一个字符串赋值给另一个字符串时，不能用简单的“=”完成，必须用 string.h 中定义的 strcpy()函数实现。strcpy()函数将一个字符串赋值给另一个字符串，实际上就是字符串复制。strcpy()的一般形式如下：

```
char *strcpy(char *destination, char *source);
```

strcpy()带 destination 和 source 两个参数，都为字符串，其功能是将字符串 source 的值复制到字符串 destination 中，返回值为字符串 destination 的值。

【例 7.3】　把一个字符串"Book One\n"复制到另一个字符串中。

程序设计思想：本例主要说明字符串复制函数的使用方法。首先，设置两个字符串变量，一个为空字符串，另一个为具有初值"Book One\n"的字符串，然后，用 strcpy()函数将"Book One\n"字符串复制到空字符串中。最后，通过 printf()函数输出字符串复制的结果。

程序设计如下：

```
#include"stdio.h"
#include"string.h"
int main(void)
{
     char string0[10];
     char *string1="Book One\n";
     strcpy(string0, string1);
     printf("%s", string0);
     return 0;
}
```

程序的第 5 行定义了一个字符型一维数组 string0，可保存 10 个字符。第 6 行定义了一个字符型的指针变量 string1(有关指针的内容，可参考本书第 8 章相关章节)，指向字符串"Book One\n"，将字符串中第一个字符的地址赋给指针变量 string1，这是字符串初始化的简单方法。第 7 行用 strcpy()函数将字符串 string1 中的字符串"Book One\n"复制到 string0 中。最后，通过 printf()函数按字符串形式输出 string0。字符串 string1 中的\n 是回车换行。程序输出结果如下：

```
Book One
Press any key to continue
```

说明：标准函数 strcpy()把第二个参数指定的字符串复制到第一个参数指定的位置上，但不检查目标字符串的容量，这是函数 strcpy()的一种隐患。目前，在 C11 标准中引入的 strcpy_s()函数和 strncpy_s()函数可很好地解决这个问题。

C11 标准中的 strcpy_s()函数也可以把一个字符串变量的内容赋值给另一个字符串。其一般形式如下：

```
int  *strcpy_s(char *destination,int sizeof(destination),char *source);
```

其中，第一个参数指定复制目标，第二个参数是一个整数，指定第一个参数的大小，第三个参数是源字符串，指定目标字符串的长度。如果源字符串比目标字符串长，则该函数可避免覆盖目标字符串中最后一个字符后面的内存。正常情况下，该函数就返回 0，否则返回非 0 整数值。

另外，C11 标准中的 strncpy_s()函数可以把源字符串的一部分复制到目标字符串中。其一般形式如下：

```
int  *strncpy_s(char *destination,int sizeof(destination),char *source,int
              num);
```

在 strncpy_s()函数中添加了参数 num，可以至多复制指定的 num 个字符。前三个参数与 strcpy_s()相同，第四个参数指定从第三个参数指定的源字符串中复制的最大字符数。如果在复制指定的最大字符数之前，在源字符串中找到了\0，复制就停止，并把\0 添加到目标字符串的末尾。

7.4.2　字符串连接

字符串连接就是将一个字符串的头部接到另一个字符串的尾部，形成一个新的字符串。这在程序设计中是很常见的需求。例如，把两个或多个字符串合成为一条信息，就是字符串连接的具体应用。在程序中，将错误信息定义为几个基本的文本字符串，然后给它们添加另一个字符串，使之变成针对某个错误的信息。字符串连接通过 strcat()函数实现，其一般形式如下：

```
char *strcat(char *destination, char *source);
```

strcat()的两个参数 source 和 destination 都为字符串，其函数的功能是将字符串 source 连接到字符串 destination 之后，返回值为字符串 destination 的值。

【例 7.4】　利用字符串连接方法，将已有的字符串" "、"C++"和"Borland"连接后，生成一个新字符串"Borland C++"，并输出连接结果。

程序设计思想：在大型程序设计中，经常要将已有的字符串，经过必要的连接操作，形成用户需要的输出信息，达到信息复用的目的。在本例中，将" "、"C++"和"Borland"保存到 3 个字符串中，再设置一个容量较大的空字符串。程序先用 strcpy()函数将字符串"Borland"复制到空字符串中，再多次应用 strcat()函数依次将" "和"C++"连接到字符串"Borland"之后。最后，通过 printf()输出连接结果。

程序设计如下：

```
#include "string.h"
#include "stdio.h"
int main(void)
{
     char destination[25];
     char *blank = " ", *c = "C++", *Borland = "Borland";
     strcpy(destination, Borland);
     strcat(destination, blank);
     strcat(destination, c);
     printf("%s\n", destination);
     return 0;
}
```

该程序首先将 Borland 变量的值复制给字符串 destination，形成字符串"Borland"，然后将"blank"连接到变量 destination 后，形成字符串"Borland "，再将字符串 c 连接到变量 destination 后，形成字符串“Borland C++”。最后，通过 printf()函数输出变量 destination 的值。因此，程序运行结果如下：

```
Borland C++
Press any key to continue
```

在字符串连接中，strcat()函数不检查目标字符串的空间，这就需要用户在程序设计中确保目标字符串的可用空间足够，才不会覆盖其他数据或代码，保证连接后的字符串末尾有\0 字符。在 C11 标准中，函数 strcat_s()可避免出现这种现象。strcat_s()函数的三个参数依次为目标字符串地址、目标字符串可以存储的最大长度、源字符串地址。其一般形式如下：

```
int strcat_s(char *destination, sizeof(destination), char *source);
```

该函数将字符串 source 连接到 destination 的末尾，覆盖 destination 中的\0，再在最后添加一个\0。如果一切正常，strcat_s()就返回 0，否则返回非 0 值。

与 strncpy_s()一样，可选函数 strncat_s()在 strcat_s()基础上，通过附加一个表示连接的最大字符数的整型参数，把源字符串的一部分连接到目标字符串上。其一般形式如下：

```
int strncat_s(char *destination, sizeof (destination), char *source, int num);
```

其功能是将字符串 source 中 num 个字符串连接到字符串 destination 的尾部。

7.4.3 字符串比较

在字符串处理中，经常要比较两个字符串是否相同，例如，在计算机网络中的搜索引擎，就将输入的关键字同网络中文本的内容进行比较。另外，在图书馆的书目查询中，就是将用户输入的书名或作者名同书库中藏书的书名或作者名进行比较，因此，字符串比较是计算机应用中常见的功能。在 C 语言中，字符串比较有 3 种常见形式。

1. 用 strcmp()函数比较字符串

字符串比较函数为 strcmp()，其一般形式如下：

```
int strcmp(char *string1, char *string2);
```

函数 strcmp()的参数 string1 和 string2 都为字符串，其功能是将字符串 string1 和 string2 按照 ASCII 码值进行比较，返回值为一个整数。当 string1>string2 时，返回值大于 0；当两个字符串相等时，返回 0；当 string1<string2 时，返回值小于 0。

【例 7.5】 用字符串比较函数 strcmp()分别比较字符串"Book"与"BooK"、"Broland c"与"BROLAND C"。

程序设计思想：本例主要通过字符串比较函数 strcmp()，对两对字符串"Book"与"BooK"、"Broland c"与"BROLAND C"进行比较，并输出比较结果。在设计程序时，先将字符串"Book"、"BooK"、"Broland c"和"BROLAND C"存入 4 个字符串中，再用函数 strcmp()分别对字符串"Book"与"BooK"、"Broland c"与"BROLAND C"进行比较，将比较结果存入整型变量。通过判断整型变量值是大于 0 还是小于等于 0，用 printf()输出比较信息。根据以上思想设计的算法流程如图 7-4 所示。

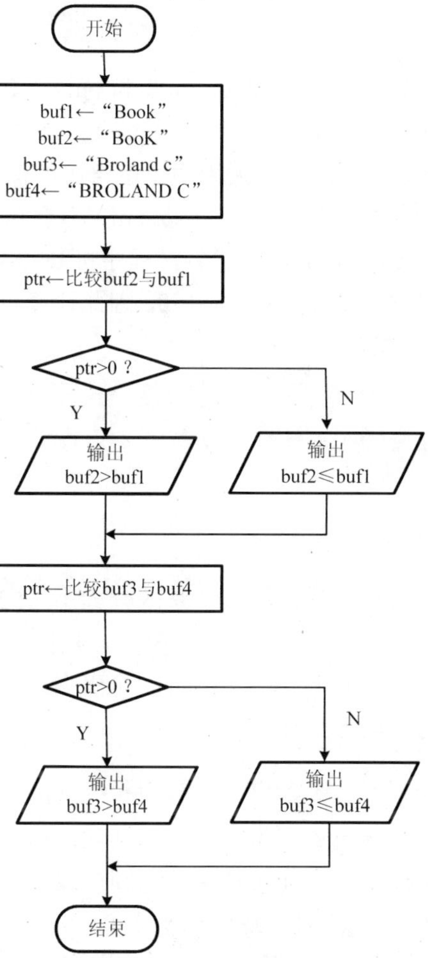

图 7-4 字符串比较算法

程序设计如下：

```
#include"string.h"
```

```
#include "stdio.h"
int main(void)
{
    char *buf1="Book", *buf2="BooK", *buf3="Broland c", *buf4="BROLAND C";
    int ptr;
    ptr=strcmp(buf2, buf1);
    if (ptr>0)
        printf("buffer 2 is greater than buffer 1.\n");
    else
        printf("buffer 2 is less than or equal to buffer 1.\n");
    ptr=strcmp(buf3, buf4);
    if (ptr>0)
        printf("buffer 3 is greater than buffer 4.\n");
    else
        printf("buffer 3 is less than or equal to buffer 4.\n");
    return 0;
}
```

程序中首先定义了 4 个变量 buf1、buf2、buf3 和 buf4，其初值分别是字符串"Book"、"BooK"、"Broland c"和"BROLAND C"。程序中的 ptr 是一个整型变量，保存字符串的比较结果。程序先将 buf2 和 buf1 进行比较，因为两个字符串的前 3 个字符完全相同，而 buf2 中 K 的代码为 75，buf1 中 k 的代码为 107，所以 buf2 小于 buf1，ptr 小于 0，计算机输出"buffer 2 is less than or equal to buffer 1"。然后，程序将 buf3 和 buf4 进行比较，按照字符串中的每个字符的 ASCII 码比较，得到 ptr 大于 0，因此计算机输出"buffer 3 is greater than buffer 4"。最后的程序运行结果如下：

```
buffer 2 is less than or equal to buffer 1.
buffer 3 is greater than buffer 4.
Press any key to continue
```

2. 用 stricmp()函数比较字符串

前面介绍的 strcmp()函数在字符串比较中是区分大小写的，也就是说，是大小写敏感的。但在实际工作中，有时不需要区分大小写，例如，我们经常说的"C 语言"，实际上和"c 语言"的意义是一样的。这种不区分大小写的字符串比较可通过 C 语言中的 stricmp()函数实现。stricmp()函数的一般形式如下：

```
int stricmp(char *str1ing1, char *string2);
```

函数中的参数 string1 和 string2 都为字符串，其功能以大小写不敏感方式比较字符串 string1 和 string2，返回值为整型。当 string1>string2 时，返回值大于 0；当两个字符串相同时，返回值为 0；当 string1<string2 时，返回值小于 0。

【例 7.6】 编写程序，在不考虑字符大小写时，用字符串比较函数比较字符串"Borland C"和"BORLAND C"。

程序设计思想：本例主要比较字符串"Borland C"和"BORLAND C"。由于两个字符串中字符相同，但大小写有差异，如果按 strcmp()比较，这是两个不同的字符串。当不需考虑两个字符串的大小写问题时，选用 stricmp() 函数进行字符串比较。在程序中，首先将字符串"Borland C"和字符串"BORLAND C"存入两个变量，然后对这两个变量进行比较，将比较结果(stricmp() 函数的返回值)存入整型变量 ptr 中，再根据整型变量 ptr 的值，用 printf() 输出比较结果。该程序设计的算法见图 7-5。

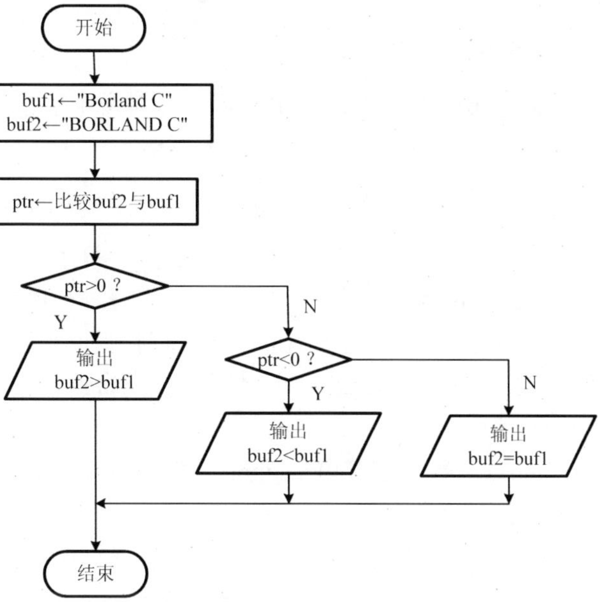

图 7-5　不考虑大小写的字符串比较

程序设计如下：

```
#include"string.h"
#include"stdio.h"
int main(void)
{
     char *buf1 = "Borland C", *buf2 = "BORLAND C";
     int ptr;
     ptr = stricmp(buf2, buf1);
     if (ptr > 0)
          printf("buffer 2 is greater than buffer 1\n");
     else if (ptr < 0)
          printf("buffer 2 is less than buffer 1\n");
     else
          printf("buffer 2 equals to buffer 1\n");
     return 0;
}
```

程序先将 buf2 和 buf1 进行比较，因为两个字符串字符的大小写不同，而字符完全相同，按照 stricmp() 函数的功能，这两个字符串是相同的，所以 ptr 等于 0，程序输出结果如下：

```
buffer2 equals to buffer1
Press any key to continue
```

另外，函数 strcmpi()也可将两个字符串按照不区分大小写形式比较。函数 strcmpi()的一般形式如下：

```
int strcmpi(char *string1, char *string2);
```

其功能是将字符串 string1 与另一个字符串 string2 比较，不区分大小写。

3. 用 strncmp()函数比较字符串

在 C 语言中，除了 strcmp()函数和 stricmp()函数可对两个字符串整体比较大小之外，还提供了 strncmp()函数对两个字符串进行部分比较。strncmp()函数的一般形式如下：

```
int strncmp(char *string1, char *string2, int maxlen);
```

strncmp()函数带三个参数，其中 string1 和 string2 为字符串，maxlen 为整型量。该函数的功能是对字符串 string1 和 string2 的前 maxlen 个字符进行比较，返回值为整型。当 string1 前 maxlen 个字符大于 string2 中前 maxlen 个字符时，返回值大于 0；当两串前 maxlen 个字符相同时，返回 0；当 string1 前 maxlen 个字符小于 string2 中前 maxlen 个字符时，返回值小于 0。

【例 7.7】 用 strncmp()函数对字符串"aaabbb"、"bbbccc"、"ccc"的前 3 个字符组成的子字符串进行比较。

程序设计思想：前面的字符串比较都是对整个字符串进行比较，本例是对字符串中前面 3 个字符组成的子字符串进行比较。子字符串比较由 strncmp()函数实现。在设计程序时，首先将字符串"aaabbb"、"bbbccc"、"ccc"存入 3 个变量中，然后将第 2 个字符串同第 1 个字符串的前 3 个字符组成的子字符串进行比较，将比较结果存入整型变量中。再根据整型变量的值输出比较后的信息。前两个字符串比较完后，再对第 2 个字符串和第 3 个字符串进行比较，比较方法同前。程序的基本算法描述见图 7-6。

程序设计如下：

```
#include"string.h"
#include"stdio.h"
int main(void)
{
    char *buf1 = "aaabbb", *buf2 = "bbbccc", *buf3 = "ccc";
    int ptr;
    ptr = strncmp(buf2,buf1,3);
    if(ptr > 0)
        printf("buffer2 is greater than buffer1\n");
    else
        printf("buffer2 is less than or equal to buffer 1\n");
    ptr = strncmp(buf2,buf3,3);
    if(ptr > 0)
        printf("buffer2 is greater than buffer3\n");
    else
        printf("buffer2 is less than or equal to buffer3\n");
    return(0);
}
```

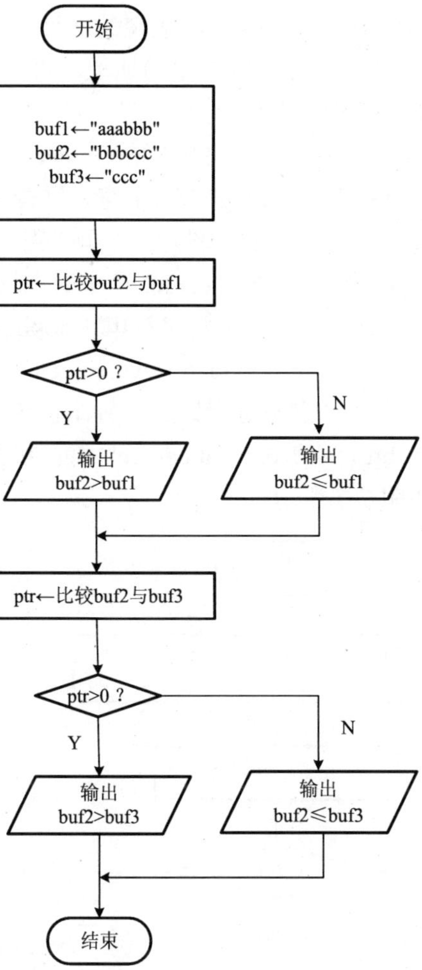

图 7-6　"aaabbb"、"bbbccc"、"ccc"前 3 个字符比较流程

在例 7.7 的程序中，将字符串"aaabbb"、"bbbccc"和"ccc"分别存入变量 buf1、buf2 和 buf3 中，先将字符串 buf1 与 buf2 的前 3 个字符进行比较，再将字符串 buf2 与 buf3 的前 3 个字符进行比较。程序运行结果如下：

```
buffer2 is greater than buffer1
buffer2 is less than buffer 3
Press any key to continue
```

7.4.4　字符串查找

字符串查找是在已有的字符串或文本中，查找特殊字符串的出现情况，并返回出现的位置。在 C 语言中有 3 种字符串查找方法，下面对这 3 种方法逐一介绍。

1. 检索两个字符串中首个相同字符的位置

strpbrk()函数检索两个字符串中首个相同字符出现的位置，其一般形式如下：

```
char *strpbrk(char *string1, char *string2);
```

函数 strpbrk()的两个参数 string1 和 string2 都为字符串，其功能是从 string1 的第一个字符向后检索字符串 string2 中任一字符第一次出现的地址，直到结束标志'\0'。如果 string2 中的字符存在于 string1 中，就返回在 string1 中的地址，否则返回 NULL。

说明：strpbrk()不会对结束符'\0'进行检索。

【例 7.8】 设计 C 语言程序，完成在字符串"http://video.xauat.edu.cn"中检索"Booking"。

程序设计思想：本例主要检索"Booking"中的字符在字符串"http://video.xauat.edu.cn"中第一次出现的位置。当检索后，"Booking"中的字符出现在字符串"http://video.xauat.edu.cn"中时，返回该字符在字符串"http://video.xauat.edu.cn"中的地址，否则返回 NULL。这个功能由 strpbrk()函数实现。在设计程序时，先将字符串"Booking"和"http://video.xauat.edu.cn"保存在两个变量中，然后将字符串"http://video.xauat.edu.cn"作为 strpbrk()函数的第一个参数，将字符串"Booking"作为第二个参数进行比较，将比较结果存入一个字符串中。最后，通过判断该字符串的地址是"http://video.xauat.edu.cn"中的地址，还是 NULL，输出检索的结果。本程序的算法流程如图 7-7 所示。

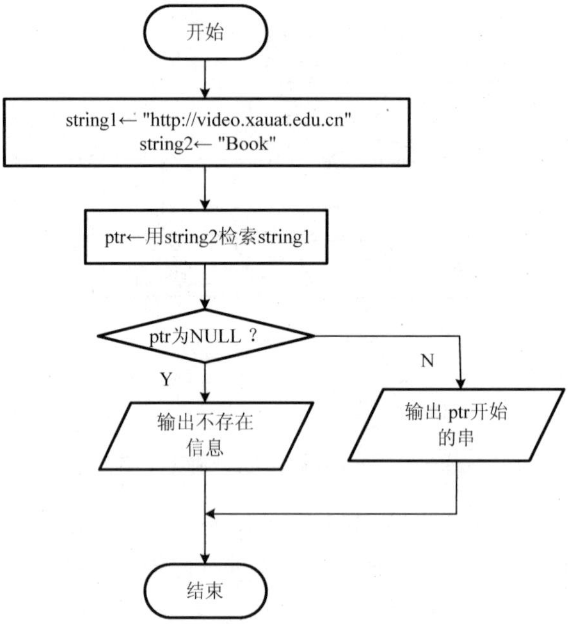

图 7-7　在"http://video.xauat.edu.cn"中检索"Book"的流程

程序设计如下：

```
#include<stdio.h>
#include<string.h>
int main(void)
{
     char *string1 = "http://video.xauat.edu.cn";
     char *string2 = "Book";
     char *ptr;
     ptr=strpbrk(string1, string2);
     if(ptr)
        printf("The result is %s.\n", ptr);
     else
```

```
        printf("I didn't find character in this set.\n");
    return 0;
}
```

程序运行后，函数 strpbrk()将字符串 string2 字符逐个取出，与字符串 string1 中的字符逐个比较。首先，字符串 string1 中的字符没有与 B 匹配的，所以返回 NULL，直到将 string1 中 video 中的 o 和 string2 中的 o 比较，结果才匹配，所以，ptr 中保留 o.xauat.edu.cn 的地址(不是 NULL)，因此，程序输出结果如下：

```
The result is o.xauat.edu.cn.
Press any key to continue
```

2. 查找指定字符最后一个出现的位置

strrchr()函数与 strpbrk()函数类似，所不同的是 strrchr()函数用于查找特定字符在另一字符串中的出现位置，是字符和字符串间的查找，并且它返回最后一次出现的位置。strrchr()函数的一般形式如下：

```
char *strrchr(char *string, char c);
```

该函数的参数 string 为字符串，参数 c 为一个字符，其功能是将 string 的字符依次与字符 c 比较，直到'\0'。如果当前字符与 string 中的字符匹配，记录该地址，再将字符 c 同字符串中下一个字符进行比较。重复比较过程，直到字符串结束为止，最后返回的地址就是最后一个匹配的位置。若全部不匹配，则返回 NULL。

说明：strrchr()不对字符串结束符'\0'进行检索。

【例 7.9】 编写程序，在字符串"This is a string"中查找指定字符's'最后一次出现的位置。

程序设计思想：在设计这个程序时，先将字符串"This is a string"和特定字符's'存入变量中，再调用函数 strrchr()进行检索。函数 strrchr()的第一个参数是字符串"This is a string"，第二个参数是特定字符's'，函数 strrchr()用特定字符在字符串中查找，将查找结果保存在一个变量(指针)中。然后用 if()对检索结果进行判断，当指定字符's'在字符串"This is a string"中没有出现时，字符's'出现的地址为 NULL，用变量保存值 NULL，输出没有发现这个字符；当在字符串中发现特定字符后，就输出最后一次出现的地址。最后，用指针变量地址减去原字符串地址，就是该特定字符在原字符串中的出现位置。本程序的算法流程见图 7-8。

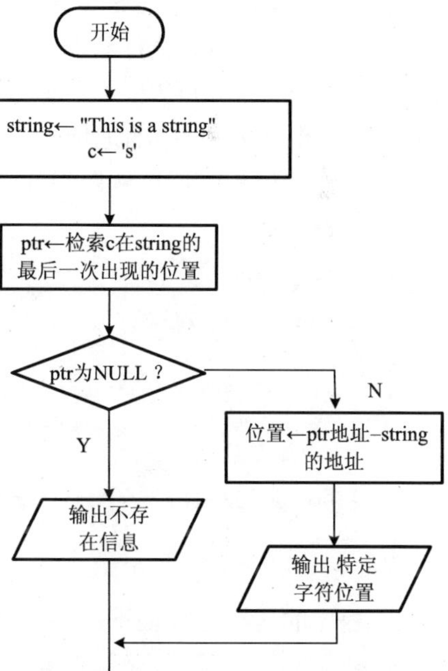

图 7-8　在"This is a string"中查找's'最后一次出现的位置

程序设计如下：

```
#include<string.h>
#include<stdio.h>
int main(void)
{
    char *ptr,*string="This is a string", c = 's';
    ptr = strrchr(string, c);
    if(ptr)
        printf("The character %c is at position: %d.\n", c, ptr-string-1);
    else
        printf("The character was not found.\n");
    return 0;
}
```

该程序的运行结果如下：

```
The character s is at position: 9.
Press any key to continue
```

3. 子字符串查找

函数 strstr()用于判断两个字符串之间是否存在包含关系，其一般形式如下：

```
char *strstr(char *string1, char *string2);
```

函数 strstr()的参数 string1 和 string2 都为字符串形式，其功能是判断字符串 string2 是否是 string1 的子串。如果字符串 string2 是 string1 的子串，则该函数返回 string2 在 string1 中首次出现的地址，否则返回 NULL。

【例 7.10】 设计程序查找字符串"soft"是否出现在字符串"Microsoft is a large software company in the world."中，并输出子字符串"soft"在字符串"Microsoft is a large software company in the world."中的地址。

程序设计思想：这个例题很简单，可参考例 7.9 完成程序设计。

程序设计如下：

```
#include<stdio.h>
#include<string.h>
int main(void)
{    char *str1 = "Microsoft is a large software company in the world.", *ptr;
     char *str2 = "soft";
     ptr = strstr(str1, str2);
     printf("The result is: %s\n", ptr);
     return 0;
}
```

该程序的运行结果如下：

```
The result is: soft is a large software company in the world.
Press any key to continue
```

7.4.5 字符串分解

字符串分解是将一个比较长的字符串，按照分隔字符划分成一系列子字符串。这种字符串分解方法在程序设计中经常用到。例如，在计算机的自然语言理解中，要将一个正常的语句先分解成一系列单词，再在数据库中查找每个单词的词性、词义等，这里就用到了字符串分解。在 C 语言中，用 strtok() 函数分解字符串。strtok() 函数的一般形式如下：

```
char *strtok(char *string, const char *delim);
```

函数 strtok() 的参数 string 为被分隔的字符串，delim 是由分隔字符组成的字符串，其功能是在字符串 string 中查找由 delim 中字符分隔开的子字符串，返回值为从以分隔符开头开始的一个个子串，当没有分隔的子串时返回 NULL。

【例 7.11】 设计 C 语言程序，将字符串" Hello, welcome to Microsoft. Microsoft is a large software company in the world! "分解为一系列单词，并将单词全部输出。

程序设计思想：将一句话分解为一系列单词是计算机中自然语言处理的重要步骤。本例将一个完整的英文语句" Hello, welcome to Microsoft. Microsoft is a large software company in the world! "分解为一系列单词，它可通过函数 strtok() 实现。在这个英文语句中，单词是通过空格' '、句号'.'、'!'和','分隔的，因此可组成分隔字符串" ,!.", 然后调用函数 strtok()。函数的第一个参数为英语语句，第二个参数为分隔符号组成的串。函数每调用一次，就从语句中取出一个单词，输出该单词，并用一个符号进行单词分隔。重复这个过程，直到语句取空为止。程序的算法流程如图 7-9 所示。

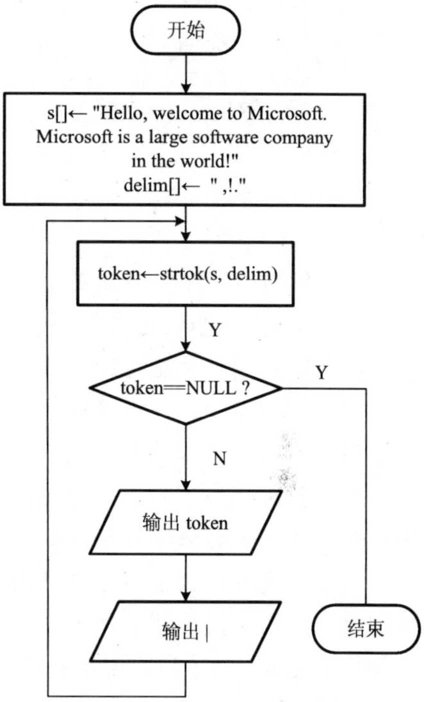

图 7-9　将语句分解为单词的算法

程序设计如下：

```
#include<string.h>
#include<stdio.h>
int main(void)
{
    char s[] = "Hello, welcome to Microsoft. Microsoft is a large software
company in the world!";
    char delim[] = " ,!.";
    char *token;
    for(token=strtok(s, delim); token != NULL; token = strtok(NULL, delim))
    {
        printf(token);
        printf(" | ");
    }
    printf("\n");
    return 0;
}
```

程序先将语句" Hello, welcome to Microsoft. Microsoft is a large software company in the world! "存入字符串 s 中，再分析语句的特点，发现语句中单词由空格、逗号、感叹号和英文句号分隔，所以将字符串" ,!."存入 delim，然后在循环语句中，strtok()函数将依次取出的英语单词存入字符串 token，并用 printf()函数输出 token，每个 token 之间用“|”分隔。以上程序输出结果为：

```
Hello | welcome | to | Microsoft | Microsoft | is | a | large | software |
company | in | the | world |
Press any key to continue
```

7.5　简单程序设计

本节针对字符串处理函数的应用，举几个简单的程序设计例子。

【例 7.12】　假设已经将用户账号“Student1”和密码“St85.12”保存在字符串变量中，设计一个检查用户从键盘输入的用户账号和密码正确性的程序。

程序设计思想：在设计程序时，首先将用户账号和密码保存在变量中，然后将用户从键盘输入的用户账号和密码进行比较。比较结果有 4 种情况，用户账号和密码都正确、用户账号和密码都不正确、用户账号正确但密码不正确、用户账号不正确但密码正确。在有用户账号不正确时只重新输入用户账号，密码不正确时只重新输入密码，当两者都不正确时全部重新输入。为了程序设计方便，约定用户账号和密码小于等于 8 个字符，显然当字符超过 8 后，必然出错。为了区分不同的重新输入的内容，可设置标记 an、pn 和 token，其初值全为 0。当用户账号不正确时将 an 设置为 1，密码不正确时将 pn 设置为 1，然后通过表达式 token=an×2+pn 计算 token 的值。再根据 token 的值进行多路分支，实现不同情况的输入内容。最初，an、pn 都为 0，token 也为 0，必须对用户账号和密码均进行输入。根据以上思想设计的算法见图 7-10。

程序设计如下：

```
#include<stdio.h>
#include<string.h>
void main()
{
     int i,j,an=0,pn=0,token=0;
     char *userAccount="Student1";
     char *userPass="St85.12";
     char account[50],pass[50];
begin:
     token=an*2+pn;
     switch(token)
     {
         case 0:
         case 3: printf("Please input user account and password:\n");
                 printf(" Account(<8):");
                 gets(account);
                 printf("Password(<8):");
```

```
                gets(pass);
                break;
            case 1: printf("Password(<8):");
                gets(pass);
                break;
            case 2: printf(" Account(<8):");
                gets(account);
                break;
        }
        i=strlen(account);
        j=strlen(pass);
        if(i>8||j>8)
        {
            printf("User account or password is longer then 8:\n");
            an=1;pn=1;
            goto begin;
        }
        if( (!strcmp(account,userAccount))
        {
            printf("User account is correct.\n");
            an=0;
        }
        else
        {
            printf("User account is not correct.\n");
            an=1;
            goto begin;
        }
        if((!strcmp(pass,userPass))
        {
            printf("User password is correct.\n");
            pn=0;
            goto end;
        }
        else
        {
            printf("User password is not correct.\n");
            pn=1;
            goto begin;
        }
    end:
        return;
    }
```

在程序中，将用户最初的账号和密码保存在字符串变量 userAccount 和 userPass 中，程序中输入的用户账号和密码分别保存在字符串变量 account 和 pass 中。为了控制用户输入，程序中的整型变量 an 和 pn 是关于用户账号和密码的标记的变量，其初值为 0。当用户输入有错时，将相应的标记设置为 1。token 是一个整型值，通过 an×2+pn 计算其值。当用户账号和密码都没有错时 token=0，第一次输入时，token 就为 0；当用户账号和密码都有错时 token=3，重新输入用户账号和密码；当用户账号有错时 token=2，重新输入用户账号；当用户密码有错时 token=1，重新输入用户密码。程序中的 switch 语句根据 token 的值选择不同分支，控制输入数据。

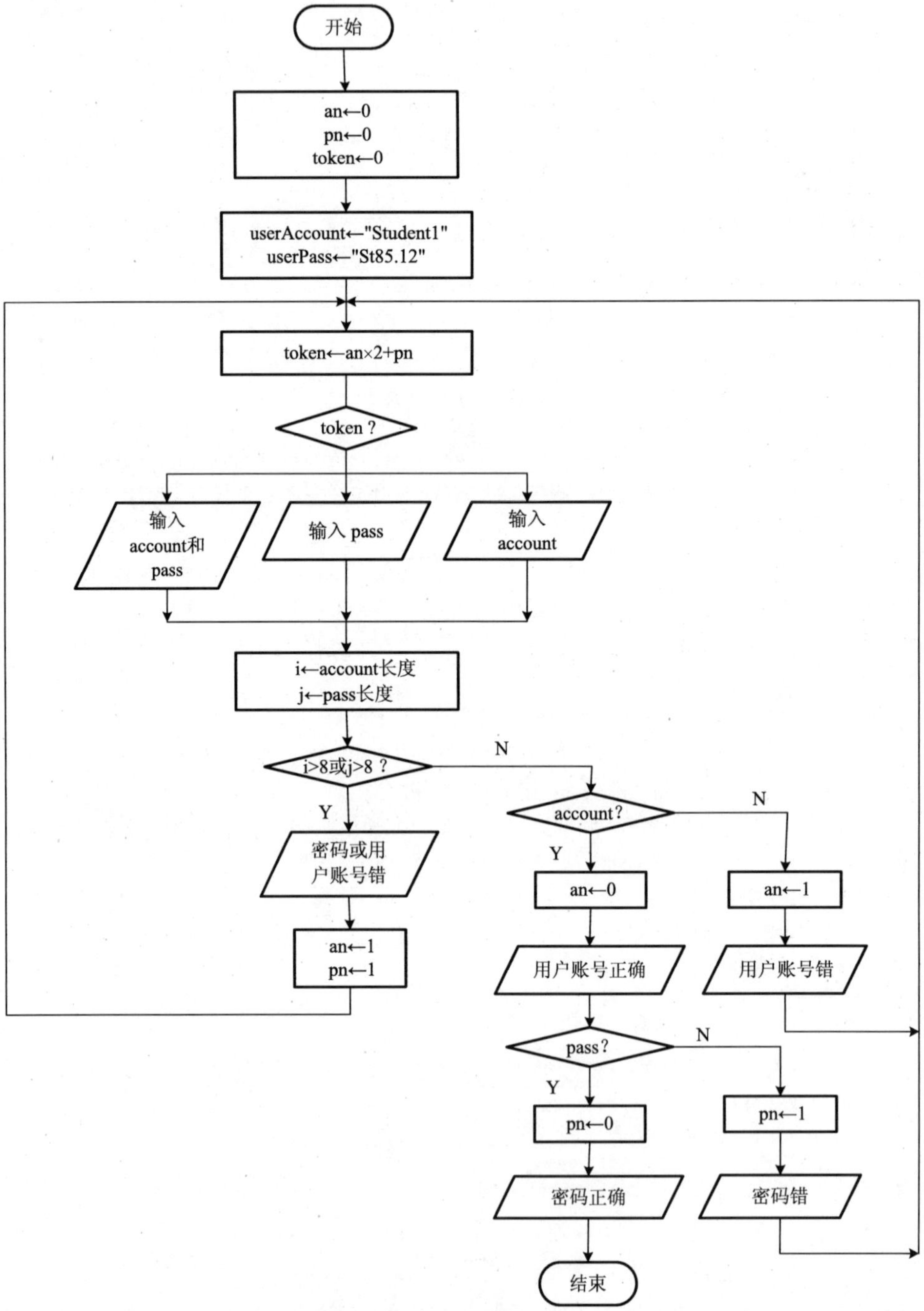

图 7-10　检查用户账号和密码程序的算法流程

程序中的 strlen() 函数用于求字符串长度，strcmp() 函数用于对两个字符串的值进行比较，当两个字符串的值相同时，strcmp() 函数的返回值为 0。程序中主要通过 if 语句检查用户账号和密码的正确性，默认账号和密码的长度为 8。当用户输入的账号和密码长度大于 8 时，必然输入不正确，转到 begin 标号，重新输入；当用户输入的账号和密码长度等于 8 时，再用 strcmp()函数分别对账号和密码的正确性进行检查；当户输入的账号和密码长度正确，并且与 userAccount、userpass 中存储的字符串相匹配时，程序正常结束。

程序运行的一种可能结果为：

```
Please input user account and password:
Account(<8):Student1
Password(<8):St85.12
User account is correct.
User password is correct.
Press any key to continue
```

【例 7.13】 用数组设计一个程序，计算一个班学生英语课程的平均成绩，找出最高成绩和取得最高成绩的学生姓名，并计算全班及格人数(假设一个班有 30 人)。

程序设计思想：按照本题的要求，对于一个学生，必须有学号、姓名、英语成绩这三个信息，由于还没有学习结构体，所以只能用三个数组保存相应信息，其中姓名是一个二维数组，30 个元素，每个元素最长 10 个字符。在程序设计中，先循环 30 次，输入学生的学号、姓名、英语成绩，再用循环显示输入结果。最后进行简单的统计分析，并输出分析结果。程序的算法流程见图 7-11。

程序设计如下：

```
#include<stdio.h>
#include<string.h>
#include<float.h>
const int MAX=30;
void main()
{    float mean;
     int i,high=0,highi=0,excelent=0;
     int num[30];
     char name[30][10];
     int sum=0,english[30];
     //数据输入
     for(i=0;i<MAX;i++)
     {    printf("Please input N.o of student %d:",i+1);
          scanf("%d",&num[i]);
          printf("Please input name of student %d:",i+1);
          scanf("%s",name[i]);
          printf("Please input score of student %d:",i+1);
          scanf("%d",&english[i]);
     }
     //数据显示
     for(i=0;i<MAX;i++)
     {    printf("N.o=%d",num[i]);
          printf("   Name=%s",name[i]);
          printf("   Score=%d\n",english[i]);
     }
     //数据统计
```

```
    for(i=0;i<MAX;i++)
    {     if(english[i]>high){
              high=english[i];
              highi=i;}
          if(english[i]>=60)
              excelent++;
          sum+=english[i];
    }
    mean=(float)sum/MAX;
    printf("The mean score of english is %f.\n",mean);
    printf("The best student N.o=%d  Name=%s  Score=%d.\n",num[highi],
name[highi],high);
    printf("The number of english score great then 60 is %d.\n",excelent);
    return;
}
```

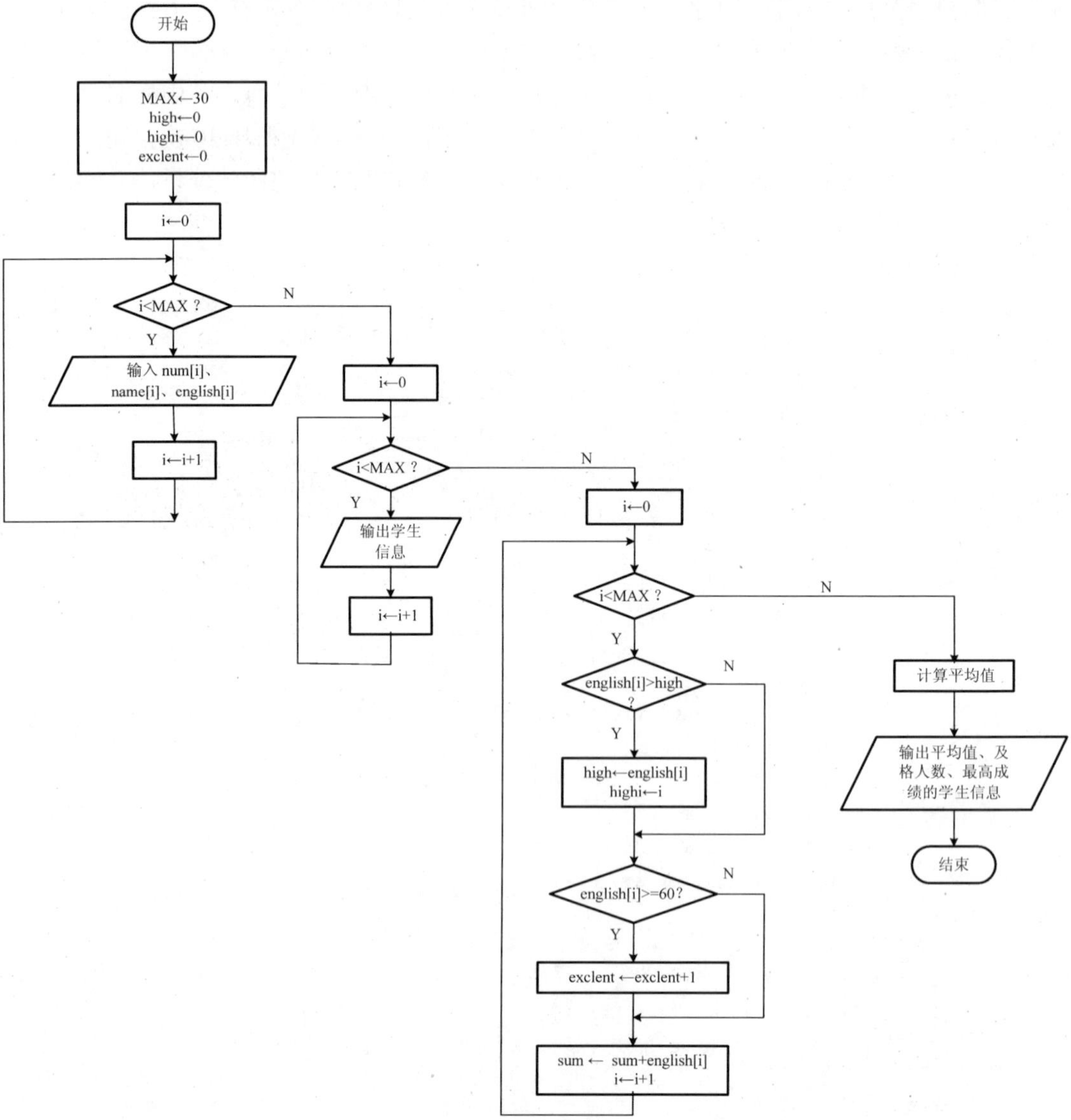

图 7-11　一个班学生成绩统计算法流程

程序中，name 是一个二维字符数组，保存 30 个学生的姓名，每个姓名最长不超过 10 个英文字符。high 为最高英语成绩，highi 为取得最高成绩学生在数组中的下标。程序的第一个循环输入学生的学号、成绩和姓名。第二个循环输出学生的学号、成绩和姓名。第三个循环将及格的学生数存入 excelent，总成绩存入 sum，并找到最高成绩和最高成绩在数组中的下标。最后，输出全班的平均成绩 mean，输出成绩最高学生的学号、成绩和姓名，以及及格学生数。

为了简化程序运行过程，假如有 5 个学生，则程序运行结果为：

```
Please input N.o of student 1:201501
Please input name of student 1:s1
Please input score of student 1:87
Please input N.o of student 2:201502
Please input name of student 2:s2
Please input score of student 2:96
Please input N.o of student 3:201503
Please input name of student 3:s3
Please input score of student 3:67
Please input N.o of student 4:201504
Please input name of student 4:a4
Please input score of student 4:56
Please input N.o of student 5:201505
Please input name of student 5:s5
Please input score of student 5:78
N.o=201501           Name=s1        Score=87
N.o=201502           Name=s2        Score=96
N.o=201503           Name=s3        Score=67
N.o=201504           Name=s4        Score=56
N.o=201505           Name=s5        Score=78
The mean score of english is 76.800000
The best student N.o=201502       Name=s2       Score=96
The number of english score great then 60 is 4.
Press any key to continue
```

习　题　七

一、单选题

1. 设数组 a 是一个包含 30 个元素的字符数组，则在以下语句中，对数组 a 的正确定义语句为(　　)。

   A) char a(30);　　B) char a[30];　　C) char a{30};　　D) int i=30;char a[i];

2. 在字符数组中，数组的下标是(　　)。

   A) 整型表达式　　B) 默认从 1 开始　　C) 整型常量　　D) 字符型

3. 对于字符数组 a，正确的初始化方法是(　　)。

   A) char a[5]=('a','b','c','d','e');

   B) char a[5]=['a','b','c','d','e'];

C) char a[5]={"a","b","c","d","e"};

D) char a[5]={'a','b','c','d','e'};

4．假设用 month 保存一年 12 个月的英文名称 January、February、March、April、May、June、July、August、September、October、November、December，则数组 month 的正确定义为(　　)。

A) char month[12][10];　　B) char month[12];

C) char month[12][9];　　D) char month[13][10];

5．字符串 “Welcome to learn C programming.” 在一维字符数组中占用(　　)个字节。

A) 27　　B) 30　　C) 31　　D) 32

二、填空题

1．下面程序片段的运行结果是＿＿＿＿＿＿。

```
char month[]={'D','e','c','\0','e','m','b','e','r'};
printf("%s",month);
```

2．下面程序片段的运行结果是＿＿＿＿＿＿。

```
char month[]={'D','e','c','\0','e','m','b','e','r'};
printf("%d",strlen(month));
```

3．在 C 语言中，字符串保存在＿＿＿＿＿＿中。

4．在 C 语言中，执行语句 “char m[30]="language";” 后，printf("%d",strlen(m))的执行结果是＿＿＿＿＿＿。

5．在 C 语言中进行字符串比较时，在程序开始必须有＿＿＿＿＿＿头函数。

三、阅读程序并填空

1．下面程序的功能是从键盘读入一个字符串，然后将字符串中的字符 a 换成字符 m，则在空白处应填入语句＿＿＿＿＿＿。

```
#include<stdio.h>
#include<string.h>
void main()
{
    char string[50];
    int i;
    gets(string);
     for(i=0;string[i]!='\0';i++)
      if(string[i]=='a') ____________;
    puts(string);
    return;
}
```

2．下面程序运行后，在屏幕上输出＿＿＿＿＿＿。

```
#include<string.h>
#include<stdio.h>
int main(void)
```

```
{   char s[] = "Hello, welcome to Microsoft. The Microsoft is a large software company in the world!";
    char delim[] = " ,!.";
    char *token;
    int sum = 0;
    for(token=strtok(s, delim); token!=NULL; token=strtok(NULL, delim)) sum++;
    printf("%d\n",sum);
    return 0;
}
```

四、程序设计

1．编写程序，从键盘上输入一段不少于 100 个字符的英语短文，并统计单词个数。

2．编写程序，从键盘上输入一段不少于 80 个字符的英语短文，短文中包含字符的大写和小写，并将字符串中的所有小写字符改为大写字符。

3．编写程序，从键盘上输入一段不少于 100 个字符的英语短文，将每个英文字符的 ASCII 码加 4，进行简单加密，并输出加密后的密文。

第8章　指　　针

指针是C语言的重要内容，也是C语言的一大特点。通过指针的理解和使用，可充分利用内存资源，方便地描述复杂的数据结构，设计出简洁、高效的C语言程序。指针对初学者来说，较难以理解和把握，但是只要多做多练，就不难掌握C语言中指针的精髓。

8.1　指针的概念

在C语言中，指针实际上是和计算机内存地址相关的一个概念，因此，在介绍指针的概念前，先对内存地址的情况进行简单介绍。

在本书前面的基本数据类型中，介绍了C语言中不同变量占用的字节数、变量的取值范围和数据的精度等概念。一个变量所占用的字节数和存储地址由C语言的编译系统定义，当在编程中定义或说明了变量，编译系统就为已定义的变量分配相应的内存单元数目，指定每个变量在内存中存放的位置，也就是为每个变量分配一个固定的内存地址。由于变量的数据类型不同，它所占用的内存单元数也不相同。例如，在程序中作了如下定义：

```
int a=9,b=5,c=3;
float x=7.4,y=1.8,z=3.9;
double pi=3.1415926;
char c1='B',c2='y';
```

其中，变量a、b、c是整型变量，在内存中各占2字节；x、y、z是浮点型变量，各占4字节；pi是双精度实型，占8字节；c1、c2是字符型，各占1字节。假设该计算机内存是按字节编址的，操作系统中的内存管理模块根据计算机目前内存使用情况，将该程序的变量存放在从内存3000单元(假设地址计数采用十进制)开始的连续存储区内，则编译系统对程序编译后，变量在内存的存储情况见图8-1。

在图8-1中，各个变量在内存中按照其数据类型的不同，分配大小不同的地址空间。例如，整型变量a在内存中的地址是3000，占用3000单元和3001单元；整型变量b的内存地址就从3002开始，占用3002单元和3003单元。可以看出，每个内存变量都用唯一的起始地址，通过地址就可以实现对内存变量的访问。在高级程序设计语言中，都是通过变量名访问变量的存储单元。实际上，在机器语言和汇编语言中是通过地址访问内存单元的，C语言也可以通过地址访问内存单元。在C语言中，当通过地址访问内存变量对应的内存单元时，就说地址指向变量所在单元，例如，3000单元就是变量a的值存储的开始单元。一个地址唯一指向一个内存变量，这个地址称为变量的指针。将变量的地址保存在内存的特定区域，用另外的变量来存放这些地址，这样的变量就是指针变量。指针是一个地址，而指针变量是存放地址的变量。

例如，对于图8-1中的9个变量，可设9个指针变量pa、pb、pc、px、py、pz、ppi、

pc1、pc2，分别指向变量 a、b、c、x、y、z、pi、c1、c2，指针变量同样存放在内存中，假设指针存放在 1000 开始的单元，则二者的关系如图 8-2 所示。

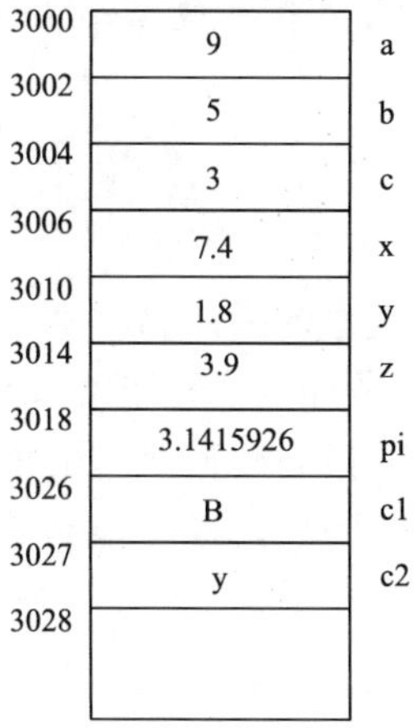

图 8-1　变量内存分配示意图

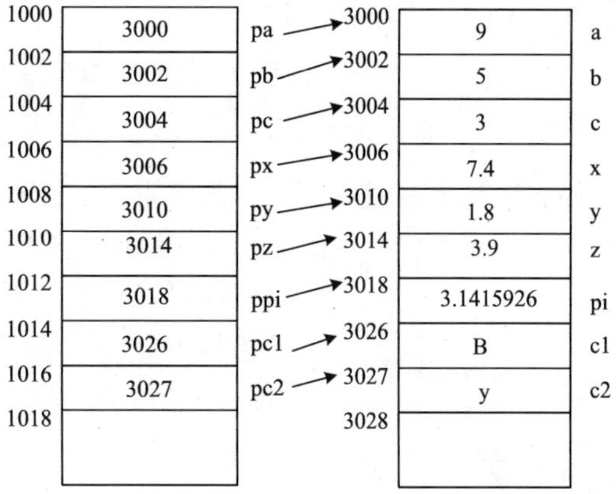

图 8-2　指针与指针变量

在图 8-2 中，左半部分所示的内存存放了指针变量的值，该值给出的是所指变量的地址，通过该地址就可以对右半部分描述的变量进行访问。例如，指针变量 pa 保存在 1000 单元，它的值为 3000，是变量 a 在内存中的地址，这时我们就说 pa 指向变量 a。变量的地址就是指针，存放指针的变量就是指针变量。

8.2　指针变量的定义与引用

通过指针对所指向变量的访问，也就是一种对变量的“间接访问”，而前面几章中直接用变量对内存的访问是“直接访问”。下面介绍指针变量的定义和引用。

8.2.1　指针变量的定义

在 C 语言程序设计中，存放地址的指针变量需专门定义。定义指针变量的一般形式如下：

```
DataType  *variable;
```

其中，DataType 为 C 语言中的数据类型，可以是 int、float、char 等，variable 为变量标识符。该语句就定义了指向 DataType 类型的指针变量 variable。例如，如下定义语句：

```
int *point1,*point2;
float *ptr1;
char *ptr2;
```

就定义了 4 个指针变量 point1、point2、ptr1、ptr2。其中，point1 和 point2 是指向整型变量的指针变量，ptr1 是指向一个实型变量的指针变量，ptr2 是指向一个字符型变量的指针变量。也就是说，point1、point2 分别存放整型变量的地址，ptr1 存放实型变量的地址、ptr2 存放字符型变量的地址。

定义指针变量后，就可给指针变量存入指向某数据类型的变量地址，或者说为指针变量赋值，指针变量赋值就是指针指向地址。其一般形式如下：

```
pointVariable=&variable;
```

其中，pointVariable 是一个合法的指针变量，variable 是一个普通变量，&符号表示取地址。整个操作的意义是取出变量 variable 的内存地址，并将该地址存入指针变量 pointVariable 中。例如，程序中有如下语句：

```
int *ptr,m=3;
ptr=&m;
```

这段程序先定义了整型变量 m，其值为 3；定义了指向整型变量的指针 prt；再将变量 m 在内存中的地址存入指针变量 ptr。程序的执行结果见图 8-3。

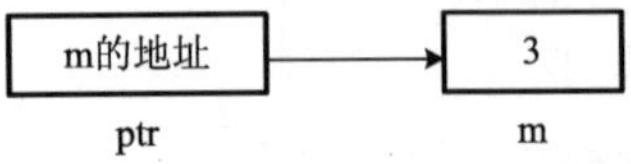

图 8-3　ptr 与 m 的指向关系

需要说明的是，指针变量可以指向任何类型的变量，当定义指针变量时，指针变量的值是随机的，不能确定它的具体指向，必须为其赋值才有意义。

8.2.2 指针运算符

在指针变量中有两种重要的运算符，一个是取地址运算，另一个是取内容运算。

1. 取地址运算&

&运算是一个单目运算，自右向左结合，取变量地址。其一般形式如下：

```
&variable
```

其功能是取变量 variable 在内存中的地址。如 8.2.1 节中语句“ptr=&m”中的&m 就是取 m 在内存中的存储地址。

2. 取内容运算*

*运算也是一个单目运算，自右向左结合，取指针变量中存储地址的值。其一般形式如下：

```
*pointerVariable
```

其功能是取出指针变量 pointerVariable 所指内存地址中的值。例如，程序中有如下语句：

```
int *ptr,m;
ptr=&m;
*ptr=8;
```

其中，第 1 条语句定义了整型变量 m 和指向整型变量的指针 ptr；第 2 条语句使指针变量 ptr 指向 m；第 3 条语句先从指针变量 ptr 中取出内存地址，也就是 m 的存储地址，再给该地址所指的内存单元中存入数据 8。其执行结果见图 8-4。

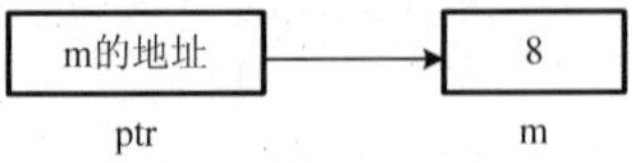

图 8-4　通过*运算修改变量的值

从图 8-4 可以看出，第 3 句就是将指针变量 ptr 所指的地址(m 的地址)中的数值改为整型值 8。

8.2.3 指针变量的引用

利用指针变量可提供对变量的一种间接访问。本节用几个简单的例子说明指针变量的引用方式。

【例 8.1】 通过键盘输入一个整型值，再用指针变量进行输出。

程序设计思想：本例是对指针变量的初步应用，简单说明指针变量的设置和指针变量的简单操作。在程序中可以先设置一个指针变量 p 和同类型的一个非指针 m，再用 scanf()从键盘上给 m 读入数值，然后，使 p 指向 m，通过 p 输出 m 的值。

程序设计如下：

```
#include<stdio.h>
int main(void)
{
    int *p,m;
    scanf("%d",&m);
    p=&m;                   /*指针 p 指向变量 m*/
    printf("%d\n",*p);      /**p 对指针所指变量的引用,与 m 意义相同*/
    return 0;
}
```

运行程序后，用户输入 6，则程序输出结果如下：

```
6
Press any key to continue
```

例 8.1 程序的功能也可通过指针 p 先指向 m，再采用 scanf()从键盘上给 p 输入数据，最后用 printf()输出 m 来完成。具体程序设计如下：

```
#include<stdio.h>
int main(void)
{
    int *p,m;
    p=&m;                     /*指针 p 指向变量 m*/
    scanf("%d",p);
    printf("%d\n",m);         /**p 对指针所指变量的引用,与 m 意义相同*/
    return 0;
}
```

该程序的运行结果与例 8.1 完全相同。可以看出，若定义了变量 m 以及指向该变量的指针 p，并用指针指向了该变量，在以后的程序处理中，凡是可以写&m 的地方，就可以替换成指针的表示 p，而 m 就可以替换成*p。也就是说，当 p 指向变量 m 后，就必然存在以下关系：

```
p=&m
m=*p
```

说明：在本程序中，由于指针变量 p 已经是一个地址，所以在 scanf()函数中直接使用指针变量 p。

【例 8.2】 从键盘输入两个整数，用指针的方法将数据按由大到小的顺序输出。

程序设计思想：两个整数的按序输出是一个很简单的问题，本例主要强调用指针的方法实现排序。在设计程序时，先设置两个整型变量 a 和 b，再设置两个指向整型变量的指针 p1 和 p2，使 p1 和 p2 分别指向 a 和 b，通过比较*p1 和*p2，交换 a 和 b 的值，保证 a>b。本例的算法流程见图 8-5。

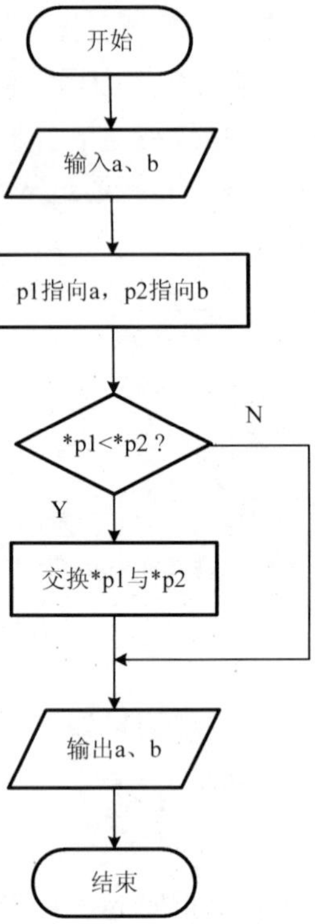

图 8-5　通过比较指针对两个数据排序

具体程序设计如下：

```
#include<stdio.h>
int main(void)
{
    int *p1,*p2,a,b,t;          /*定义指针变量与整型变量*/
    scanf("%d,%d",&a, &b);
    p1=&a;                      /*使指针变量指向整型变量*/
    p2=&b;
    if(*p1<*p2)
    {                           /*交换指针变量指向的整型变量*/
        t=*p1;
        *p1=*p2;
        *p2=t;
    }
    printf("%d, %d\n" , a, b);
    return 0;
}
```

在程序中，当执行 p1=&a 和 p2=&b 后，指针 p1 和 p2 就指向了变量 a 与 b，这时*p1 与*p2 就代表变量 a 与 b。运行程序后，当用户输入 18,34 后，程序运行结果如下：

```
34,18
Press any key to continue
```

在程序运行中，指针与所指变量之间的关系如图 8-6 所示。

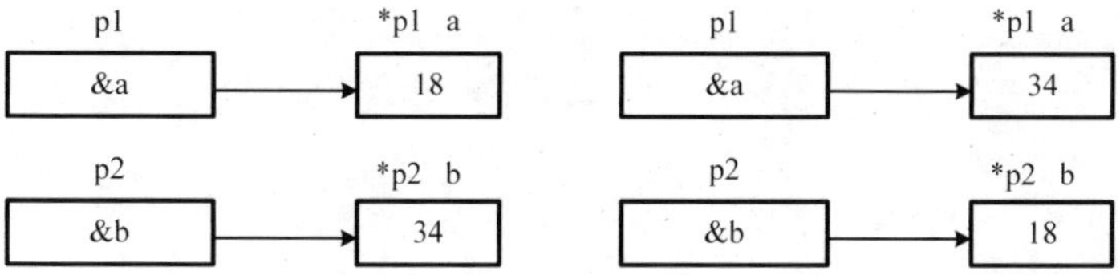

图 8-6　例 8.2 数据交换过程

在图 8-6 中，左边是程序中 if 语句之前的数据输入和指针的指向过程，右边是数据交换的过程。在程序中，先定义指针 p1 和 p2 并且通过 a、b 读入数据，当 p1 和 p2 分别指向 a、b 后，&a 和&b *p1 和*p2 是整型变量 a 和 b 存储的地址，即 p1 和 p2，而*p1 和*p2 是变量 a 和 b 的值。例 8.2 通过*p1 和的数据比较实现交换，完成输入数据从大到小的输出。这时，指针变量与所指向的变量的指向不变。同样，完成将输入数据从大到小排序输出，也可通过修改指针的指向实现。

【例 8.3】　通过修改指针指向实现将键盘输入的两个整数从大到小输出。

程序设计思想：本例与例 8.2 很类似，其主要差别是利用指针交换实现两数从大到小排序，其算法见图 8-7。

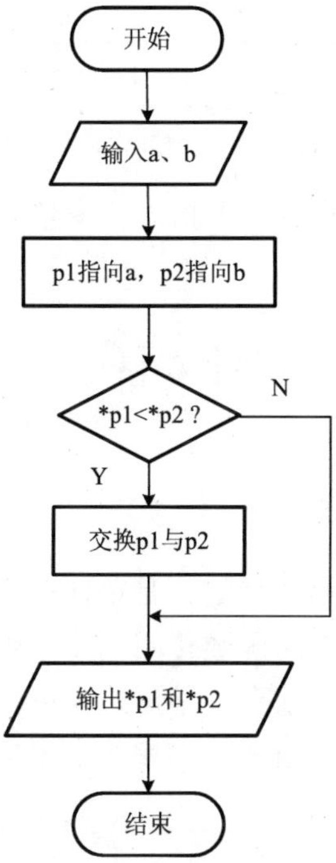

图 8-7　通过交换指针对两数排序

程序设计如下：

```
#include <stdio.h>
int main(void)
{
    int *p1,*p2,a,b,*t;          /*定义指针变量与整型变量*/
    scanf("%d,%d",&a,&b);
    p1=&a;                       /*使指针变量指向整型变量*/
    p2=&b;
```

```
    if(*p1<*p2)
    {                                          /*交换指针变量*/
         t=p1;
         p1=p2;
         p2=t;
    }
    printf("%d, %d\n" , *p1 , *p2);
    return 0;
}
```

例 8.2 和例 8.3 的运行结果完全相同，程序在运行过程中，实际存放数据的地址没有变化，仅指针变量的指向发生了变化。输入同样的数据，p1 和 p2 原来分别指向变量 a 和 b，通过 if()函数的比较后，p1 和 p2 的指向改变为 p1 指向变量 b 和 p2 指向变量 a，*p1 表示变量 b，而*p2 就表示变量 a。其结果如图 8-8 所示。

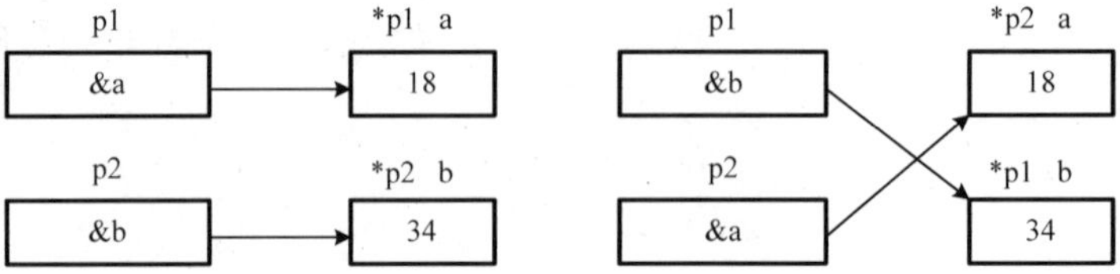

图 8-8　例 8.3 的指针指向交换过程

可以看出，无论在何时，只要指针与所指向的变量满足 p=&a，则 p 等效于&a，*p 等效于变量 a。

8.3　指针变量的应用

8.3.1　指针变量作为函数的参数

在 C 语言中，函数参数的传递是值传递，是单向传递，只能从调用函数将实参值传送到被调用函数的形参，而不能从被调用函数传回到调用函数，并且形参值的变化不会影响实参的值。在函数调用中，函数的参数有多种形式，可以是简单数据类型，也可以是指针类型。指针类型可做函数形参也可做函数的实参，当用指针做函数的实参时，实际将指针变量的值(地址)传给被调用函数的形参指针变量，被调用函数不能修改实参指针变量的值(地址)，但是可在内存空间修改实参变量所指变量的值。

因此，为了将被调用函数变量值的变化反映到主函数中，必须用指针变量做函数形参。当执行被调用函数时，使形参指针变量所指的变量值发生变化。返回主函数后，通过不变的实参指针变量将变化结果保留下来。

【例 8.4】　从键盘输入两个整数，然后用指针变量作为函数参数，通过调用函数，实现将两个数由大到小输出。

程序设计思想：函数对一般参数的传递是单向的，也就是说，只能从调用函数传递到被调用函数，而被调用函数的数据处理结果因变量的作用域的问题，不能简单地传回调用函数。当需要将被调用函数中的处理结果传递回调用函数时，一种比较简单的方法是在被调用函数中采用指针作为函数参数。本例中，特别设置一个 swap() 函数，用指针参数将主函数 main() 中的数据 a 和 b 传递给 swap() 函数，在 swap() 函数中交换指针所指单元数据。当 swap() 函数执行完，返回主函数 main() 时，由于内存单元是不变的，只是通过内存单元带回子函数处理后的结果。该程序的算法流程如图 8-9 所示。

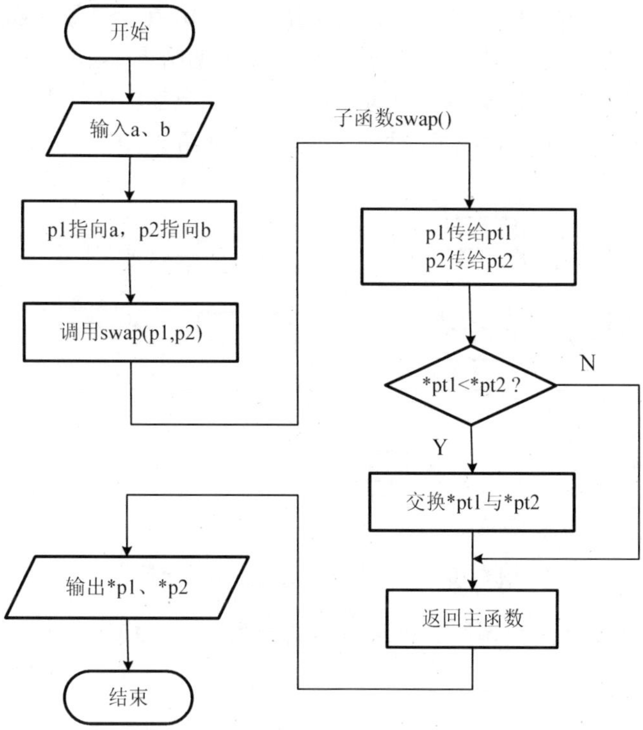

图 8-9 通过函数的指针参数交换数据

程序设计如下：

```
#include<stdio.h>
int main(void)
{
    void swap();                  /*函数声明*/
    int *p1,*p2,a,b;
    scanf("%d,%d",&a,&b);
    p1=&a;
    p2=&b;
    swap(p1,p2);                  /*子程序调用*/
    printf("%d,%d\n",*p1,*p2);
    return 0;
}
void swap(int *pt1,int *pt2)      /*子程序实现将两数值调整为由大到小*/
    {
    int t;
    if(*pt1<*pt2)                 /*交换内存变量的值*/
    {
        t=*pt1;*pt1=*pt2;*pt2=t;
    }
```

```
        return;
}
```

在程序中，子函数 swap()的实参是指针变量 p1 和 p2，形参是指针变量 pt1 和 pt2。在函数调用中，实参与形参相结合，将实参指针变量 p1 和 p2 的值&a 和&b 传递到形参 pt1 和 pt2，使得在子函数 swap()中 pt1 和 pt2 分别指向 a 和 b。在子函数 swap()中，*pt1 和*pt2 的值利用局部变量 t 进行交换(图 8-10 虚线部分)，交换的结果保存在内存变量(变量 a 和 b)中。当返回主函数时，子函数 swap()中的 pt1、pt2 和 t 全部释放，主函数中 p1 和 p2 仍保持不变，但变量 a 和 b 中的值完成了交换。交换结果见图 8-10。

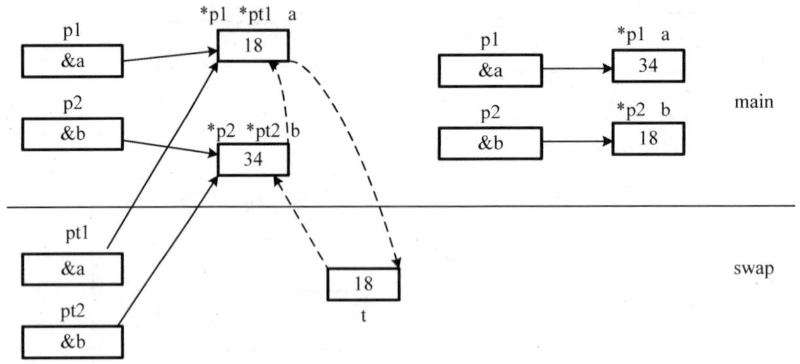

图 8-10　通过指针实现变量值的交换

在图 8-10 中，左图是函数调用、变量虚实结合和数据交换过程，右图为返回主函数后数据交换的结果。

8.3.2　指针与数组

C 语言规定，数组名就是数组在内存中存放的首地址。由于指针变量是用来存放变量地址的，所以指针变量也可存放数组的首地址或数组元素的地址，即指针变量可以指向数组或数组元素。因此，对数组和数组元素的引用，同样可以使用指针变量实现。下面分别介绍指针与数组的关系。

1. 指针与一维数组

对于一维数组，数组名字就是数组在内存中的首地址。若再定义一个指针变量，并将数组首地址传给该指针变量，则该指针就指向了这个一维数组。对一维数组的引用，既可以用数组元素的下标法，也可使用指针表示方法。例如：

```
int a[10] , *p;    /*定义数组与指针变量*/
p=a;
```

或

```
p=&a[0];
```

其中，a 是数组的首地址，&a[0]是数组元素 a[0]的地址，也是数组的首地址，所以，两个赋值操作都使 p 指向了数组 a。假如数组 a 保存在内存的 3000 单元，则指针 p 与一维数组的存储关系见图 8-11。

当指针 p 指向一个一维数组 a 后，一维数组 a 的地址可表示为 p、a 或&a[0]，数组的第 i 个元素 a[i]的值可以用*(a+i)、*(p+i)、p[i]表示，a[i]的地址可表示为 a+i、p+i、&a[0]+i 或&a[i]。下面通过一个例子说明数组与指针的关系。

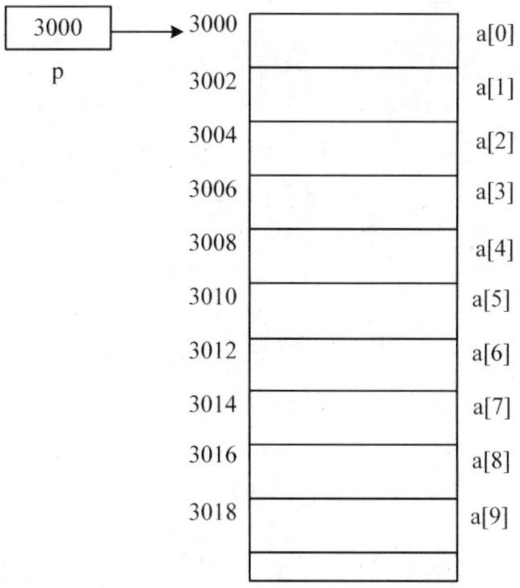

图 8-11　指针与一维数组的存储关系

【例 8.5】　从键盘输入 10 个数据，分别以数组的下标法、指针地址法、数组名地址法、指针下标法和指针法等不同引用形式输出数组各元素的值。

程序设计思想：本例比较简单，主要目的是让读者掌握数组的下标法、指针地址法、数组名地址法、指针下标法和指针法等几种不同的数据输入/输出方法。在设计程序时，可通过一个整型变量 type 的值区分不同的数据输入/输出方法。程序的结构可参见图 8-12 的算法流程。

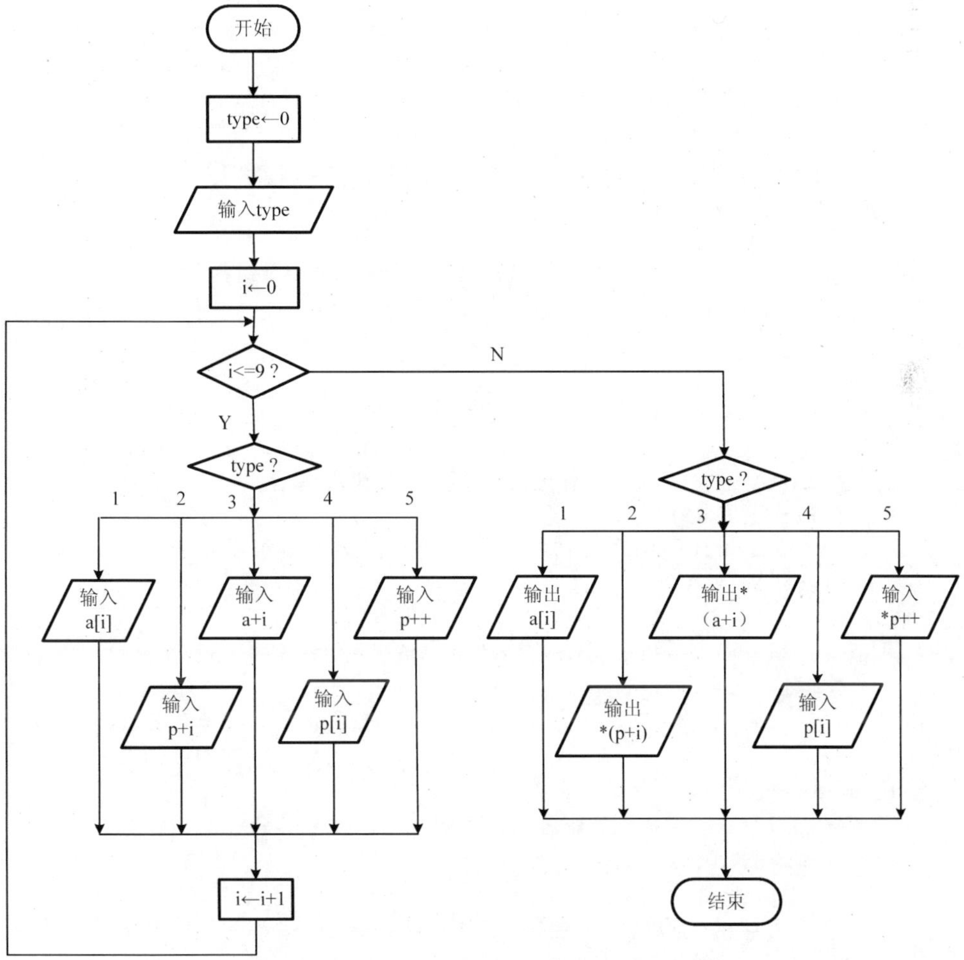

图 8-12　数组的 5 种输入/输出流程

程序设计如下：

```
#include<stdio.h>
int main(void)
{
     int i,type=0;
     int a[10], *p;
     printf("读数形式(1.下标法 2.指针地址法 3.数组名地址法 4.指针下标法 5.指针法):");
     scanf("%d",&type);
     printf("\n");
     for(i=0;i<=9;i++)
     {
          switch(type)
          {    case 1:
                   scanf("%d",&a[i]);     /*下标法输入数组各元素*/
                   break;
               case 2:
                   scanf("%d", p+i);      /*指针变量的地址法输入数组各元素*/
                   break;
               case 3:
                   scanf("%d", a+i);      /*数组名表示的地址法输入数组各元素*/
                   break;
               case 4:
                   scanf("%d", &p[i]);    /*指针表示的下标法输入数组各元素*/
                   break;
               case 5:
                   scanf("%d", p++);      /*指针法输入数组各元素*/
                   break;
          }
     }
switch(type)
{    case 1:
        printf("---%d:下标法输出数组元素---\n",type);
        for(i=0;i<=9;i++)
            printf("%4d,",a[i]);     /*下标法输出数组各元素*/
        break;
     case 2:
        printf("\n ---%d:指针变量的地址法输出数组元素---\n",type);
        for(i=0;i<=9;i++)
             printf("%4d,",*(p+i)); /*指针变量的地址法输出数组各元素*/
        break;
     case 3:
        printf("\n ---%d:数组名表示的地址法输出数组元素\n",type);
        for(i=0; i<=9; i++)
             printf("%4d,", *(a+i));
                  /*数组名表示的地址法输出数组各元素*/
        break;
     case 4:
```

```
        printf("\n---%d:指针表示的下标法输出数组各元素---\n",type);
        for(i=0; i<=9; i++)
            printf("%4d,", p[i]); /*指针表示的下标法输出数组各元素*/
        break;
    case 5:
        printf("\n ---%d:指针法输出数组各元素---\n",type);
        p=a;                       /*指针变量重新指向数组首地址*/
        for(i= 0; i<=9; i++)
            printf("%4d,", *p++);    /*指针法输出数组各元素*/
        break;
  }
  printf("\n");
  return 0;
}
```

在程序中，*p 表示指针所指向的变量，p++表示指针所指向的变量地址加 1 个变量所占字节数。具体地说，若指向整型变量，则指针值加 2；若指针指向实型，则加 4，以此类推。在本程序中，若采用指针法输入/输出，由于 scanf("%d", p++) 中每次都执行 p++,所以在输入部分的循环结束后，p 已经指到数组 a 之外。因此，在输出时必须先用 p=a 使 p 重新指向数组的开始位置。在输出语句“printf("%4d", *p++);”中，*p++先将*和 p 结合，输出指针 p 指向的变量的值，然后指针变量再加 1。

运行后，程序输出结果如下：

```
读数形式(1.下标法 2.指针地址法 3.数组名地址法 4.指针下标法 5.指针法):1
1 2 3 4 5 6 7 8 9 0
---1:下标法输出数组元素---
1,2,3,4,5,6,7,8,9,0,
Press any key to continue
```

注意：当 p 指向数组 a 之后，因为 a 为数组名，p 为指针变量，所以，++和--运算符可用于指针 p，但不能用于 a。

2. 指针与二维数组

在数组一章中已经学习了数组的内容。在 C 语言中，二维数组可看成由多个一维数组组成的数组。例如，在程序中定义了二维数组：

```
int a[3][4];
```

表示二维数组有三行四列共 12 个元素，可以看成由 3 个一维数组 a[0]、a[1]和 a[2]组成，其中：

a[0]的元素为 a[0][0]、a[0][1]、a[0][2]、a[0][3]；

a[1]的元素为 a[1][0]、a[1][1]、a[1][2]、a[1][3]；

a[2]的元素为 a[2][0]、a[2][1]、a[2][2]、a[2][3]。

数组 a 的存储形式如图 8-13 所示。

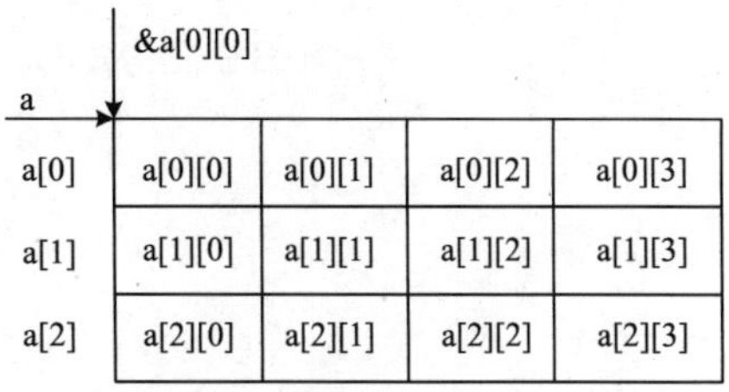

图 8-13　数组 a 的存储形式

若 a 是一个二维数组，C 语言规定二维数组 a 的首地址有三种表示方式，a 为二维数组的首地址，&a[0][0]既可以看作数组 0 行 0 列的首地址，也可以看作二维数组的首地址，a[0]是第 0 行的首地址，也是数组的首地址。同理 a[n]就是第 n 行的首址；&a[n][m]就是数组元素 a[n][m]的地址。当二维数组第 i 行的首地址可用 a[i]表示时，就可把每行的首地址传递给指针变量，行中的其余元素均可以由指针表示。

在程序执行语句“int a[3][4]，*p=a[0];”后，假设数组 a 保存在 1000 单元开始的内存区域，每个整数占 2 字节，则指针 p 与二维数组 a 的存储关系见表 8-1，其地址的对应关系见表 8-2。

表 8-1　指针 p 与数组 a 的存储关系

指针 p	地址单元	p 指向	意义
p=a[0]	1000	指向数组 a	指向数组开始地址
p=a[0]+4	1008	指向 a[1][0]	指向数组第 2 行
p=a[0]+1	1002	指向 a[0][1]	指向数组第 0 行第 1 列
p=&a[0][0]+1	1002	指向 a[0][1]	指向数组第 0 行第 1 列
p=p+1	1002	指向 a[0][1]	指向数组第 0 行第 1 列

表 8-2　地址与数组元素

地址描述	意义	数组元素描述	意义
a、*a、a[0]、&a[0][0]、p	数组 a 首址	a[0][0]、*a[0]、*p、**a	a[0][0]的值
*a+1、a[0]+1、&a[0][0]+1、p+1	a[0][1]的地址	*(*a+1)、*(a[0]+1)、*(&a[0][0]+1)、*(p+1)、a[0][1]	a[0][1]的值
a+i	a[i][0]的地址	**(a+i)、*a[i]、a[i][0]	a[i][0]的值
*a+i*4+j、p+i*4+j、a[0]+i*4+j、&a[0][0]+i*4+j、&a[i][j]	a[i][j]的地址	*(*a+i*4+j)、*(p+i*4+j)、*(a[0]+i*4+j)、*(&a[0][0]+i*4+j)、a[i][j]	a[i][j]的值

注：表中 0≤i≤2，0≤j≤3

【例 8.6】　用地址法和指针法输入/输出二维数组各元素。

程序设计思想：本例可参考例 8.5 的思想完成程序设计。

程序设计如下：

```
#include<stdio.h>
int main(void)
{
    int a[3][4],*p,type;
    int i,j;
    p=a[0];
    printf("读数形式(1.地址法 2.指针法):");
    scanf("%d",&type);
    printf("\n");
    for(i=0;i<3;i++)
        for(j=0;j<4;j++)
            switch(type)
                    {
                        case 1:
                            scanf("%d",a[i]+j);  /*地址法输入数组元素*/
                            break;
                        case 2:
                            scanf("%d", p++);    /*指针法输入数组元素*/
                            break;
```

```
            }
    p=a[0];
    for(i=0;i<3;i++)
    {
        for(j=0;j<4;j++)
            switch(type)
            {
                case 1:
                    printf("%4d",*(a[i]+j)); /*地址法输出数组元素*/
                    break;
                case 2:
                    printf("%4d", *p++);     /*指针法输出数组元素*/
                    break;
            }
        printf("\n");
    }
    return 0;
}
```

程序运行结果如下:

```
读数形式(1.地址法 2.指针法):1
1 2 3 4 5 6 7 8 9 10 11 12
       1   2   3   4
       5   6   7   8
       9  10  11  12
Press any key to continue
```

3. 数组指针作为函数的参数

前面已经介绍了指向一维数组和二维数组指针变量的定义和引用方法，并且介绍了用指针变量作为函数的参数。现在用一个例子说明如何用数组指针变量作为函数的参数。

【例 8.7】 通过调用子函数的方法，实现在一维数组中找出最大元素。

程序设计思想：首先假设一维数组有 10 个整型元素，数组中下标为 0 的元素是最大元素，并且用指针变量指向该元素。然后，将后续元素与该元素依次比较，若后续元素比该元素大，就交换数据。在设计程序时，设置子函数的形参为一维数组，实参是指向一维数组的指针。该程序的算法流程如图 8-14 所示。

程序设计如下:

```
#include<stdio.h>
int main(void)
{
    int findmax();                    /*声明函数*/
    int a[10],*p=a;                   /*定义指针变量 p 并指向数组 a*/
    int i,max;
    for(i=0;i<=9;i++)
        scanf("%d", &a[i]);
    max = findmax(p,10);              /*指针 p 作为函数实参*/
    printf("The max number in the a is %d.\n", max);
    return 0;
```

```
}
int findmax(pa,i)                        /*定义形参为指针的函数*/
int *pa,i;
{
     int temp,j;
     temp =pa[0];                        /*读取数组 a 的第一个元素*/
     for(j=1; j<=i-1; j++)               /*将 a 的第一个元素与其他元素依次比较*/
         if(temp<*(pa+j)) temp=*(pa+j);
     return temp;
}
```

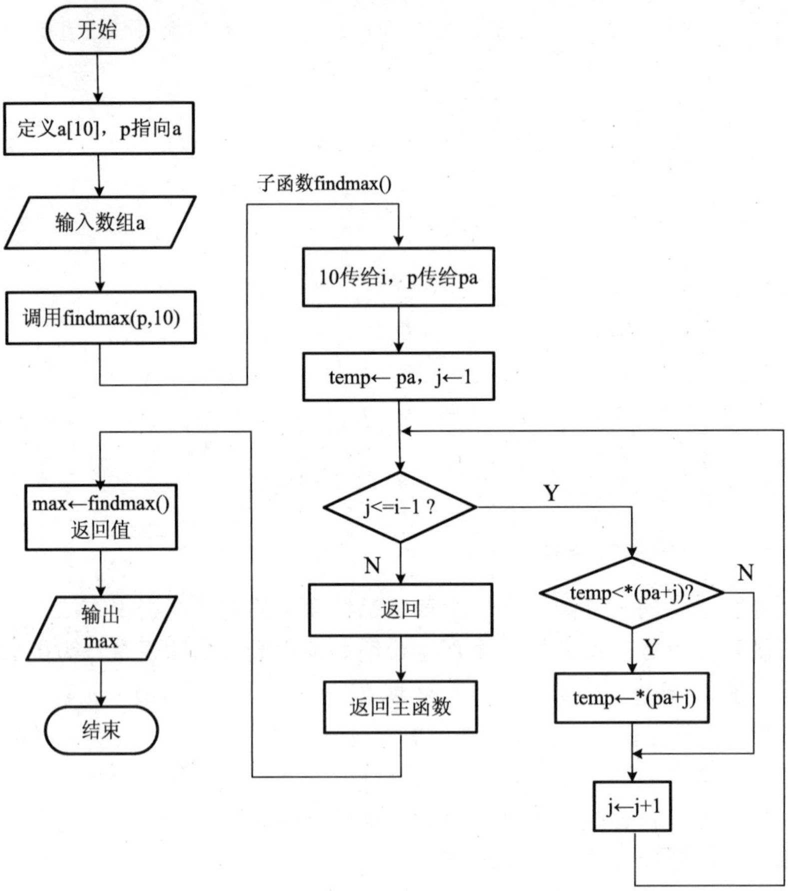

图 8-14　通过给子函数传递参数找数组最大值

运行后，程序输出结果为：

```
11 23 95 37 19 2 4 56 78 10
The max number in the a is 95.
Press any key to continue
```

例 8.7 的子函数部分还有几种不同的写法。

(1) 形参为数组的形式：

```
int findmax(b,i)                         /*函数形参为数组*/
int b[],i;
```

```
{
    int temp,j;
    temp = b[0];
    for(j=1;j<=i-1; j++)
    if(temp<b[j]) temp=b[j];        /*数组形式*/
        return temp;
}
```

(2)指针变量作为形式参数：

```
int findmax(b,i)                    /*形式参数为指针变量*/
int *b,i;
{
   int temp,j;
   temp = b[0];                     /*数组元素指针的下标法表示*/
   for(j = 1; j <= i-1; j++)
   if(temp<b[j]) temp=b[j];
   return temp;
}
```

(3)数组元素用指针表示：

```
int findmax(b,i)/*子程序定义*/
int *b,i;
{
    int temp,j;
    temp = *b ++;
    for( j = 1; j <= i - 1; j ++)
    if(temp<*b) temp=*b++;
    return temp;
}
```

4. 指针与字符数组

第 7 章介绍的字符串就是字符数组，即通过数组名来表示字符串，数组名就是数组的首地址，是字符串的起始地址。当把字符数组名赋给指向字符类型的指针变量时，指针就指向字符串的首地址，字符串的处理就可以用指针实现。

【例 8.8】 从键盘输入两个字符串，用指向字符串的指针变量实现字符串合并，并显示合并后的结果。

程序设计思想：由于本例没有对输入方式作限制，因此，可以采用 gets()函数作为字符串的输入方法。为了使问题简单化，在输入时，约定每个字符串的长度最长为 50 个字符，然后将两个字符串合并。为了避免在字符串合并时出现意外错误，必须保证合并后字符串的长度小于字符串长度的定义，这一步可由 strlen()函数实现。在具体合并字符串时，不用 strcat()函数，而是按照本例的要求，用两个指针 p1 和 p2 分别指向两个字符串，再通过一个循环结构将指针 p1 逐步移动到第一个字符串的末尾，用循环结构将第二个字符串中的字符逐个存入第一个字符串中。当第二个循环结束后，在第一个字符串的末尾存入字符串结束标记'\0'。最后，输出连接后的字符串。本例的详细算法流程如图 8-15 所示。

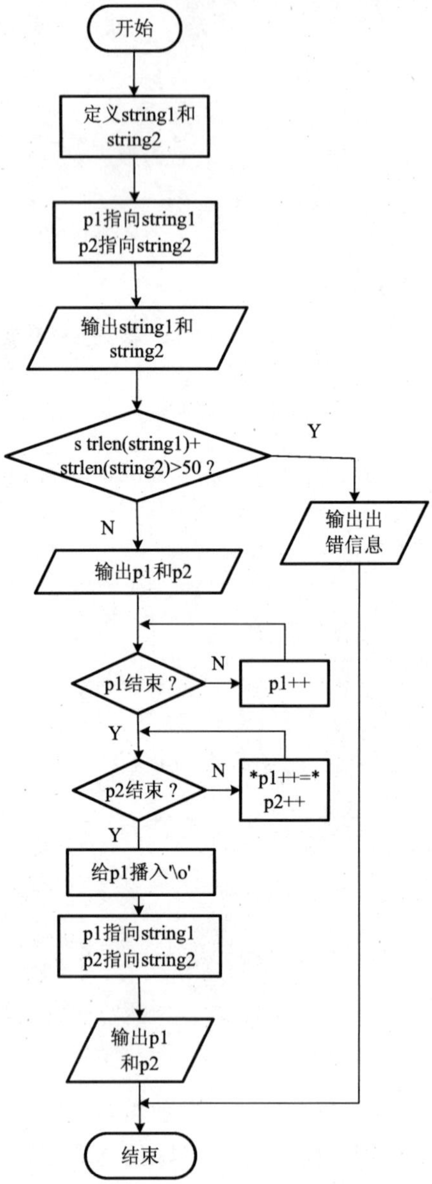

图 8-15　用指针实现字符串连接的算法

按照图 8-15 设计的 C 语言程序如下：

```
#include<stdio.h>
#include<string.h>
int main(void)
{
    char string1[50],string2[50],*p1=string1,*p2=string2;
    printf("Input string1:");
    gets(string1);
    printf("Input string2:");
    gets(string2);
    if(strlen(string1)+strlen(string2)>50)
    {
```

```
        printf("Error! The string is too length. \n");
        return 0;
    }
    printf("Before concatencing:\n");
    printf("    String1=%s\n    String2=%s\n",p1,p2);
    while(*p1)
        p1++;                   /*移动指针到串尾*/
    while(*p2)
        *p1++=*p2++;            /*串连接*/
    *p1='\0';                   /*写入串的结束标志*/
    p1=string1; p2=string2;
    printf("After concatencing:\n");
    printf("    String1=%s\n    String2=%s\n", p1, p2);
    return 0;
}
```

程序运行结果如下：

```
Input string1:
   The book has been written
Input string2:
   by Helen Snow in 1934.
Before concatencing:
   String1=The book has been written
   String2=by Helen Snow in 1934.
After concatencing:
   String1= The book has been written by Helen Snow in 1934.
   String2= by Helen Snow in 1934.
Press any key to continue
```

说明：在程序中串 string1 和 string2 不能超过字符数组长度的定义，否则系统报告读取内存错误。另外，串 string1 和 string2 的长度之和不应大于串 string1 定义的长度，否则程序将报告出错信息“Error! The string is too length.”。

5. 指针数组

在 C 语言中，指针可指向不同类型的变量，并能代替该变量在程序中的使用，这就增加了程序设计的灵活性。当一个程序中有多个具有相同性质的指针时，为了增加程序设计的方便性和程序的可读性，可将这些指针存放在数组中。存放指针的数组称为指针数组。指针数组定义的一般形式如下：

```
DataType  *Array_name[constant];
```

其中，DataType 为数据类型，Array_name 为数组名，constant 为数组长度。

例如，语句

```
int *num[5];
```

就定义了一个数组 num，它包含 5 个元素 num[0]、num[1]、num[2]、num[3]和 num[4]，每个数组元素都为指向整型类型的指针变量。

下面通过一个简单的例子说明指针数组的应用。

【例 8.9】　分别用指针数组的指针指向字符串数组、一维整型数组、二维整型数组。

程序设计思想：本例是对指针数组的应用。由于题目要求比较简单，此处不再具体描述。

程序设计如下：

```
#include<stdlib.h>
#include<stdio.h>
int main(void)
{
    char *p1[4]={"China","USA","German","English"};
    /*指针数组 p1 的 4 个指针分别指向 4 个字符串*/
    int i,*p2[4], *p3[4];
    int a[4]={1,2,3,4},b[4][3]={1,2,3,4,5,6,7,8,9,10,11,12};
    printf("字符串数组:");
    for(i=0;i<4;i++)            /*依次输出 p1 数组 4 个指针指向的字符串*/
        printf("\n%10s",p1[i]);
    for(i=0;i<4;i++)            /*指针数组 p2 的元素指向一维数组 a 的 3 个元素*/
        p2[i]=&a[i];
    printf("\n 整型一维数组:\n");
    for(i=0; i<4; i++)
        printf("%4d", *p2[i]);
    for(i=0; i<4; i++)          /*p2 的元素指向二维数组 b 的每行首地址*/
        p3[i]=b[i];
    printf("\n 整型二维数组:\n");
    for(i=0; i<4; i++)
        printf("%4d %4d %4d\n", *p3[i], *p3[i]+1,*p3[i]+2);
    return 0;
}
```

程序中指针数组与所指对象的关系如图 8-16 所示。

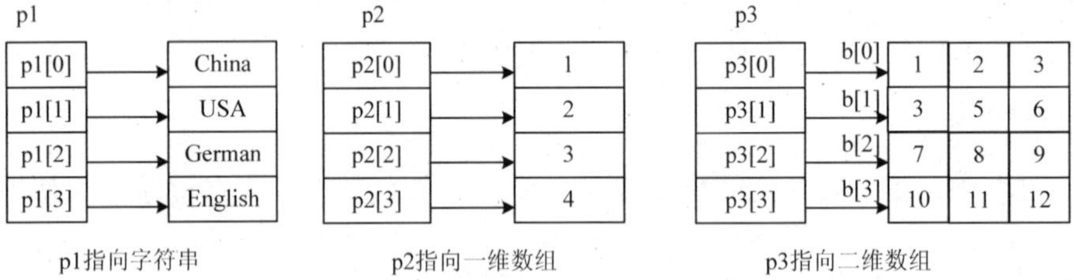

图 8-16　指针数组与所指对象的关系

程序运行结果如下：

```
字符串数组:
     China
       USA
    German
   English

整型一维数组:
```

```
   1   2   3   4
整型二维数组:
   1   2   3
   4   5   6
   7   8   9
  10  11  12
Press any key to continue
```

8.3.3 指向函数的指针

在C语言中，指针变量用来存储内存地址，将指针变量保存了某类型变量的内存地址称为该指针变量指向了某类型的变量。由于编译系统在对一个函数编译时，系统自动就给该函数分配了一段内存空间，这段内存的开始地址称为函数的入口地址。因此，指针变量也可指向函数的入口地址，即函数指针，所以指针变量可以指向整型变量、字符串、数组、结构体，也可以指向一个函数。当一个指针变量指向函数后，就如同用指针变量引用其他类型变量一样，也可以通过该指针变量调用此函数。函数指针有调用函数和作为函数参数两个用途，本节主要介绍利用函数指针调用函数。

1. 函数指针声明

函数指针声明的一般形式如下：

```
返回值类型标识符 (*指针变量名) ([形参列表]);
```

其中，"返回值类型标识符"说明函数的返回值类型，"形参列表"表示指针变量指向的函数所带的参数列表。例如，在语句

```
int func(int x);      /*声明一个函数*/
int (*f)(int y);     /*声明一个函数指针*/
```

中，首先定义了一个整型函数 func()，其参数为形参 x。然后定义了一个函数指针 f，指向一个整型函数，并且带有一个整型形参 y。特别要强调的是，函数指针声明中*f 之外的一对括号千万不可省略，否则就是指针函数的声明，这是函数指针和指针函数的最大差别。

在使用函数指针时要特别注意函数指针和指针函数的区别。通过学习本书的函数一章我们知道函数都有返回类型，只不过指针函数返回类型是一类型的指针。所谓指针函数是指返回值是指针的函数，其本质仍是一个函数。指针函数定义的一般形式如下：

```
返回类型标识符  *函数名称(形式参数表){函数体}
```

返回类型可以是任何基本类型和复合类型。返回指针的函数用途十分广泛。事实上，每一个函数，即使它不带有返回某种类型的指针，它本身都有一个入口地址，该地址相当于一个指针。例如，函数返回一个整型值，实际上也相当于返回一个指针变量的值，不过这时的变量是函数本身而已，而整个函数相当于一个"变量"。

2. 函数指针的赋值

在声明一个函数指针后，就可以将函数地址赋值给该函数指针了，这种操作就是给函数指针赋值。在C语言中，给函数指针赋值语句的一般形式如下：

```
函数指针=函数名;
```

或

```
函数指针=&函数名;
```

注意：赋给函数指针的函数应该和函数指针所指的函数原型是一致的。另外，函数指针赋值时，函数名后不带括号和参数。

例如，在前面已经定义了函数 func()和函数指针 f，现在就可以通过语句

```
f=func;          /*将 func 函数的首地址赋给指针 f*/
```

或者

```
f = &func;
```

将函数 func()的入口地址赋值给 f，也就是指针 f 指向函数 func()的代码首地址。

【例 8.10】 用函数指针调用子函数求两个整数中的较大值。

程序设计思想：按照题意，为了求两数的较大值，必须先定义具有两个参数的函数 max()，并将函数指针指向 max()。再通过 scanf()函数输入两个整数 a 和 b，用函数指针调用 max()，实参为 a 和 b，并求出 a 和 b 的较大值。最后，输出 a、b 及 a 与 b 的较大值。

程序设计如下：

```
#include<stdio.h>
int max(int x,int y){return (x>y? x:y);}
int main(void)
{
    int (*p)(int, int);
    int a, b, c;
    p=max;
    scanf("%d%d",&a,&b);
    c=(*p)(a,b);
    printf("a=%d, b=%d,max=%d",a,b,c);
    return 0;
}
```

在程序中，语句“int (*p)(int,int);”定义 p 是一个指向函数的指针变量，该函数有两个整型参数，函数返回值为整型。

注意：*p 两侧的括号不可省略，表示 p 先与*结合，是指针变量，再与后面的()结合，表示此指针变量指向函数，这个函数值(函数的返回值)是整型。如果写成 int *p(int,int),由于()的优先级高于*，它就成了声明一个函数 p，这个函数的返回值是指向整型变量的指针。

程序中的赋值语句 p=max，把 max()的入口地址赋给 p，以后就可以用 p 调用该函数了。实际上 p 和 max 都指向同一个入口地址，不同的是 p 是一个指针变量，只要给它赋值不同的函数地址就可以指向不同函数，而后用指针变量调用它，增加了调用的灵活性。不过要特别注意，指向函数的指针变量没有++和--运算，用时要非常小心。

程序中的赋值语句“c=(*p)(a,b);”就是通过函数指针调用 max()函数，实参为 a 和 b，其功能和“c=max(a,b);”语句的功能相同，这里 p 仅仅是一个指向函数的指针变量。但是

p 作为指向函数的指针变量，它只能指向函数入口地址，而不允许指向函数中间的某一指令处，因此不能用*(p+1)来表示指向下一条指令。

程序运行结果如下：

```
45 90
a=45,b=90
max=90
Press any key to continue
```

3. 用指向函数的指针作为函数参数

函数指针变量通常的用途之一就是把指针作为参数传递给其他函数。函数的参数可以是变量、指向变量的指针变量、数组名、指向数组的指针变量，也可以是指向函数的指针，还可以作为函数参数，进行函数地址的传递，实现在被调用的函数中使用实参函数。

【例 8.11】 用函数指针分别指向求立方体、计算 x^y 的函数，再将函数指针作为参数调用实现数据计算。

程序设计思想：按照题意，先定义两个子函数 function1()和 function2()，分别计算立方体体积和 x^y。再定义函数 subfunction()，传递主函数 main()中的参数和函数指针(指向函数 function1()和 function2()的指针)，实现对两种不同函数的调用。

具体程序设计如下：

```
#include<stdio.h>
int function1(int d)         /*计算边长为 d 的立方体体积*/
{
    int v;
    v=d*d*d;
    return v;
    }
int function2(int x,int y)   /*在 x 和 y 大于 0 时计算 x^y*/
{
    int i,z=1;
    if(x>0&&y>0)
        for(i=1;i<=y;i++)
            z=z*x;
    return z;
}
void subfunction(int i,int j,int k,int (*pf1)(int), int (*pf2)(int,int))
{
    int a,b;
    a=(*pf1)(i);          /*调用 function1 函数*/
    b=(*pf2)(j,k);        /*调用 function2 函数*/
    printf("The volum of cube which side is %d is %d.\n",i,a);
    printf("The %d power of %d is %d.\n",k,j,b);
}
int main()
{
    int x,y,w;
```

```
    int (*p1)(int), (*p2)(int,int);
    printf("Please input edge length of a cube:\n");
    scanf("%d",&w);
    printf("Please input bottom number and exponent of x^y:\n");
    scanf("%d%d",&x,&y);
    subfunction(w,x,y,function1,function2);
    return 0;
}
```

在这段程序中，定义了子函数 function1()、function2()和 subfunction()。其中 subfunction()是以三个整型形参和两个函数指针 pf1、pf2 为形参的子函数，pf1 指向的函数有一个整型形参 i，pf2 指向的函数有两个整型形参 j 和 k。在子函数 subfunction()没有调用之前，指针变量形参 pf1、pf2 不占用内存单元，也不指向任何函数。在 subfunction()被调用时，把实参函数 function1()和 function2()的入口地址传给形式指针变量 pf1 和 pf2，再通过(*pf1)(i)和(*pf2)(j,k)调用子函数 function1()和 function2()。

程序运行结果如下：

```
Please input edge length of a cube:
3
Please input bottom number and exponent of x^y:
5 4
The volum of cube which side is 3 is 27.
The 4 power of 5 is 625.
Press any key to continue
```

*8.3.4 指针作为 main 函数的参数

本小节为可选部分，作为 DOS 环境的用户进一步学习的内容。在 DOS 环境下，对计算机的操作是命令行形式。例如：

```
copy  c:\abc.c  d:\program\abc.c
```

就是一个 DOS 命令，其功能是将 C 盘根目录下的 abc.c 复制到 D 盘根目录下的子目录 program 下。这里，copy 就是一个 DOS 命令，是一个可执行文件，c:\abc.c 和 d:\program\abc.c 是 copy 的两个参数。当需要用 C 语言实现这样一个功能时，就需要用到带参数的 main()函数。

前面介绍的 main()函数都是不带参数的。因此 main 后的括号都是空括号。实际上，main()函数可以带参数，这个参数可以认为是 main()函数的形式参数。C 语言规定 main()函数的参数最多只能有三个，习惯前两个参数为 argc 和 argv，其中 argc(第一个形参)必须是整型变量，argv(第二个形参)必须是指向字符串的指针数组。有时，main()函数还有一个参数 env，为系统环境变量，对于不同计算机其结果不同。

main()函数可有四种表达式形式：

```
main()
{
  …
}
```

或

```
main(int argc)
{
  …
}
```

或

```
main (int argc,char *argv[])
{
  …
}
```

或

```
main (int argc,char *argv[],char *env[])
{
  …
}
```

由于 main()函数不能被其他函数调用，因此不可能在程序内部取得实际值。实际上，main()函数的参数值是从操作系统命令行上获得的。当要运行由 C 语言编写的一个可执行文件时，在 DOS 提示符下键入可执行的文件名，再输入实际参数，这时就将这些实参传送到 main()的形参中了。一条完整的命令行应包括两部分：命令与相应的参数。其一般形式如下：

```
命令  参数 1 参数 2 … 参数 i
```

命令行中的命令就是由 C 语言程序编译和链接后形成的可执行文件(扩展名为.EXE 或.COM)的文件名，其后是 i 个用空格分隔的参数，也就是传递给 main()函数的实参。例如，设命令行为：

```
prog a1 a2 a3 a4 a5
```

其中，prog 为文件名，是一个由 prog.c 经编译、链接后生成可执行文件 prog.exe，其后带有 5 个参数 a1～a5。对 main()函数来说，它的参数 arc 记录了命令行中命令与参数的个数，共 6 个，指针数组 argv 的大小由参数 argc 的值决定，即为 char *argv[6]，指针数组的取值情况如图 8-17 所示。

下面通过一个实例来说明带参数的 main()函数的使用方法。

【例 8.12】 设计一个 stati 程序，用命令行的方式统计几种不同语言编写程序的代码行数。

程序设计思想：假如命令行为“stati a1 a2 a3 a4 a5 a6”，则 argv[0]为程序名称 stati，argv[1]、argv[3]、argv[5]为程序设计语言名称，argv[2]、argv[4]、argv[6]为程序设计语言代码条数。因此，在设计程序时，可对整型变量 k 进行循环，当 k 能用 2 除尽时，其参数为程序设计语言代码条数，将它转换成整数后，用 sum 进行累加；不能用 2 除尽时，其参数为程序设计语言名称，逐步向字符串 language 连接，组成一个包含所有程序设计语言的字符串。最后，输出 sum 和 language 的值。程序的算法流程如图 8-18 所示。

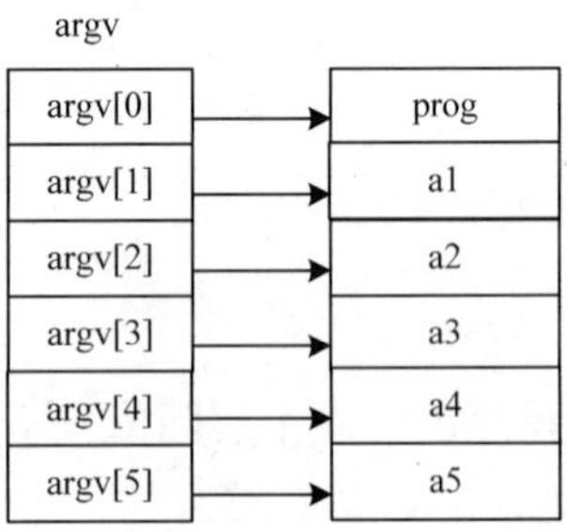

图 8-17　main()函数参数间的取值关系举例

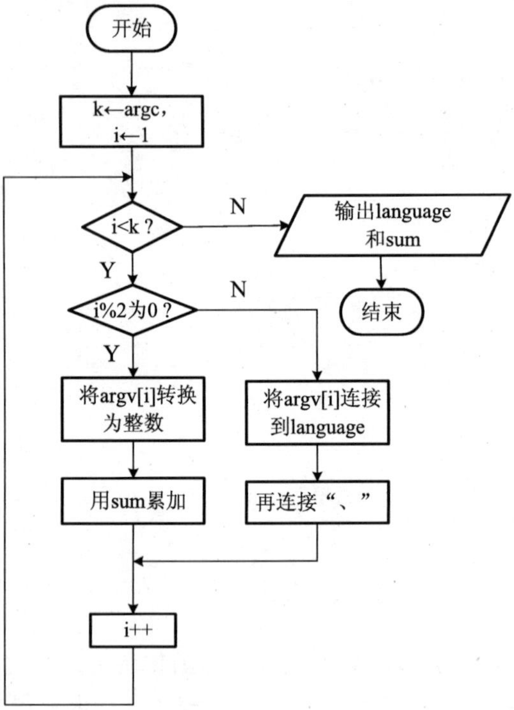

图 8-18　带参数的 main()函数的实例

程序设计如下：

```
#include<stdio.h>
#include<string.h>
int main(int argc,char *argv)
{
    int i,k,sum;
    char *language=" ";
    k=argc;
    for(i=1;i<k;i++)
    {
        if(i%2==0)  sum=sum+atoi(argv[i]);
        else
        {
            strcat(language,argv[i]);
            strcat(language,"、");
        }
    }
    printf("Progranning language inclides %s\n",language);
    printf("Programming code is %d\n",sum);
    return 0;
}
```

在本例中，for 循环是依次读出 argv 中的数据，argv[0]是程序名 stati，从第一个到 argc 个，保存命令行中的程序设计语言名称和程序的代码行数。除了 argc 为 0 以外，当 argc 是偶数时为程序代码行数，为奇数时为程序设计语言名称，用 if 语句进行统计。最后用

printf()函数输出统计结果。其中，atoi()函数将字符串转换成整数。程序编译和链接后，生成 stati.exe 可执行文件，将可执行文件 stati.exe 复制到 C 盘中，输入命令行：

```
C:\>stati BASIC 56 FORTRAN 104 C 89
```

该命令行共有 7 个参数，执行 main()函数时，argc 的初值即为 7。argv 的 7 个元素分为 7 个字符串的首地址。

程序运行结果如下：

```
Progranning language inclides BASIC、FORTRAN、C
Programming code is 249
Press any key to continue
```

8.4 程序设计举例

【例 8.13】 设计一个函数 proc()，每次调用它会实现不同的功能。程序要求输入 a、b 两个整数，依次调用 proc()，完成求最大值、最小值、和、差、乘积、商和幂的功能，并输出计算结果。

程序设计思想：首先，需要定义 int max(int *x , int *y)、int min(int *x , int *y)、int addtion(int *x , int *y)、int subtraction(int *x , int *y)、int multiplication(int *x , int *y)、int division(int *x , int *y)、int power(int *x , int *y)函数完成求最大值、最小值、和、差、乘积、商和幂的计算功能，它们的形式相同，其返回值为整型，具有两个参数。经过编译后，每个子函数在内存都有自己的入口地址。然后，定义子函数 int proc(int *x , int *y , int(*p)())，前两个参数为指向整型变量的指针，指向参与运算的两个值，后一个为函数指针，指向一个功能函数的入口地址。当 p 指向不同函数入口地址时，就调用不同的功能函数。同时，在 proc()中设计了输出语句，输出对 x、y 计算后的结果。根据以上思想，设计了简单的算法流程(见图 8-19)。

程序设计如下：

```
#include<stdio.h>
#include<math.h>
int max(int *x , int *y);             //说明七个功能函数
int min(int *x , int *y);
int addtion(int *x , int *y);
int subtraction(int *x , int *y);
int multiplication(int *x , int *y);
int division(int *x , int *y);
int power(int *x , int *y);
int proc(int *x , int *y , int(*p)());      //用指针作为函数参数
int main()
{
    int a , b ;
    printf("Enter a and b:");
    scanf("%d%d", &a, &b);
    printf("The input are a=%d and b=%d\n",a,b);
```

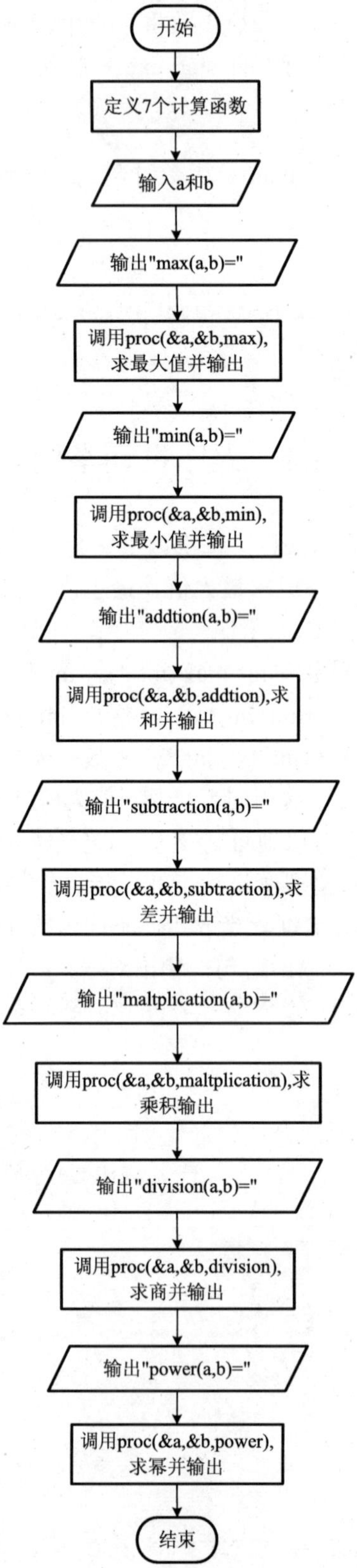
开始
定义7个计算函数
输入a和b
输出"max(a,b)="
调用proc(&a,&b,max),
求最大值并输出
输出"min(a,b)="
调用proc(&a,&b,min),
求最小值并输出
输出"addtion(a,b)="
调用proc(&a,&b,addtion),求
和并输出
输出"subtraction(a,b)="
调用proc(&a,&b,subtraction),求
差并输出
输出"maltplication(a,b)="
调用proc(&a,&b,maltplication),求
乘积输出
输出"division(a,b)="
调用proc(&a,&b,division),
求商并输出
输出"power(a,b)="
调用proc(&a,&b,power),
求幂并输出
结束

图 8-19　用 proc() 调用功能函数流程

```
    printf("max(%d,%d) = " , a , b); proc(&a , &b , max);  //调用功能函数
    printf("min(%d,%d) = " , a , b); proc(&a , &b , min);
    printf("%d + %d = " , a , b);    proc(&a , &b , addtion);
    printf("%d - %d = " , a , b);    proc(&a , &b , subtraction);
    printf("%d * %d = " , a , b);    proc(&a , &b , multiplication);
    printf("%d / %d = " , a , b);    proc(&a , &b , division);
    printf("%d ^ %d = " , a , b);    proc(&a , &b , power);
    return 0 ;
}
//取最大值函数的定义
int max(int *x , int *y)
{
    int k ;
    k = (*x>*y) ? *x: *y;
    return k ;
}
//取最小值函数的定义
int min(int *x , int *y)
{
    int k ;
    k = (*x < *y) ? *x : *y ;
    return k ;
}
//加法函数的定义
int addtion(int *x , int *y)
{
    int k ;
    k = *x + *y ;
    return k ;
}
//减法函数的定义
int subtraction(int *x , int *y)
{
    int k ;
    k = *x - *y ;
    return k ;
}
//乘法函数的定义
int multiplication(int *x , int *y)
{
    int k ;
    k = *x * *y ;
    return k ;
}
//除法函数的定义
int division(int *x , int *y)
{
    int k,m ;
```

```
    m=*y;
    if(m==0) k =-1;
    else
        k=*x / *y;
    return k ;
}
//幂函数的定义
int power(int *x , int *y)
{
    int k ;
    k = pow(*x,*y);
    return k ;
}
//主功能处理函数的定义
int proc(int *x , int *y , int (*p)())
{
    int q ;
    q=(*p)(x , y);        //通过函数指针调用函数
    printf("%d\n", q);
    return 0 ;
}
```

在程序中，主函数 main()中的主功能处理函数 proc()调用求最大值、最小值、和、差、乘积、商和幂七个功能函数。由于函数调用发生在函数定义之前，因此在程序开始要对 proc()函数和七个功能函数进行事先说明。七个功能函数的参数为指针，proc()函数用指针和函数指针作为参数。在主函数 main()中，先输入两个整数 a 和 b，之后将 a 和 b 的地址和功能函数名作为实参传给 proc()的形参，进行虚实结合，x 指向 a，y 指向 b，p 指向函数的入口地址。在 proc()函数中，语句 q= (*p) (x , y)就是对功能函数的调用，功能函数的参数就是 a 和 b 的值。这种函数调用的最大优点是可根据指针 p 的不同指向调用不同的函数，增加了程序设计的灵活性。

程序运行结果如下：

```
Enter a and b:20 5
The input are a=20 and b=5
max(20,5)=20
min(20,5)=5
20+5=25
20-5=15
20*5=100
20/5=4
20^5=3200000
Press any key to continue
```

【例 8.14】 设计一个简单的主控菜单程序，其功能包括输入两个整型数据，并选择加法、减法、乘法、除法和乘方等运算，完成两个数据的计算。

程序设计思想：菜单是早期程序设计中常用的方法。在菜单中，用户只要用简单的字母或数字，就可选择对应的功能，这种方法简单、方便。因为本例中有 7 个功能，所以可

选择的数字为1～7。另外，也可选择7个功能的第一个字母，所以可以是E、A、S、M、D、P、Q或e、a、s、m、d、p、q，这就组成了选择字符串select[]="1234567EASMDPQeasmdpq"。在字符串中，1～7的下标为0～6，E～Q的下标为7～13，e～q的下标为14～20。当用户输入一个字符ch后，用strchr()找到ch在select中的地址，减去select字符串自身的地址，再用7取模，就是用户的功能选择i。为了利用i找到对应的功能函数，将函数名保存到函数指针数组(*option[])()={enter,addtion, subtraction, multiplication, division,power,quit}中，通过i就找到对应的函数名。另外，由于显示的菜单要一直显示在屏幕上，用system()调用cls命令清除屏幕上的其他无用字符，用死循环while(1)实现菜单项的显示。当要退出菜单时，用exit()函数使程序正常结束。

程序设计如下：

```
#include<stdio.h>
#include<string.h>       //字符操作
#include<stdlib.h>       //包含 system 函数
void enter();                  //说明七个功能函数
void addtion();
void subtraction();
void multiplication();
void division();
void power();
void quit();
int menu();                    //说明菜单函数
void (*option[])()={enter,addtion,subtraction,multiplication, division,
power,quit};
int main()
{
     int i ;
     int *pa,*pb,a,b;
     pa=&a;
     pb=&b;
     while(1)
     {
          i=menu();
          system("CLS");                //系统清屏
          if(!(i==6))
               (*option[i])(pa,pb);     //用函数指针调用功能函数
          else
               (*option[i])();
          system("PAUSE");              //等待输入
          system("CLS");
     }
}
//定义菜单函数
int menu()
{
     char select[] = {"1234567EASMDPQeasmdpq"};
```

```
    char *p , ch ;                //定义数组指针应与数组数据类型一致
    printf("    Function menu for select\n");
    printf("      1:Enter two numbers\n");
    printf("      2:Addtion(x+y)\n");
    printf("      3:Subtraction(x-y)\n");
    printf("      4:Multiplication(x*y)\n");
    printf("      5:Division(x/y)\n");
    printf("      6:Power(x^y))\n");
    printf("      7:Quit\n");
    printf("   Please select a number :");
    while(!(p =strchr(select, ch=getchar())))   //将找到的字符地址赋给 p
    {
        putchar('\a');         //产生响铃声
        printf("%c\b" , ch);  //退格回显
    }
    return((p-select)%7);      //返回值为 0～6
}
//定义数据输入函数
void enter(int *px,int *py)
 {
    int x,y;
    printf("Please enter two number x,y:\n");
    scanf("%d%d",&x,&y);
    *px=x;
    *py=y;
    printf("The input numbers are following:\nx=%d\ny=%d\n",x,y);
    return;
}
//定义加法函数
void addtion(int *px,int *py)
{
    int z;
    z=*px+*py;
    printf("%d plus %d is %d\n",*px,*py,z);
    return;
}
//定义减法函数
void subtraction(int *px,int *py)
 {
    int z;
    z=*px-*py;
    printf("%d-%d is %d\n",*px,*py,z);
    return;
}
//定义乘法函数
void multiplication(int *px,int *py)
{
    int z;
```

```
    z=*px**py;
    printf("%d*%d is %d\n",*px,*py,z);
    return;
}
//定义除法函数
void division(int *px,int *py)
{
    float x,y,z;
    x=*px;
    y=*py;
    if(*py) {z=(float)x/y;
        printf("%f/%f is %f\n",x,y,z);}
    else
        printf("y is zero.\n");
    return;
}
//定义乘方函数
void power(int *px,int *py)
{
    int i,x,y;
    long int z=1;
    x=*px;
    y=*py;
    for(i=1;i<=y;i++)
        z=z*x;
    printf("%d^%d is %d\n",x,y,z);
    return;
}
//定义退出函数
void quit()
{
    printf("End the program.\n");
    exit(0) ;                       //exit()使程序正常终止
}
```

本程序与例 8.13 类似，只不过这里运用了菜单选择功能，再用函数指针调用对应的功能函数。程序中的 menu()函数主要产生一个 0～6 的整数。在菜单中可选择的输入为 1～7，或 E、A、S、M、D、P、Q，或 e、a、s、m、d、p、q，可选择的字符存放在字符串 select 中。当用 getchar()函数输入一种选择后，用 strchr()返回对应选择在 select 中第一次出现的地址 p，再用 p 的地址减去 select 的地址，就是所选择的功能字符在 select 中出现的下标。例如，用户的选择是 5，即 Division 功能，则 p–select=4，就指向 select 字符数组中下标为 4 的字符，即字符 5，menu()中 return 的返回值为 4%7，即 4。当选择为 1～7 时，数组下标为 0～6，返回值为 0～6；选择为 E、A、S、M、D、P、Q 时，数组下标为 7～13，返回值为 0～6；选择为 e、a、s、m、d、p、q 时，数组下标为 14～20，返回值还为 0～6。

在程序的 main()函数中，while(1)是一个没有出口的循环，循环结束由 if 语句判断，当 i 等于 6 时调用 quit()功能函数。quit()功能函数用系统提供的 exit(0)实现正常退出系统。循环中的 system()函数执行系统命令 cls(清屏)、pause(暂停)，调用函数由(*option[i])(pa,pb)实现。程序中的(*option[i])(pa,pb)结构比较复杂，首先，它是一个指向函数的指针，其次是一个数组，根据 menu()函数返回的 i 值，在数组中找到函数名，找到该函数的入口地址，再调用该函数名对应的函数。例如，当 i=2 时，就在数组中找到 subtraction，实现 subtraction(pa,pb)的功能，将 a 和 b 相减。

程序的其他部分与例 8.13 类似。这个程序要求每次输入两个整型数据，再选择功能函数进行计算。在计算中有些功能对输入数据有特殊要求，对于除法功能，输入的数据 y 不能等于 0；对于乘方，底数和指数不能太大，否则会超出数据的表示范围。程序执行后，首先显示：

```
Function menu for select
  1:Enter two numbers
  2:Addtion(x+y)
  3:Subtraction(x-y)
  4:Multiplication(x*y)
  5:Division(x/y)
  6:Power(x^y)
  7:Quit
  Please select a number :
```

用户输入 1 和回车之后显示：

```
Please enter two number x,y:
5 4
The input numbers are following:
x=5
y=4
Press any key to continue
```

又进入菜单，这时用户选择 6，则计算机显示：

```
5^4=625
Press any key to continue
```

又进入菜单，这时用户可进行其他操作。若退出程序就选择 7，计算机显示：

```
End the program.
Press any key to continue
```

习　题　八

一、单选题

1. 指针变量的含义是保存变量的(　　)。

   A)地址　　B)值　　C)变量名　　D)类型

2. 若程序执行语句“float (*point)[8];”后，则 point 是(　　)。

   A)8 个指向浮点变量的指针　　B)指向 8 个浮点变量的一维数组指针

   C)指向 8 个浮点变量的函数指针　　D)8 个指针的一维数组，指向浮点变量

3．若程序执行语句“void (*option[8])();”后，则 option 是(　　)。

A)8 个指向变量的指针　　　　　　　　B)指向 8 个变量的一维数组指针

C)8 个函数指针的数组　　　　　　　　D)8 个指针的一维数组，指向 void 变量

4．若 p 是一个指向函数 max()的指针，则下面正确的选项是(　　)。

A) p=*max;　　　B) p=&max;　　　C) p++;　　　D) &p++=max;

5．若 p 是一个指向数组 a[5]={12,4,7,23,56}的指针，则对元素 7 的引用是(　　)。

A) a[3]　　　B) p+3　　　C) p(0)+2;　　　D) p+2

二、读程序并填空

1．以下程序的输出结果是＿＿＿＿＿＿＿＿。

```
#include<stdio.h>
void main()
{  int a[]={1,1,2,3,5,8,13,21};
   int *p;
   p=a;
   p++;
   printf("%d\n",*(p+3));
   return;
}
```

2．以下程序的输出结果是＿＿＿＿＿＿＿＿。

```
#include<stdio.h>
void main()
{  int a,b;
   int *p,*q,*r;
   a=9;
   p=&a;q=&b;
   b=10*(*p+20);
   r=p;p=q;q=r;
   printf("%d,&d,%d\n",*p,*q,*r);
   return;
}
```

3．以下程序是求两个整数之和，并通过参数传回结果，则空白处应是＿＿＿＿＿＿＿＿。

```
#include<stdio.h>
void add(int x,int y,int *z)
{   int w;
   ___________;
   return 0;
}
void main()
{  int i,j,sum,*k;
   printf("Please input two integer number:\n");
   scanf("%d%d",&i,&j);
   k=&sum;
```

```
   add(i,j,k);
   printf("The sum is %d\n",sum);
   return 0;
}
```

4．以下是一个求两个数中较大数的程序，请在空白处填语句____________。

```
#include<stdio.h>
void max(int x, y)
{
   return x>y?x:y;
}
void main()
{  int i,j,maxnum,(*p)();
   scanf("%d%d",&i,&j);
   p=max;
   __________;
   printf("The max is %d\n",maxnum);
}
```

三、填空题

1．在程序执行语句“int a[5][8]和*p=a[0];”后，则 p+i*8+j 对应的数组下标引用的数组元素是____________。

2．用指针指向数组后，对数组元素的引用可以是下标法和____________。

3．在 int *p[5]()中，p 是一个指向____________的指针。

4．当执行“int *p;a[4][8];p=a;”后，数组元素 a[2][3]的指针是____________。

5．在指针中有两种运算，其中*是取所指变量的____________，&是取所指变量的____________。

四、程序设计

1．从键盘输入两个字符串，编写函数用指针方法比较两个字符串是否相等。

2．编写程序，输入 20 个大于 0 的整数并存入数组，用指针的方法对数组中的元素排序并输出。

3．用数组存储 10 个学生的语文、数学、化学、物理和英语成绩，分别编写求每门课平均成绩、统计并输出不及格学生的人数和姓名、找出并输出平均 85 分以上学生的学号和各科成绩的子函数。在主函数中用函数指针调用各子函数。

第 9 章　结构体和共用体

迄今为止，我们已经学习过了 C 语言规定的数据类型中的基本类型、构造类型(数组)。除此之外，还有一些构造类型，我们在实际编程过程中使用也非常频繁。在编程的过程中，当我们要处理数据之间具有关联关系或具有某种结构的时候，之前学习的变量就不能满足我们的要求了，这时就需要使用结构体(共用体)类型了。

9.1　什么是结构体

软件开发中，我们经常会碰到这样的情形：当学生通过教务系统查询这学期所学课程的成绩时，总会看到相关考试成绩的页面。那么有人会问，是不是教务系统查到这个学生的一门课程，就把这门课的成绩显示到网页中，然后继续查找下一门课程的成绩？这个问题用我们已学的变量知识表达就是：当教务系统每查到这个学生的一门课程成绩后，将这个成绩的数值赋值到一个变量中，然后把这个变量中的数值打印到网页页面上。

但实际软件开发的设计思路并非如此。很多系统开发过程中，程序员必须面对一个问题：有些数据集合是一个具有结构的有机整体，它们之间存在某种互联的逻辑关系，在处理的时候，必须把它们存放在一个可以一起容纳它们的存储空间中，通过存储空间的物理结构关系保持数据的逻辑关系。

前面所说的学生查询成绩的例子就是这样一种情形，程序对该学生所有学习的课程及该门课程的成绩有一个一一对应的关系，同时每个学生学习的课程名和成绩都与该学生的编号有一一对应关系。我们需要把每一个学生关联的课程与成绩一一对应关系的数据作为一个整体来管理。学生成绩查询是一次性把这名学生的成绩都查到，并且保存在被称为结构体变量的存储空间中，然后把结构体中记录的课程名字和成绩一次性输出到网页上或者把数据整体作其他处理；当处理完毕后，我们就可以将结构体在内存中占据的资源释放掉。

表 9-1　学生成绩表

姓名	学号	学期	年级	科目 1	科目 1 成绩	科目 2	科目 2 成绩
李虎	161290891	2	1	高数	89	英语	80
万敏	161291803	2	1	高数	73	英语	82
王阳	171290898	2	2	C 语言	81	概率论	88
李丹	171290821	2	2	C 语言	76	概率论	89

如表 9-1 所示，每一行的数据都是一个有关联的整体，我们不能破坏掉一行数据的逻辑关系，例如，表 9-1 第一行数据的逻辑关联为：李虎在大一第二学期的高数考试中，成绩为 89 分，这一行的各个数据都是在说李虎的成绩情况；而“高数”、“89”等数据不能使用到万敏的情况描述中。每一行数据具有逻辑关联关系，需要作为一个整体对待。

这样做一方面是因为计算机对硬盘数据操作的速度要比对保存在内存中的数据操作慢很多，我们可以把有关联的数据一次性搜集好，然后可以快速作进一步处理；另一方面我们把有关联的数据作为整体存储，在进行其他处理的时候，依然可以保持数据逻辑关系的完整性。

9.2 结构体类型的定义

9.2.1 结构体的定义方法

结构体类型的定义格式如下：

```
struct 结构体名
{
    成员列表;
}
```

结构体名用来区分声明不同的结构体类型。

9.2.2 结构体的含义

结构体类型的名字是由 C 语言规定的关键字 struct 和结构体名组合而成的(形如：struct 结构体名)。结构体的名字是我们在程序设计过程中数据集合的含义来命名的，所以结构体名最好是看到名字，就明白这个结构体类型的含义；不同结构体类型通过结构体类型的名字加以区分。例如，struct student_info 这个结构体类型记录了学生信息，struct teacher 这个结构体类型记录了老师相关的信息，struct girl_info 和 struct boy_info 这两个不同类型的结构体，struct girl_info 这个结构体类型对应女生信息，struct boy_info 结构体对应男生信息。

以学生成绩为例，定义学生成绩结构体：

```
struct  student
{
   char name[10];          //姓名
   char numberId[10];      //学号
   int term;               //学期
   int grade;              //年级
   double  classname1;     //科目 1 名称
   double  score1;         //科目 1 成绩
   double  classname2;     //科目 2 名称
   double  score2;         //科目 2 成绩
};
```

强调：注意在最后一个花括号后边还有一个分号(;)，这一点非常重要，否则编译不通过。

前面定义的是针对记录学生查询成绩数据的结构体(struct student)。这个结构体(struct student)仅是一个针对我们查询业务需要而自己定义的结构体，这个结构体(struct student)

中的基本数据类型变量有机结合在一起，作为一个整体，相互之间有一定关联关系。该结构体类型中有不同的变量，它们分别记录不同的数据信息。

结构体(struct student)中记录到 name 数组中的名字一定和结构体中其他变量中的信息相关联，被当成一个有机整体看待。例如，name 中记录的是 Patrick 的名字，那么后边的变量中所记录的课程信息一定是与 Patrick 所学课程和该课程的成绩相关的信息；这样这个结构体中的信息就联系起来了；我们传递、表达、存储、处理数据都可以把与 Patrick 相关的信息看成一个整体对待，这个整体就是我们自己根据业务需求而定义的结构体(struct student)。

9.3　结构体变量的定义与初始化

结构体变量可以用来存储数据。程序运行开始，要先定义和初始化变量。

9.3.1　结构体变量的定义

我们自己所定义的结构体在制作的程序代码中，仅仅是一个新的数据类型，它与我们之前所接触的数据类型(int、char、float、double)等价。基本数据类型如何定义该类型的变量，那么结构体类型也用相同的模式定义该结构体类型的变量。

以 int 类型为例，之前所接触的 int 关键字，它代表的是一个数据类型，同时还有如下含义。

(1) int 这个类型符是与整型数据关联的类型符号。

(2) 使用 int 关键字，可以定义整型变量(是定义整型变量的模板)。

(3) 定义的整型变量在内存中占据空间，可以保存数据。

所有使用 int 关键字定义的变量，都符合整型类型所规定的操作方法、内存字节个数、数值范围等规定。

整型变量定义的范例：

```
int  number;
```

struct student 与 int 类型是等价的，是一个定义变量的模板。struct student 这个结构体类型规定该类型内含有规定的变量与数据类型(如 char name[]等)。int 类型所定义的变量在 TC 3.0 环境中占据 2 字节的内存空间。struct student 类型所定义的变量经过 TC 3.0 编译器编译后，变量占据 56 字节的内存空间(name[10]占 10 字节，numberId[10]占 10 字节，term 占 2 字节，grade 占 2 字节，classname1 占 8 字节，score1 占 8 字节，classname2 占 8 字节，score2 占 8 字节)

与整型变量定义类比，结构体变量的定义格式如下。

整型变量定义：

```
int number;
```

结构体变量定义：

```
struct student wangming;
```

根据对比，在定义变量时 struct student 与 int 等价，是一种类型的名称，而 number 和 wangming 是对应类型的变量名。

9.3.2 结构体变量定义的不同形式

结构体类型变量定义的几种形式。

1. 先声明结构体类型，后定义结构体变量

```
struct  student
{
   char    name[10];         //姓名
   char    numberId[10];     //学号
   int     term;             //学期
   int     grade;            //年级
   double  classname1;       //科目 1 名称
   double  score1;           //科目 1 成绩
   double  classname2;       //科目 2 名称
   double  score2;           //科目 2 成绩
};
//下面定义两个 struct student 类型的变量
struct  student  xiaoming,lihong;
```

2. 同时定义结构体类型和对应变量

```
struct  student
{
   char    name[10];         //姓名
   char    numberId[10];     //学号
   int     term;             //学期
   int     grade;            //年级
   double  classname1;       //科目 1 名称
   double  score1;           //科目 1 成绩
   double  classname2;       //科目 2 名称
   double  score2;           //科目 2 成绩
}xiaoming,lihong;            //这行有两个变量名
```

3. 直接定义结构体类型变量

```
struct                       //没有结构体类型名
{
   char    name[10];         //姓名
   char    numberId[10];     //学号
   int     term;             //学期
   int     grade;            //年级
   double  classname1;       //科目 1 名称
   double  score1;           //科目 1 成绩
   double  classname2;       //科目 2 名称
   double  score2;           //科目 2 成绩
}xiaoming,lihong;            //这行有两个变量名
```

9.3.3　结构体变量的初始化

结构体变量的使用与之前所学的 C 语言基本数据类型所定义的变量一致，都要遵循先定义后使用的原则。上述 struct student 是一个自定义的数据类型，这个数据类型与 int 类似。我们可以用这个新的数据类型定义变量，使这个变量属于指定的数据类型。我们用类比的方式来看一下结构体变量的定义与初始化。

首先，考察整型类型 int。int 是一个整型数据类型，它是 C 语言提供的基本数据类型，使用这个数据类型定义的变量(TC 环境内)在内存中占 2 字节，具体例子见图 9-1。

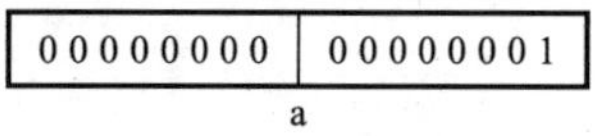

图 9-1　a 在内存中的存储方式

```
int a = 1;
```

结构体变量的初始化与整型变量初始化既有相近之处，又有不同之处。由于结构体类型中包含了多个基本数据类型，每个数据类型对应的变量存储不同的值。整个结构体所占据内存储空间的大小为所有结构体成员占据内存大小的总和。例如：

```
struct mydata
{
   int id;
   char flag;
}firstdata;
```

这段代码定义了一个 struct mydata 类型的结构体，这个结构体中的成员有两个，分别是整型类型成员 id 和字符型类型成员 flag。在 TC 中整型变量占据 2 字节，字符型变量占据 1 字节。由于 firstdata 是 struct mydata 类型的变量，firstdata 结构体变量所占据的内存空间为 3 字节，如图 9-2 所示。

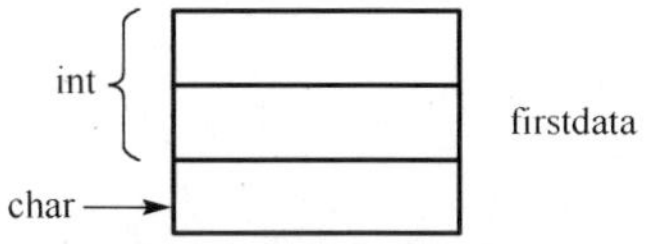

图 9-2　各变量占据的内存空间

接下来我们看一下变量的初始化赋值。对于结构体变量的成员初始化，我们可以按照结构体变量名.成员名的方式进行赋值。例如：

```
firstdata.id = 1001;
firstdata.flag = 'T';
```

还可以使用

```
firstdata ={1001, 'T'};
```

两种结构体变量的初始化方法，可以根据编程需要进行选择。结构体变量成负的赋值，还可通过 Scanf()函数大，与用户交互实现动态赋值。

【例 9.1】　结构体变量初始化与输出。

程序设计如下：

```
#include<stdio.h>
void main()
{
     struct mydata
     {
          int id;
          char flag;
```

```
    }firstdata,seconddata={100, 'd'};
    printf("please input data:\n flag is ");
    scanf("%c", &firstdata.flag);
    printf(" id is ");
    scanf("%d",&firstdata.id);
    printf("\nyour data1 is: id = %d,flag =%c", firstdata.id, firstdata.
          flag);
    printf("\nyour data2 is: id = %d,flag =%c", seconddata.id, seconddata.
          flag);
}
```

程序运行结果如下：

```
please input data:
   flag is c
   id  is 101
your data is : id = 101, flag = c
your data2 is: is=100 ,flag = d
```

9.3.4 结构体变量的使用

对结构体变量初始化后，就可以使用它了。下面通过一个例子介绍结构体变量的使用方法，后面将对使用方法进行解释。

【例 9.2】 结构体使用。

程序设计如下：

```
#include<stdio.h>
struct student
{
   char    name[10];        //姓名，该字符数组为结构体成员
   char    numberId[10];    //学号，该字符数组为结构体成员
   int     term;            //学期，该整型变量为结构体成员
   int     grade;           //年级，该整型变量为结构体成员
   char    classname1[10];  //科目 1 名称，该字符数组为结构体成员
   double  score1;          //科目 1 成绩，该实型变量为结构体成员
   char    classname2[10];  //科目 2 名称，该字符数组为结构体成员
   double  score2;          //科目 2 成绩，该实型变量为结构体成员
};
void main()
{
   struct student  person1 =
    {"anny ","2017010",3,2,"English",90,"computer",82};
   printf("\n student name is %s", person1.name);
   printf("\n student id is %s", person1. numberId);
   printf("\n term is %d", person1. term);
   printf("\n grade is %d", person1. grade);
   printf("\n  %s score is %f", person1. classname1, person1. score1);
   printf("\n  %s score is %f", person1. classname2, person1. score2);
}
```

程序运行结果如下：

```
student name is anny
student is 2017010
term is 3
grade is 2
English score is 90.000000
computer score is 82.000000
```

这个例子演示了如何使用一个结构体变量中记录的数据。结构体变量中的成员变量在引用时，需要遵循使用结构体变量名.成员名的方式进行访问。这里需要特别强调，结构体变量名是一个按照某种结构体类型定义的变量的名称。例 9.2 中，程序定义了 struct student 类型的结构体，然后使用该结构体类型定义了一个 struct student 类型的结构体变量，即 person1 变量；person1 变量属于 struct student 类型。在 struct student 类型中，我们定义了该类型的成员，对于成员的访问，首先要指定变量名，然后使用点号(.)作为子集访问符，最后书写成员名称，如 person1. term。对于在结构体中定义的基本类型，可按基本数据类型的访问方式进行访问(本例的字符数组也可以不使用%s 方式输出，而改用字符数组循环结构访问)。

需要注意，类型不能存储数据，只有按该类型生成的变量才能保存数据。person1 就是我们申请的变量名，当访问结构体变量 person1 中的数据时，需要先告诉系统要访问哪个结构体变量，即先告诉系统结构体变量的名字，再指出这个结构体变量中哪个成员保存对应的数据，例如，获取 person1 结构体变量中记录的姓名信息，在输出的时候，以字符串格式输出，即程序中的 person1.name。对于结构体变量中的成员，可以按照其所属类型变量的使用方法进行操作。

9.4　结构体数组的定义与使用

根据汉语形容词与名词的语法关系我们可以看出，“结构体数组”中，“数组”是主体，是根本，“结构体”是修饰数组的性质的形容词。那么我们可以认为，从整体看，这是一个数组，每个数组元素存储的是一个结构体类型的数据。

依然以 struct student 类型的结构体为例，现在定义一个结构体数组：

```
struct student  person1[] =
{
     {"anny ","2017010210",1,2,"English",90,"computer",82},
     {"bob ","2017010221",3,2,"English",92,"computer",86},
     {"rose ","2017010216",3,2,"English",87,"computer",89},
}; //包含数组初始化
```

结构体变量在内存中数据的逻辑组织形态如表 9-2 所示。

表 9-2　结构体变量在内存中数据的逻辑组织形态

anny	2017010210	3	2	English	90	computer	82
bob	2017010221	3	2	English	92	computer	86
rose	2017010216	3	2	English	87	computer	89

现在定义一个结构体数组(三种形式)。

形式一：

```
struct student group[5] =
{
    {"anny ", "2017010210",3, 2, "English", 90, "computer", 81},
    {"tom ", "2017010211", 3, 2, "English", 91, "computer", 88},
    {"joth", "2017010212", 3, 2, "English", 70, "computer", 82},
    {"bom ", "2017010213", 3, 2, "English", 60, "computer", 78},
    {"rose ", "2017010214", 3, 2, "English", 88, "computer", 89}
}
```

形式二：

```
struct student
{
   char    name[10];           //姓名
   char    numberId[10];       //学号
   int     term;               //学期
   int     grade;              //年级
   char    classname1[10];     //科目 1 名称
   double  score1;             //科目 1 成绩
   char    classname2[10];     //科目 2 名称
   double  score2;             //科目 2 成绩
 }
group[5] =
 {
   {"anny ", "2017010210",3, 2, "English", 90, "computer", 81},
   {"tom ", "2017010211", 3, 2, "English", 91, "computer", 88},
   {"joth", "2017010212", 3, 2, "English", 70, "computer", 82},
   {"bom ", "2017010213", 3, 2, "English", 60, "computer", 78},
   {"rose ", "2017010214", 3, 2, "English", 88, "computer", 89}
 }
```

形式三：

```
struct
{
   char    name[10];           //姓名
   char    numberId[10];       //学号
   int     term;               //学期
   int     grade;              //年级
   char    classname1[10];     //科目 1 名称
   double  score1;             //科目 1 成绩
   char    classname2[10];     //科目 2 名称
   double  score2;             //科目 2 成绩
}
group[5] =
{
   {"anny ", "2017010210",3, 2, "English", 90, "computer", 81},
```

```
    {"tom ", "2017010211", 3, 2, "English", 91, "computer", 88},
    {"joth", "2017010212", 3, 2, "English", 70, "computer", 82},
    {"bom ", "2017010213", 3, 2, "English", 60, "computer", 78},
    {"rose ", "2017010214", 3, 2, "English", 88, "computer", 89}
};
```

结构体数组在内存中数据的逻辑组织形态如图 9-3 和表 9-3 所示。

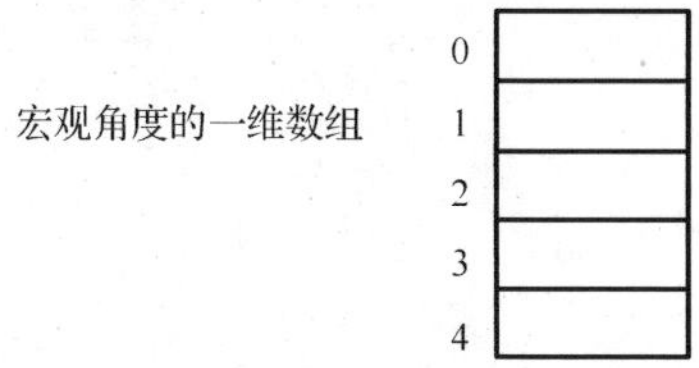

图 9-3　结构体数组

表 9-3　数组内部信息

0	anny	2017010210	3	2	English	90	computer	82
1	tom	2017010211	3	2	English	91	computer	88
2	joth	2017010212	3	2	English	70	computer	82
3	bom	2017010213	3	2	English	60	computer	78
4	rose	2017010214	3	2	English	88	computer	89

从整体看，结构体数组具有数组的特征，最左侧的数字代表每一行是数组的行标，可以通过数组下标的方式访问到一维数组的某一行。具体考察数组中某一个元素的数据，可以看到在每个数组元素中，存储的是一个 struct student 类型的数据。从数组的角度来看，前面学习过的数组处理的办法依然可以运用到结构体数组的数据处理中，但当处理到数组元素中的结构体数据时，要按照结构体变量的方式处理。

```
sturct student group[5]  =  { …}    //结构体数组初始化略
for(int  i=0; i < 5 ;i++)
 {
     printf("\n student name is %s", group[i].name);
     printf("\n student id is %s", group[i]. numberId);
     printf("\n term is %d", group[i]. term);
     printf("\n grade is %d", group[i]. grade);
     printf("\n  %s score is %f", group[i]. classname1 , group[i] score1);
     printf("\n  %s score is %f", group[i]. classname2 , group[i]. Score2);
 }
```

9.5　结构体类型的指针使用

通过指针的学习，我们知道对于变量，可以通过指针的方式访问变量中的值。结构体类型的变量同样可以使用指针的方式访问和操作。

由于结构体类型是基本类型组成的新的类型，在对应的结构体变量中，可以定义一个结构体类型的指针变量，通过指针变量指向结构体变量。

【例 9.3】 结构体数组的指针访问方法。

程序设计如下：

```
#include<stdio.h>
struct student
{
    char    name[10];           //姓名，该字符数组为结构体成员
    char    numberId[10];       //学号，该字符数组为结构体成员
    int     term;               //学期，该整型变量为结构体成员
    int     grade;              //年级，该整型变量为结构体成员
    char    classname1[10];     //科目 1 名称，该字符数组为结构体成员
    double  score1;             //科目 1 成绩，该实型变量为结构体成员
    char    classname2[10];     //科目 2 名称，该字符数组为结构体成员
    double  score2;             //科目 2 成绩，该实型变量为结构体成员
} ;
void main()
{
 struct student  person1
     = {"anny ","2017010210",3,2,"English",90,"computer",82};
     struct student * p_student;
     p_student = &person1;  //将结构体变量 person1 的首地址赋给指针变量
     printf("\n student name is %s", (*p_student).name);
     printf("\n student id is %s", (*p_student). numberId);
     printf("\n term is %d", (*p_student). term);
     printf("\n grade is %d", (*p_student). grade);
     printf("\n  %sscoreis%f",(*p_student).classname1,(*p_student).score1);
     printf("\n  %sscoreis%f",(*p_student).classname2,(*p_student).score2);
}
```

程序运行结果如下：

```
student name is anny
student is 2017010210
term is 3
grade is 2
English score is 90.000000
computer score is 82.000000
```

这段程序中，在进行输出操作时，采用了结构体变量指针访问的方式进行数据操作。就像定义基本类型变量指针一样，我们可以定义结构体类型变量指针(struct student * p_student;), p_student 为存放 struct student 类型结构体变量地址的变量，如图 9-4 所示。

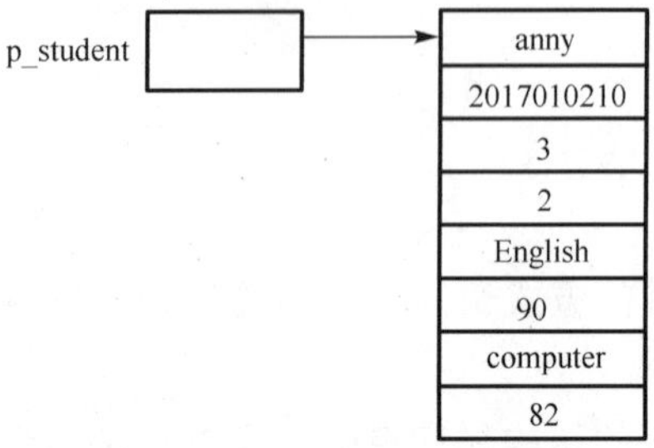

图 9-4　指针访问结构体成员

在程序中*p_student 表示指针指向结构体变量的首地址，(*p_student). term 表示访问结构体中的 term 成员。

特别说明以下几点。

(1) 根据 C 语言运算符优先级的规定，(*p_student). term 和*p_student. term 有着截然不同的含义。由于点(.)运算的优先级高于指向运算(*)，(*p_student). term 表示访问结构体变量中的成员，而*p_student. term 表示结构体变量中的 term 是一个指针变量，通过指向运算，要访问 term 指向的变量。

(2) 通过结构体变量指针的方式访问，除了使用例 9.3 所述的(*p_student). term 访问方式，还可以使用 p_student-> term 的方式进行访问，即(*p_student).成员名等价于 p_student->成员名。

(3) 如果结构体指针指向结构体数组，那么结构体指针实现加 1 操作，程序实际运行效果为指向结构体数组下一个结构体的首地址，如图 9-5 所示。

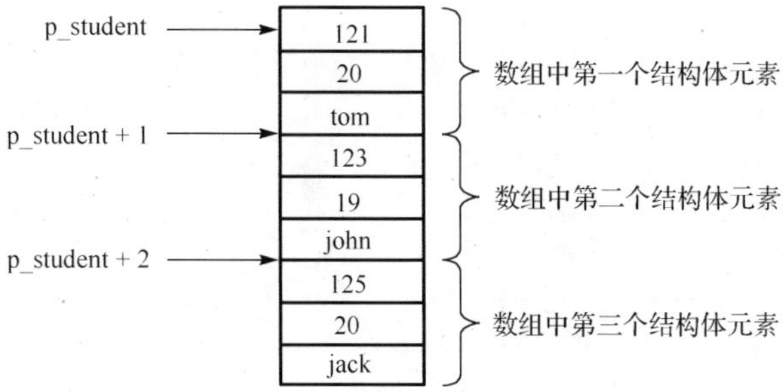

图 9-5　结构体指针加 1 后在数组中的指向

下面的例子使用数组下标和指针的方式对结构体数组进行访问，请读者对比指针和数组下标方式访问的不同。

【例 9.4】　结构体数组的指针与数组下标访问方法。

程序设计如下：

```
#include<stdio.h>
struct student
{
    int id;
    int age;
    char name[5];
};
void main()
{
   int i;
   struct student *p;
   struct student info_arr[3]=
   {
       { 121,20,"tom" },
       { 123,19,"john" },
       { 125,20,"jack" }
   };
   //使用数组名和数组下标方式访问
   for(i=0;i<3;i++)
   {
       printf("\nid is %3d, age is %3d, name is %5s",info_arr[i].id,
       info_arr[i].age,info_arr[i].name);
```

```
   }
   printf("\n\n\n");
//使用指向结构体的指针访问,这里注意 p++,p 指针指向结构体指针的下一个结构
     体元素首地址
   for(p=info_arr;p<info_arr+3;p++)
   {
      printf("\nid is %3d, age is %3d, name is %5s",p->id,p->age,p->name);
   }
}
```

程序运行结果如下：

```
id is 121, age is 20, name is tom
id is 123, age is 19, name is john
id is 125, age is 20, name is jack

id is 121, age is 20, name is tom
id is 123, age is 19, name is john
id is 125, age is 20, name is jack
```

【例 9.5】　使用结构体指针实现结构体数组操作方法。

程序设计如下：

```
 #include<stdio.h>
 void main()
{
 struct student
 {
     int id;
     int age;
     char name[10];
 }info_arr[3],*p;
 printf("please input student info\n");
 for(p=info_arr;p<info_arr+3;p++)
 {
     scanf("%d,%d,%s",&p->id,&p->age,p->name);
 }
 printf("your data is:\n");
 for(p=info_arr;p<info_arr+3;p++)
 {
     printf("\n id is %3d, age is %3d, name is %5s",p->id,p->age,p->name);
 }
}
```

程序运行结果如下：

```
please input sudent ifo
101,20,tom
102,19,rose
103,20,john
your data is:
```

```
id is 101, age is 20, name is tom
id is 102, age is 19, name is rose
id is 103, age is 20, name is john
```

在这个例子中，“scanf("%d,%d,%s",&p->id,&p->age,p->name);”语句使用了&p->id，p->id 的含义是 p 指针所指的结构体变量中的 id 成员，如果要向该成员中输入数据，就需要获得该成员的地址，使用在 p->id 前增加取地址符&。同理，如果使用结构体数组下标方式对结构体变量中的成员赋值，也需要增加取地址符：

```
scanf("%d,%d,%s",&info_arr[i].id,& info_arr[i].age, info_arr[i].name);
```

此处的字符数组前 info_arr[i].name 没增加取地址符，请读者参考字符数组相关知识理解。

9.6　结构体的典型应用(链表)

在计算机软件开发中有这样一种应用：用户常常要求组织一批数据；这批数据包含若干个数量不确定的数据节点；许多节点连接起来形成一个链，如图 9-6 所示；对于节点中的数据，存储有多种数据类型的数据。

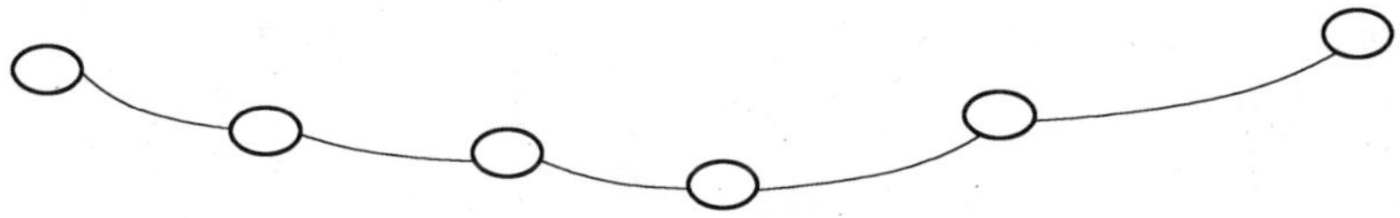

图 9-6　链表

9.6.1　什么是链表

链表是一种重要的数据结构，使用链表可以实现根据程序运行的需要，动态申请内存空间，动态存储数据。如果使用结构体数组存储数据，在程序运行前，需要申请很大的数组空间，以便能对所有数据进行存储。在实际生产中，由于程序运行前，不知道有多少数据需要存储，使用结构体数组模型就会产生两个弊端。

(1) 为了保证存储数据，提前申请很大的空间确保能存储所有数据，这样就会导致宝贵的内存资源被大量浪费。

(2) 由于需要存储的数据量增加，预先申请的空间不能保存所有数据，当结构体数组所有空间都使用完时，新产生的数据就无法保存。

采用以结构体为信息节点的链表技术，可以避免结构体数组的弊端。

【例 9.6】　基本链表示例。

程序设计如下：

```
#include<stdio.h>
#define NULL 0
struct student
{
   int id;
   char name[10];
```

```
    struct student * next;
};
void main()
{
    struct student first,second,third,*p;
    first.id=100;
    strcpy(first.name,"tom");  //将字符串"tom"复制到结构体 first 变量的 name 成员中
    second.id=101;
    strcpy(second.name,"john");
                        //将字符串" john "复制到结构体 second 变量的 name 成员中

    third.id=102;
    strcpy(third.name,"rose");
                        //将字符串" rose "复制到结构体 third 变量的 name 成员中
    p = &first;
    first.next = &second;
    second.next = &third;
    third.next = NULL;
    while(p!=NULL)
    {
    printf("\n id is %3d , name is %5s ",p->id,p->name);
    p = p->next;
    }
}
```

程序运行结果如下：

```
id is 100, name is tom
id is 101, name is john
id is 101, name is rose
```

在图 9-7 中，使用矩形块表示数据节点，每个数据节点中含有三个成员(int id, char name[10], struct student *p)。前两个成员是记录本节点描述对象的信息，最后一个成员是结构体指针，通过该指针变量内的地址，可以知道下一个节点在内存中的位置。最后一个节点的指针变量中的 NULL 代表后续无节点，也就是链表结束。

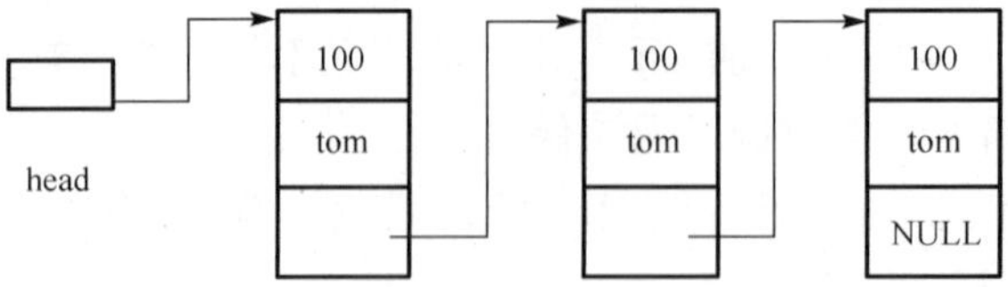

图 9-7　链表结构

链表的特征如下。

(1) 链表有一个头指针指向链表中的第一个数据节点。

(2) 链表中的单个节点的地址由上一个节点指针记录。通过一个节点指向一个节点，形成链。

(3) 链表中的最后一个节点的指针为空，表示后续无数据节点。

采用链表模型组织数据，不需要预先申请很大的空间。当程序运行过程需要存储空间时，按需分配。每个数据节点可以离散地分布在内存空间中，降低系统对内存管理的复杂度和程序运行环境的要求。

9.6.2　内存的动态分配

链表最大的特征是根据程序运行的需要动态地申请内存空间，保存动态产生的数据。本节介绍 C 语言关于动态管理内存的函数。

1. 分配内存空间函数 malloc

函数原型：

```
void * malloc(int size);
```

返回值：无类型的指针。若返回 NULL，则表示申请失败。

函数说明：在内存需要申请若干字节的内存空间时，使用 malloc 函数。该函数返回值是一个无类型的指针。

头文件：

```
stdlib.h
```

无类型的指针的含义有两个。

(1) 通过 malloc 获得的内存空间不属于任何数据类型。例如，在整型数组中，采用指针访问，当对指针加 1 时，指针跳过 2 字节的地址。之所以指针会跳过 2 字节，就是因为这个指针是指向整型的，整型变量在内存中以 2 字节为一个基本单元。而使用 malloc 申请的空间不具有任何数据类型的特性，对指针加 1，仅仅是指向下一个字节的地址，不具有任何数据类型所占字节数的含义。

(2) malloc 函数返回的数值是一段连续的内存首地址。例如：

```
int *p;
p = (int*)malloc(6);
```

示例中，程序申请一个整型指针变量 p，然后调用 malloc()函数申请内存空间，申请的空间大小为 6 字节。malloc 前边的强制类型转换是指，把申请到的内存地址强制按整型数据类型转换(2 字节为基本单位保存一个整型数据)。强制转换后，申请的连续内存空间被视为 3 个连续的整型变量空间，然后把第一个整型变量空间的地址赋值给整型指针变量 p。

2. 分配指定大小内存空间函数 calloc

函数原型：

```
void * calloc(int num,int size);
```

返回值：无类型的指针。若返回 NULL，表示申请失败。

函数说明：在内存需要申请 num 个字节数为 size 的连续内存空间。函数返回无类型的指针。

头文件：

```
stdlib.h
```

该函数的无类型指针与 malloc 的返回值意义一致。例如：

```
struct student *p;
    p = (struct student *)calloc(2,sizeof(struct student));
```

sizeof()是系统提供给我们的库函数，用来计算某种数据类型所占据的内存字节数。示例中，程序申请一个 struct student 类型的指针变量 p。程序调用 calloc()函数申请内存空间；申请的内存空间为 2 个 struct student 类型所占据的字节个数空间。calloc 前边的(struct student *)强制类型转换，将申请到的内存空间强制转换为 struct student 类型。转换后，连续的内存空间被视为 2 个连续的 struct student 类型变量空间。

malloc 和 calloc 的最大区别仅在于 calloc 函数一次可以分配 n 块区域。

3. 释放内存空间函数 free

函数原型：

```
void  free(void *p);
```

返回值：无返回值。

函数说明：指示系统释放由 p 指向的存储区，该区域释放后，这部分内存能重新分配使用。

头文件：

```
stdlib.h
```

例如：

```
struct student *p;
p = (struct student *)calloc(2,sizeof(struct student));
...
free(p);  //释放指针 p 指向的内存空间
```

9.6.3 动态链表

动态链表是以结构体为核心的链表模型综合应用。动态链表可以支持：根据程序运行的需要，动态地为数据申请存储空间，动态地删除数据和存储空间等功能。动态链表的建立、删除、插入等操作，需要 malloc()、calloc()、free()函数的支持。

下面的例子以 struct student 类型为依托，实现建立、输出、删除、插入、销毁链表。struct student 类型定义如下：

```
struct student
{
    int id;
    char name[10];
    struct student *p;
};
```

【例 9.7】　动态链表的建立。

程序设计如下：

```
struct student * create_link()
{
    struct student *p1,*p2;
    p1=(struct student *)malloc(sizeof(struct student));
    scanf("%d,%s",&p1->id,p1->name);
    p1->p=Null;
    while(1)
    {
      p2=(struct student *)malloc(sizeof(struct student));
      scanf("%d,%s",&p2->id,p2->name);
      if(p2->id<=0)  /*当 p2->id 小于零时，结束链表创建函数*/
      {
          free(p2);
          break;
      }
      p2->p = p1;
      p1 = p2;
   }
      return p1;
}
```

动态链表建立的过程使用了 malloc()函数。当输入有效数据时，malloc()函数向系统申请内存空间。这个链表模型实现的是向链表的头部插入数据，具体过程如图 9-8 所示。

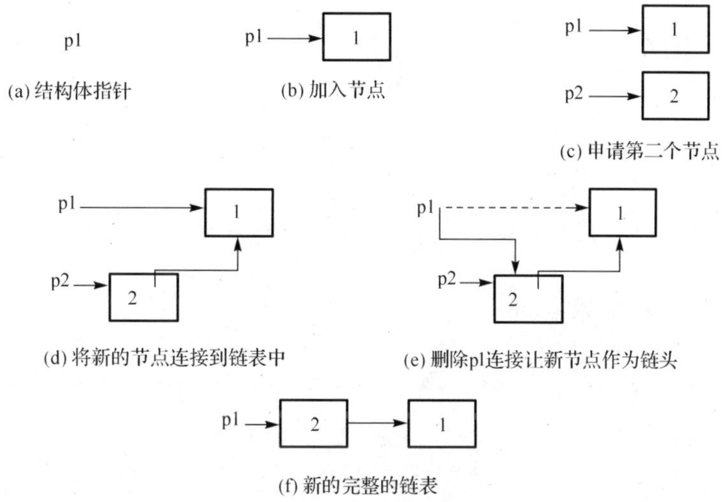

图 9-8　链表增加节点

【例 9.8】　链表的输出。

程序设计如下：

```
void print_link(struct student *p1)
{
```

```
    while(p1!=Null)
    {
      printf("\n id is %3d , name is %5s ",p1->id,p1->name);
      p1=p1->p;
    }
}
```

链表输出操作，按照链表指针指向的顺序逐个输出信息。程序通过当前节点指针 p 变量中的地址查找到下一个节点的地址，然后对下一个节点元素输出。在循环中，使用“p1=p1->p;”语句保证指针依次访问每个节点，如图 9-9 所示。

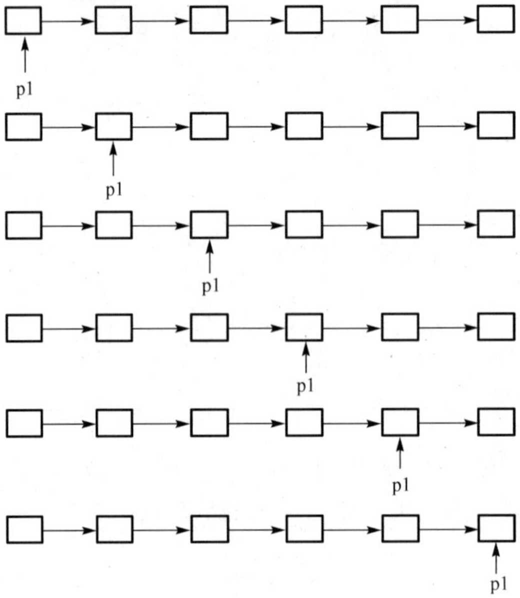

图 9-9　链表遍历

【例 9.9】　链表的删除。

程序设计如下：

```
void delete_link(struct student *p1)
{
   struct student * head;
   while(p1!=Null)
   {
      head = p1->p;
      printf("\n It is gonging to delete id = %d ",p1->id);
      free(p1);
      p1=head;
   }
}
```

链表的删除与链表的输出函数的思路一致，如图 9-10 所示，通过“head = p1->p;”语句保证程序沿着链表逐个访问每个节点。程序中有两个结构体类型的指针变量，head 指针始终指向链表的头节点，p1 指针负责指向要删除的节点。“free(p1);”语句实现了节点的删除。

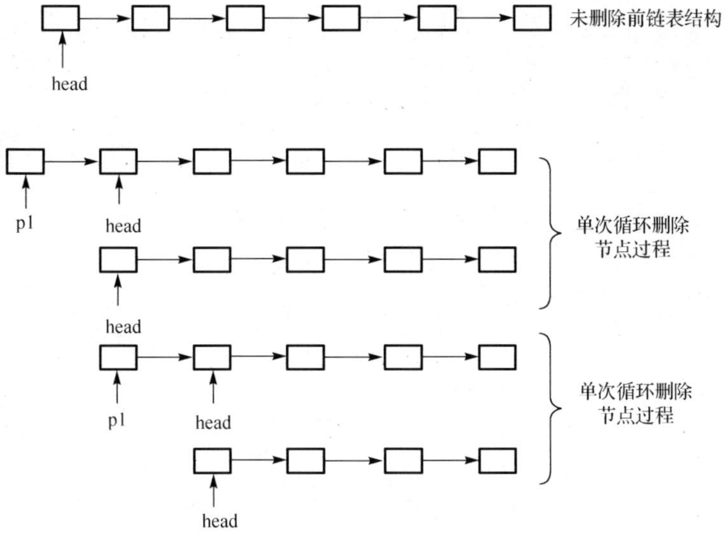

图 9-10　链表删除

【例 9.10】　对链表中指定节点进行删除。

程序设计如下：

```
void delete_node(struct student *p,int id)
{
    struct student *p1,*p2;
    p1=p;
    if(p==Null)
    {
       printf("\n empty link");
    }
    else
    {
       while(id!=p1->id && p1->p!=Null)
       {
           p2=p1;p1=p1->p;
    }
    if(id==p1->id)
    {
           if(p1==p)
       {
           p=p1->p;
           printf("\n%d have delete",p1->id);
           free(p1);
       }
       else
       {
           p2->p=p1->p;
           printf("\n%d have delete",p1->id);
           free(p1);
       }
```

```
    }
    else
            printf("\n%d don't belong to link",id);
    }
}
```

如图 9-11 所示，删除操作就是将要删除的节点从链表中去除。程序删除指定节点时，需要通过链表所有元素的逐个匹配，匹配操作需要通过循环来进行。有两种情况可使循环结束运行：①匹配成功；②在链表中找不到指定要删除的数据节点。

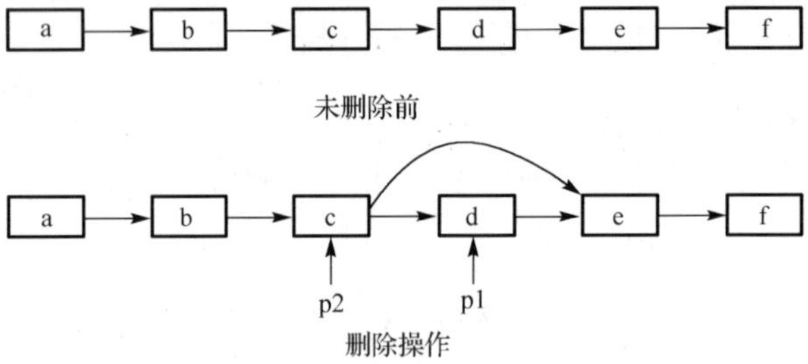

图 9-11　链表中删除指定节点

9.7　程 序 设 计

根据 9.6 节的知识，这里给出一个完整的并且可以运行的程序，请读者结合 9.6 节中的图示分析程序。

【例 9.11】　动态链表完整程序。本示例代码仅给出主函数程序，具体建立链表、输出链表、删除链表程序请查阅 9.6 节内容中讲解的代码。

程序设计如下：

```
#include<stdio.h>
#include<stdlib.h>
#define Null 0       //常量定义
struct student * create_link();                        //函数声明，定义参见 9.6 节
void print_link(struct student *p1);                   //函数声明，定义参见 9.6 节
void delete_link(struct student *p1);                  //函数声明，定义参见 9.6 节
void delete_node(struct student *p,int id);            //函数声明，定义参见 9.6 节
struct student                                         //结构体
{
    int id;
    char name[10];
    struct student *p;
};
void main()                                            //主函数
{
    int id;
    struct student *p;
    printf("\nplease input your data:\n");
    p = create_link();
```

```
    print_link(p);
    printf("\ninput id that you are goinging to delete element : ");
    scanf("%d",&id);
    delete_node(p,id);
    print_link(p);
    printf("\n");
    delete_link(p);
}
```

程序运行结果如下：

```
please input your data:
100,tom
102,rose
103,john
104,anni
105,bob
-1,-1
 id is 105 , name is  bob
 id is 104 , name is  anni
 id is 103 , name is  john
 id is 102 , name is  rose
 id is 100 , name is  tom
input id that you are goinging to delete element : 104
104 have delete
 id is 105 , name is  bob
 id is 103 , name is  john
 id is 102 , name is  rose
 id is 100 , name is  tom
 It is gonging to delete id = 105
 It is gonging to delete id = 103
 It is gonging to delete id = 102
 It is gonging to delete id = 100
```

9.8　什么是共用体

结构体有一个特征：结构体内的成员之间互不干扰，各自有各自的内存空间。结构体类型的优点在于不同成员各自拥有内存空间；缺点是如果成员空间中没有数据，依然要占据内存空间。

在设计程序时，我们会遇到如下情况之一。

(1) 程序需要一种容器，它支持将不同的数据类型存放到内存的同一段空间中。

(2) 有一种机制，能够克服结构体成员的互斥性，使成员变量在保证数据在有效期内不覆盖的前提下，重复利用同一段内存空间。

(3) 内存资源受限的情况下，需要使用更为精细灵活的数据存储方式。

C 语言中，共用体就可以满足上述所需要的类型。共用体可以占据内存中的一块空间，且该类型存储空间可以满足容纳任何已定义的数据。

我们可以把共用体假设成一个大仓库，某一固定的时间段，可以将布匹、汽车、手机等设备存放到仓库中。当仓库中前一批设备搬走后，还可以利用仓库存放别的设备；就存储空间而言，是同一个仓库空间，只是分时间段存放不同的设备。只要不超过仓库的库存容量，就可以最大限度地使用仓库。这里的重点是仓库空间的重复使用和类型的多样性。

通过图 9-12 的演示，我们可以看出，共用体是同一块内存中连续的空间。我们可以在共用体所占据的空间中存储需要的数据。这些数据都是从内存中共用体空间的起始点处保存数据，并且根据存储数据类型对内存空间要求的不同，从而占据共用体内的所需空间。

图 9-12　共用体

9.9　共用体类型的定义

定义共用体类型变量的方法如下：

```
union 共用体名
{
    共用体中的成员列表
}变量列表;
```

前面描述的是共用体的一般定义形式。与结构体类似，根据程序的需要，我们可以采用不同的书写形式。

形式一：

```
union  info
{
   int   age;
   char  name[5];
   float  total;
}data1,data2,data3;
```

形式二：

```
union  info
{
   int   age;
   char  name[5];
   float  total;
};
union  info  data1,data2,data3;
```

形式三：

```
union
```

```
{
    int   age;
    char  name[5];
    float  total;
}data1,data2,data3;
```

这三种形式可以类比结构体来学习。

从共用体的定义可以看出，共用体要能保存其成员的数据，共用体变量空间的大小必须与共用体成员中所需空间最大的成员一致。例如：

```
union  info
{
    int   age;
    char  name[5];
    float  total;
}data1;
```

共用体变量 data1 占据内存空间的大小必须与 char name[5]这个字符数组大小一致，只有这样，共用体才能满足其成员变量存储数据的需要。但当 data1 存储整型数据到成员 age 中时，共用体所占的内存空间有空闲部分。

9.10　共用体类型变量的使用

共用体类型的变量依然遵循变量的使用规则，即先定义后使用。共用体变量存储数据，需要通过共用体变量中的成员来实现，如果共用体变量中没有某种类型的变量，那么该共用体也就无法存储该类型的数据。例如：

```
union  info
{
    int   age;
    char  name[5];
    float  total;
}data1;
```

该共用体变量 data1 中没有定义指针变量，那么我们不能在该共用体变量中存储地址数据。

对于在共用体中定义的类型，我们可以类比结构体变量成员的访问方法进行数据存取。

【例 9.12】　共用体应用。

程序设计如下：

```
#include<stdio.h>
union  info
{
   int    age;                    //年龄，该整型变量为共用体成员
   char  name[5];                 //姓名，该字符数组为共用体成员
   float  total;                  //总学分，该实型变量为共用体成员
};
```

```
void main()
{
    union info data1;           //定义共用体变量
    data1.age =20;
    printf("\n age is %d", data1.age);
    data1.name[0] = 't';
    data1.name[1] = 'o';
    data1.name[2] = 'm';
    data1.name[3] = '\0';       //使用\0 是为了按字符串输出时,可以在此停止输出
    printf("\n name is %s", data1.name);
    data1.total = 20.1;
    printf("\n total is %d", data1.total);
}
```

程序运行结果如下：

```
age is  20
name is tom
total is 0
```

本例只演示了共用体变量的数据输出，对于人机交互方式进行数据录入时，把共用体变量成员类似基本类型变量数据存入方式编程。例如：

```
scanf("please input age  %d" , &data1.age);
```

9.11　typedef 与结构体、共用体的联合使用

在 C 语言中，我们已经接触到了基本数据类型变量的定义，结构体、共用体类型变量的定义(按用户需要自定义的数据类型)外，C 语言还提供了使用 typedef 关键字把已有的数据类型名称改用其他名称代替的功能。其形式如下：

```
typedef   int   interger;
typedef   char  name;
```

提供这个功能的好处在于，我们可以将类型的名称更改为我们自己的命名体系。例如，我们看到定义整型变量时，必须使用 int 这个关键字；同样是定义整型变量，如果我们想根据不同的环境使用不同的名字便于查看了解其含义，此时就可使用 typedef，用约定的字母组合替换 int。

在一个程序中，我们要定义的整型变量分别使用在记录人数、房间数这些类别中，可以用自己的类型名替换 int，以便于开发团队知道这个数据类型所定义的变量需要用到所开发业务的哪种数据类别中。

```
typedef int number;         /*程序中可以用 number 来代替 int*/
typedef int room;           /*程序中可以用 room 来代替 int*/
```

后面就可以把 number 和 room 当成 int 使用了。除此之外，还赋予 number 人数的含义，赋予 room 房间数的含义。

```
number student,teacher;     /*定义变量 student 和 teacher, 与人数相关*/
room class,office;          /*定义变量 class 和 office, 与房间数相关*/
```

上述“number student,teacher;”语句定义了变量 student 和 teacher，根据 number 的含义，我们可以知道变量 student、teacher 都为整型，同时还可以了解到它们有与人数相关的含义；“room class,office;”语句定义了变量 class 和 office，根据 room 的含义，我们可以知道变量 class、office 都是整型变量，同时还可以了解到它们有与房间数量相关的含义。

那么对于结构体和共用体而言，定义变量时，需要反复多次写 struct 结构体名和 union 共用体名。我们可以利用 typedef 的特性，把定义好的结构体和共用体改一个简单而且富含数据类别的名称是非常有意义的。

```
typedef  struct  time                typedef  struct  time
{                                     {
   int year;                             int year;
   int month;                            int month;
   int day;                              int day;
}worktime;                            } holidaytime;
```

这样就把 worktime 和 holidaytime 授予了可以定义结构体变量的权利，以后如果要定义这个结构体变量时，就可以使用 worktime 或 holidaytime 这个字符替换 struct time 结构体了，同时，还可以包含隐含意义，以便于程序员了解隐含的含义。例如：

```
worktime  firstday;
```

根据这个定义，除了可以知道 firstday 是一个记录时间的变量以外，还可以看出隐含的第二个含义，firstday 记录的是工作时间方面时间点。

```
holidaytime  myday;
```

根据这个定义，除了可以知道 myday 是一个记录时间的变量以外，还可以看出隐含的第二个含义，myday 记录的是下班后自己私密时间的记录。

习　题　九

一、单选题

1. 下列关于结构体的说法正确的是(　　)。
   A) 结构体是基本数据类型　　B) 结构体是一种数据类型
   C) 结构体不是一种数据类型　　D) 结构体属于系统定义类型
2. 下列关于共用体的说法正确的是(　　)。
   A) 共用体是基本数据类型　　B) 共用体是一种数据类型
   C) 共用体不是一种数据类型　　D) 共用体属于系统定义类型
3. 下列说法正确的是(　　)。
   A) 结构体和共用体可以互用
   B) 结构体与共用体变量都可以作为数组元素
   C) 结构体与共用体在程序运行中原理一样
   D) 结构体和共用体都不能定义全局变量

二、填空题

1．定义结构体的关键字是____________。

2．定义共用体的关键字是____________。

3．struct student 类型的结构体指针定义方法是____________。

4．union data 类型的共用体指针定义方法是____________。

三、简答题

1．结构体与 C 语言基本数据类型的关系是什么？

2．结构体内的元素与结构体的关系是什么？

3．结构体定义的形式有哪些？

四、编程题

请编写一个完整的程序，实现动态链表创建、输出、指定节点删除、链表删除功能。

第 10 章　文　件

10.1　文 件 概 述

10.1.1　C 语言文件操作引例

【例 10.1】　编写一个 C 程序，将字符串“Welcome to use TC”写入文件。

程序设计如下：

```
#include<stdio.h>
main()
{
    FILE *fp;
    fp=fopen("data10-1.txt","w");       /*以写的方式打开文件*/
    fprintf(fp,"Welcome to use TC");   /*把字符串写入文件中*/
    fclose(fp);                        /*关闭文件*/
}
```

执行此程序的结果是在磁盘中打开(或创建)一个 data10-1.txt 文件，并以写的方式把字符串“Welcome to use TC”写入该文件。程序中涉及 C 语言文件的定义、打开、写和关闭等操作。

10.1.2　文件的基本概念

C 语言中的“文件”是指一组相关数据的有序集合。这个数据集必须用一个名称标识，该标识就称为文件名。关于文件的使用并不陌生，Word 字处理中所编辑的文档常以文件形式存储在计算机磁盘中。前面各章节示例或习题中的程序，在调试操作时都会涉及文件使用，如源程序文件存盘或打开、程序编译过程中生成的目标文件和可执行文件、调用的库文件等。文件通常是驻留在计算机外部介质(磁盘)上，实际使用时，常常根据需要被调入计算机内存中。文件可分为普通文件和设备文件两种。

普通文件(又称磁盘文件)常指保存在磁盘或其他外部介质上的一个有序数据集，其存在形式可以是称为程序文件的源文件、目标文件以及可执行程序文件；或者是称为数据文件的一组待输入处理的原始数据、经过加工处理后的一组输出结果。

操作系统常将与计算机主机相连接且进行信息通信的I/O 外部设备看作文件，即设备文件。

设备文件是指与主机相连的各种外部设备，如键盘(输入文件)、显示器、打印机(输出文件)。在操作系统中，把外部设备视同一个文件来进行管理，对这些外部设备进行输入、输出操作等同于对磁盘文件的读和写。一般情况下，显示器被定义为标准输出文件，在屏幕上显示有关信息就是向标准输出文件输出数据。前面相关章节中已经介绍和使用的函数printf、putchar 就属于这类输出。在 C 语言中，键盘通常被指定为标准输入文件，从键盘上输入数据等同于从标准输入文件中输入数据。scanf、getchar 函数就属于这类输入。

以对文件的编码方式而言，C 语言中有两种文件类型，分别文本文件和二进制文件。

1. 文本文件

文本文件是一种典型的计算机顺序文件，其文件的逻辑结构又属于流式文件。文本文件是指以 ASCII 码方式(也称文本方式)存储的文件，文本文件中的英文字母、数字等都是以 ASCII 码字符存储。文本文件中除了存储文件有效字符信息(包括能用 ASCII 码字符表示的回车、换行等信息)外，不能存储其他任何信息。信息在计算机中是用二进制表示，这种表示方法常常难于理解，因此计算机上都配有输入和输出设备，这些设备的主要作用就是以人们习惯阅读和理解的形式将信息显示输出。为使用者与设备、设备与计算机之间能进行正确的信息交换，从而形成了统一的信息交换代码，这就是 ASCII 码表，即“美国信息交换标准代码”。

文本文件也称为 ASCII 文件，文本文件在外部介质(磁盘)中保存时每个字符对应 1 字节，用于存放对应的 ASCII 码。ASCII 码文件都是以字符形式保存，其文件内容在计算机屏幕上按字符显示，例如，C 语言中源程序文件就是 ASCII 文件，在 DOS 操作系统中可以使用 TYPE 命令显示文件的内容。执行例 10.1 的程序，在外部介质中创建生成的 data10-1.txt 文本文件也是 ASCII 文件，单击它可直接显示其内容。由于文本文件是按字符显示，因此使用者易于读懂文件内容。

例如，字符串"TC01"按照文本文件存储的形式如表 10-1 所示。

表 10-1　字符串以文本文件形式存储

字符	T	C	0	1
ASCII 码	84	67	48	49

在计算机内存中共占 4 字节。

2. 二进制文件

二进制文件是将数据按二进制编码方式存放在外部介质(磁盘)文件中，它有节省外部存储空间的优点。二进制文件也可在屏幕上显示，但其内容无法读懂。在 C 语言中处理这些文件时，不区分其类型，统一视为字符流，按字节进行处理。程序在控制输入/输出字符流的开始和结束时不受物理符号(如回车符)控制。因此，常将这种形式的文件称为“流式文件”。

例如，数字 2015 若按 ASCII 码保存，则需占用 4 字节，如表 10-2 所示。

表 10-2　数字以 ASCII 码形式保存

数字	2	0	1	5
ASCII 码	50	48	49	53
二进制值	00110010	00110000	0011001	00110101

若以二进制文件保存数字 2015，则应先将数字 2015 转换为二进制数，如表 10-3 所示。

表 10-3　数字以二进制形式保存

数字	2015
二进制值	00000111 11011111

可见，以二进制文件保存数字 2015 只需占用 2 字节。

10.1.3　文件指针

C 语言中，指针是广泛使用的一种数据类型，利用指针变量可以表示各种数据结构，能很方便地使用数组和字符串。一种数据类型或数据结构往往都占有一组连续的内存单元。用“地址”这个概念并不能很好地描述一种数据类型或数据结构，“指针”实际上是一个地址，但它是一个数据结构的首地址，指向一个数据结构，因而概念更为清楚，表示更为明确。在第 8 章中，关于指针的定义、规定及使用已经介绍和实际应用。

C 语言文件指针用来定义一个指针变量，用该指针变量指向一个文件。实际使用中通过文件指针就可对它所指向的文件进行各种操作，这个指针称为文件指针。

文件指针的一般格式如下：

```
FILE *指针变量标识符;
```

其中，FILE 规定为大写，是由系统定义的一个结构体，FILE 结构体包含在 stdio.h 中，在这个结构体中包含文件名称、文件状态、文件当前位置、缓冲区的大小等相关信息。使用者在编写源程序时不必关心 FILE 结构的内部细节，更不能进行修改。

在例 10.1 的程序设计中，“FILE *fp;”实现文件指针定义，其中指针变量 fp 是指向文本文件 data10-1.txt 的变量，通过 fp 即可找到存放这个文件信息的结构变量，然后按结构变量提供的信息找到该文件，完成对 data10-1.txt 文件写操作。C 语言中，文件在进行读、写操作之前首先要打开，使用完毕要关闭。通过关闭文件操作实现断开文件指针与文件之间联系，从而禁止再对该文件进行操作。

在 stdio.h 中，FILE 的详细定义如下：

```
/*Definition of the control structure for streams*/
typedef struct
{
      int level;                /*fill/empty level of buffer*/
      unsigned flags;           /*File status flags*/
      char fd;                  /*File descriptor*/
      unsigned char  hold;      /*Ungetc char if no buffer*/
      int bsize;                /*Buffer size*/
      unsigned char *buffer;    /*Data transfer buffer*/
      unsigned char *curp;      /*Current active pointer*/
      unsigned istemp;          /*Temporary file indicator*/
      short token;              /*Used for validity checking*/
}FILE;                          /*This is the FILE object*/
```

10.1.4　C 语言标准文件

C 语言程序中涉及大量的文件输入/输出操作，常构成程序的主要部分，C 语言中提供了很多输入/输出函数，分别应用于两种类型的文件输入/输出系统，即由ANSI 标准定义的缓冲文件，常称为标准文件(流)输入/输出(I/O)系统；另一种类型就是 ANSI 标准中没有定义的非缓冲文件，常称为非标准文件(流)输入/输出系统。前面相关章节已经介绍的通过键盘及显示器进行输入/输出的函数，如 scanf()、printf()等，通过键盘、显示器等进行的 I/O 操作，可视为标准文件输入/输出系统的特例。实际上标准输入/输出系统中的函数、有关文件的参数(文件结构指针或称流指针)，如用标准设备的流指针定义，则这些标准输入/输出函数即成为控制台 I/O 函数。

C 语言定义了 5 个标准设备文件。自动打开和关闭 5 个标准设备文件的文件结构指针和文件代号由 C 语言定义。

这 5 个标准设备文件及文件代号分别如下：

```
键盘(标准输入) stdin 0
显示器(标准输出) stdout 1
显示器(标准错误) stderr 2
串行口(标准辅助) stdoux 3
打印机(标准打印) stdprn 4
```

依据上述定义，不论在 C 语言标准文件系统，还是非标准文件系统中，文件结构只要用上述流指针或文件代号代替，则这些函数均适用于控制台设备。

10.2　文件的打开和关闭

C 语言在对文件进行操作时，文件进行读和写操作之前需先打开。通过程序操作进行流指针与设备的联系，使文件指针指向该文件，实现程序与文件之间的数据交流。文件操作完毕要关闭，关闭文件实质上是结束指针与文件之间的联系，从而停止对该文件的操作。文件操作由 C 语言定义的相应库函数实现。

10.2.1　文件打开

在 C 语言中，把内部文件指针变量与特定的外部文件名称相关联的过程称为文件的打开。要对一个文件进行读、写操作，调用标准库函数 fopen()即可完成文件的打开操作，该函数返回特定外部文件的文件指针。fopen()函数在<stdio.h>中定义。

一般调用格式如下：

```
文件指针名=fopen(文件名,打开文件方式)
```

其中，“文件指针名”指在 FILE 类型中定义的指针变量；“文件名”指打开文件的名称；“打开文件方式”指打开文件的类型及操作要求。

函数中的文件名可以是字符串常量或字符串数组，也可在文件名称的前边加上路径。文件的打开方式是指对该文件实施的具体操作。

在例 10.1 的程序中，fopen()函数调用格式如下：

```
FILE *fp;
fp=fopen("data1.txt","w");
```

其中，fp 为文件指针，它指向 FILE 结构体变量。文件名 data1.txt 为打开的文件名称，其打开方式为写操作，并使文件指针 fp 指向 data1.txt 文件。

C 语言文件操作除了文本模式，还有二进制模式。在二进制模式中既不需要数据的转换，也不需要用格式字符串进行输入/输出控制，其操作与文本模式相比更加简单。二进制模式中的数据被直接传送到指定的文件中。在二进制模式文件操作时，只需要在基本打开模式说明符后添加 b。若文件打开模式说明符为“wb”，则表示其操作是以二进制形式写入文件，“rb”则表示该操作是以二进制形式读取文件。例如：

```
FILE *fp;
fp=fopen("data2.dat","wb");
```

表示打开当前磁盘中的 data2.dat 文件，并按二进制方式进行写操作，fp 文件指针指向 data2.dat 文件。

```
FILE *fp;
fp=fopen("C:\\examples\\data3.txt","rt");
```

表示打开 C 盘上指定目录 examples 中的 data3.txt 文件，并以读文本文件方式进行读取操作。

在 C 语言文件操作中，不同的模式设定可实现不同的文件操作结果。其模式由 r、w、a、t、b、+六个字符设定，含义如下。

r (read)：读操作。

w (write)：写操作。

a (append)：追加操作。

t (text)：文本文件，可省略。

b (banary)：二进制文件。

+：读、写操作。

文件的打开方式共有 12 种，表 10-4 说明了文件打开的模式和意义。

表 10-4 文件的打开模式

打开模式	说明
rt	以只读方式打开一个文本文件，只允许读数据
wt	以写方式打开或建立一个文本文件，只允许写数据
at	以追加方式打开一个文本文件，并在文件末尾写数据
rb	以读方式打开一个二进制文件，只允许读数据
wb	以写方式打开或建立一个二进制文件，只允许写数据
ab	以追加方式打开一个二进制文件，并在文件末尾写数据
rt+	以读写方式打开一个文本文件，允许读、写数据
wt+	以读、写方式打开或建立一个文本文件，允许读、写数据
at+	以读、写方式打开一个文本文件，允许读或在文件末尾追加数据
rb+	以读、写方式打开一个二进制文件，允许读、写数据
wb+	以读、写方式打开或建立一个二进制文件，允许读、写数据
ab+	以读、写方式打开一个二进制文件，允许读或在文件末尾追加数据

文件打开模式说明如下。

(1) 打开模式“rt”：表示以只读方式打开一个已存在文件，并把此文件中的信息读入内存，文件打开失败时返回 NULL 值。

(2) 打开模式“wt”：表示以写方式打开文件，并将打开文件中原有信息删除，重新写内存信息到文件中；若打开的文件不存在，则以设定的文件名建立文件后再进行信息写入操作。

(3) 打开模式“at”：表示以追加方式打开文件，并从文件末尾写入内存信息，如果文件不存在则返回 NULL 值。

(4) 打开文件时，如果文件不存在则返回一个空指针 NULL。程序执行中常用此信息来判断文件是否正常打开。可用以下程序段打开文件并检测文件打开状态。

```
if((fp=fopen("C:\\examples\\data3.txt","rt")==NULL)
{
   printf("\cann't open file C:\\examples\\data3.txt!");
   exit(1);
}
else
 …
```

10.2.2 文件关闭

当对文件操作完成后，可使用 fclose() 函数关闭文件。

一般调用格式如下：

```
fclose(文件指针);
```

例如：

```
fclose(fp);
```

正常关闭文件时，fclose() 函数返回值为 0，否则返回 EOF。

10.3 文本文件的读写函数

在 C 语言程序编制中，因实际需要常常要进行数据的存储和读入操作，C 语言在标准库函数头文件<stdio.h>中提供了系列读写外部设备函数，这些处理文件的库函数可应用于任何外部存储设备，与外部存储设备间进行数据通信通常由文件读写函数完成的。

字符读、写函数：fgetc()、fputc()。

字符串读、写函数：fgets()、fputs()。

数据块读写函数：fread()、fwrite()。

格式化读写函数：fscanf()、fprinf()。

关于相关文本文件读写函数的详细使用及说明下面分别进行介绍。

10.3.1 文件中字符读写函数

打开一个文本文件，完成字符读取与写入操作可调用 C 标准库函数 fgetc()、fputc() 实现。

1. 读取字符函数 fgetc()

功能：从打开的文本文件中读取一个字符。

一般调用格式如下：

```
字符变量=fgetc(文件指针);
```

例如：

```
char c1;
FILE *fp;
c1= fgetc(fp);
```

表示从文件指针所指向的文件 fp 中读取一个字符并赋值给 c1。fgetc()函数对所打开的文本文件中的字符进行读操作时，文件指针首先定位在文件中首字符并依次读取。

fgetc()函数调用说明如下。

(1)读操作成功，则返回读取的字符；若读到文件尾部，或操作失败，则返回 EOF。

(2)读取字符的结果可以不向字符变量赋值。

(3)fgetc()函数读字符时依据文件内部的位置指针进行读操作。当文件打开时，该指针总是指向文件的第一个字符。在读取一个字符后，该指针向后移动一位。此功能为系统自动设置。

【例 10.2】　打开 C 盘上已有的文本文件 data10-1.txt，从文件中逐个读取字符内容，并打印输出到屏幕上。

程序设计如下：

```
#include<stdio.h>
#include<stdlib.h>
#include<string.h>
main()
{
    FILE *fp;
    char filename[20];
    char s1;
      printf("Please enter directory and file name:");
      gets(filename);                          /*从键盘上输入文件路径和文件名*/
      if((fp=fopen(filename,"r"))==NULL)       /*以读的方式打开文本文件*/
      {
        printf("cann't open file\n");          /*打开文件错误提示*/
        exit(0);
      }
      while((s1=fgetc(fp))!=EOF)               /*从打开文件中读字符并赋值给 s1*/
      {
        putchar(s1);                           /*在计算机屏幕上输出显示 s1 内容*/
      }
      fclose(fp);                              /*关闭所打开的文件*/
}
```

程序运行结果如下：

```
Please enter directory and file name: c:\tc\output\data10-1.txt
Welcome to use TC
```

说明：执行此程序的结果是从打开文本文件 c:\tc\output\data10-1.txt 中依次读取字符，赋值给字符变量 s1，并在屏幕上显示输出。程序中定义了文件指针 fp，以读文本文件方式打开文件 c:\tc\output\data10-1.txt 并使 fp 指向该文件。如打开文件出错则提示：cann't open file 并退出程序。while 循环结构中，当循环条件(s1=fgetc(fp))!=EOF 为真时，读取字符函数 fgetc()依次读取字符，当循环条件(s1=fgetc(fp))!=EOF 为假时，则读字符结束并赋值给字符变量 s1。函数 putchar(s1)输出 s1 的内容至屏幕上。

2. 写入字符函数 fputc()

功能：向打开的文本文件中写入一个字符。

一般调用格式如下：

```
fputc(字符,文件指针);
```

写字符函数 fputc()是将一个字符写入打开的文本文件中，函数中待写入的字符既可以是字符常量，也可以是字符变量。

例如，"fputc('s',fp);"表示把字符 s 写入文件指针 fp 指向的文本文件中；"fputc(s2,fp);"表示把字符变量 s2 中的内容写入文件指针 fp 指向的文本文件中。

fputc()函数调用说明如下。

(1)对打开的文本文件，可以采用写、读写和追加写方式操作，在使用写或读写方式进行文件操作时，原有文件中的内容将被删除；使用追加方式打开文件时则保留文件中原有内容，新写入字符从文件末尾起开始写入。打开的文件若不存在，则先创建该文件后再写入字符。

(2)向打开的文本文件中写入一个字符，则文件内部位置指针同步向后移动一个字节。

(3)若写入文件操作成功，则 fputc()函数返回写入的字符，否则返回 EOF。

【例 10.3】　从键盘上输入字符，写入到指定的文本文件中，以回车符作为结束标志。重新打开此文件，在屏幕上显示输出文件内容。

程序设计如下：

```
#include<stdio.h>
#include<stdlib.h>
#include<string.h>
main()
{
    FILE *fp;
    char filename[30];
    char s1;
      printf("Please enter directory and file name:");
      gets(filename);                          /*从键盘上输入文件路径和文件名*/
      if((fp=fopen(filename,"w"))==NULL)   /*以写的方式打开文件*/
      {
        printf("cann't open file\n");      /*打开文件错误提示*/
        exit(0);
```

```
    }
    while((s1=getchar())!='\n')          /*从键盘上输入字符并赋值给 s1*/
    {
      fputc(s1,fp);             /*依次把 s1 中的字符写入 fp 指定的文件中*/
    }
    fclose(fp);
    if((fp=fopen(filename,"r"))==NULL)  /*以读的方式打开文件*/
    {
      printf("cann't open file\n");    /*打开文件错误提示*/
      exit(0);
    }
    while((s1=fgetc(fp))!=EOF)   /*依次从 fp 指定的文件中读字符并赋值给 s1*/
    {
      putchar(s1);                 /*依次在屏幕上显示 s1 的值*/
    }
    fclose(fp);
}
```

程序运行结果如下：

```
Please enter directory and file name: c:\tc\output\test2.txt
this is a test file
this is a test file
```

说明：程序中 fopen(filename,"w")函数是按照用户输入文本文件的路径和文件名并以写方式打开文件。第一个 while 循环结构中，当循环条件(s1=getchar())!='\n'为真时，fputc(s1,fp)函数依次写入 s1 字符变量中的字符至 fp 所指的文件中，否则结束写入操作。在第二个 while 循环结构中，从重新打开的文件中依次读出字符，执行函数 putchar(s1)后，显示输出变量 s1 中的内容至屏幕上。

10.3.2　文件中字符串读写函数

要进行文本文件中字符串的读取与写入操作可调用 C 标准库函数 fgets()、fputs()实现。

1. 读取字符串函数 fgets()

功能：从指定的文本文件中读取字符串到指定内存空间中。

一般调用格式如下：

```
fgets(字符串首地址,n,文件指针);
```

函数 fgets()操作成功，则从文件指针所指的文件中读取 n–1 个字符并存入以字符串首地址指向的内存数组中。在未读满 n–1 个字符时，已读到换行符或文件结束标志(EOF)，则读取操作结束。读入字符串中包含读取的换行符，当读取操作结束时系统将自动在字符串末尾加上'\0'。

【例 10.4】　打开磁盘上已建立的文本文件，读取文件内容后在屏幕上显示输出。

程序设计如下：

```
#include<stdio.h>
```

```
#include<stdlib.h>
#include<string.h>
main()
{
    FILE *fp;
    char str[30];                                  /*定义 str 字符数组*/
    if((fp=fopen("c:\\tc\\output\\test2.txt","r"))==NULL)
                                                   /*打开已存在的字符串文件*/
    {
      printf("cann't open file\n");
      exit(0);
    }
      fgets(str,19,fp);      /*从 fp 指向的文件中读取 19-1 个字符并存入 str 数组中*/
      printf("%s\n",str);   /*显示输出 str 中的字符串内容*/
    fclose(fp);
}
```

程序运行结果如下：

```
this is a test fil
```

说明：在例 10.3 中，程序执行后生成的文本文件存放在 c:\tc\output\test2.txt 中，由包含空格在内的(this is a test file) 19 个字符组成。例 10.4 程序中执行 fgets(str,19,fp) 函数的结果是从 fp 指向的 test2.txt 文件中读取 19–1 个字符，再把读取的字符串存入字符串首地址指向的 str 数组中。fgets(str,19,fp) 函数返回值是字符数组 str 的首地址。

2. 写入字符串函数 fputs()

功能：将字符串写入指定的文本文件中。

一般调用格式如下：

```
fputs(字符串,文件指针);
```

若函数 fputs() 调用成功，则表示函数中的字符串写入到文件指针所指文件中，且返回正整数；若发生错误，则返回 EOF。

【例 10.5】 将字符串变量中的值写入指定文本文件中，打开此文件并读取文件内容后在屏幕上显示输出。

程序设计如下：

```
#include<stdio.h>
#include<stdlib.h>
#include<string.h>

main()
{
    FILE *fpw,*fpr;
    char *str="file read and write operation test";
    if((fpw=fopen("c:\\tc\\output\\test3.txt","w"))==NULL)
    {
```

```
        printf("cann't open file\n");
        exit(0);
    }
        fputs(str,fpw);                                     /*写入字符串*/
        printf("write a string to a file\n");
    fclose(fpw);
    if((fpr=fopen("c:\\tc\\output\\test3.txt","r"))==NULL)
    {
        printf("cann't open file\n");
        exit(0);
    }
        fgets(str,30,fpr);                                  /*读取字符串*/
        printf("read a string from a file\n");
        fclose(fpr);
        printf("%s\n",str);
}
```

程序运行结果如下：

```
write a string to a file
read a string from a file
file read and write operation test
```

说明：执行此程序，首先按照 fpw 指针指定在 C 盘中以写的方式建立文本文件，写入字符串；然后依据 fpr 指针指定的方式打开文件，执行 fgets(str,30,fpr)函数操作，并显示输出字符串 str 内容至屏幕上。

10.3.3 文件中数据块读写函数

前面分别介绍了文本文件中字符及字符串的读写操作。实际使用中，往往需要对文件进行一组数据的读写，此操作由 fread()函数和 fwrite()函数实现。

1. 读数据块函数 fread()

功能：从指定文本文件中按照函数设定的值读取数据块后存入指定内存中。

一般调用格式如下：

```
fread(buffer, size, n, fp);
```

说明：参数 buffer 表示数据块指针，是内存中数据块存放的首地址；size 表示每个数据块的字节数；n 表示数据块个数。fp 是指向文件指针。若操作成功则返回读取数据项的个数，若操作失败或文件结束则返回 0。

2. 写数据块函数 fwrite()

功能：按照函数设定大小，将内存中的数据块存入指定文件中。

一般调用格式如下：

```
fwrite(buffer, size, n, fp);
```

说明：参数 buffer 表示数据块的指针，是内存中存放输入数据块首地址。若操作成功，则把 buffer 指向内存区域中的 n 个数据项写入 fp 指针指向的文件中，若操作失败则返回 0。

【例 10.6】 固定资产管理信息系统中，设备的属性由名称、编号、单价、数量等一组数据描述，从键盘输入三台设备的数据，写入文件中，再读出写入文件中设备数据并显示在屏幕上。

程序设计如下：

```
#include<stdio.h>
#include<stdlib.h>
#include<string.h>
#define X 3
struct equ
{
    char name[10];
    char ID[5];
    int price;
    int amount;
}equ1[X],equ2[X],*p1,*p2;
main()
{
    FILE *fp;
    int i;
    p1=equ1;
    p2=equ2;
    if((fp=fopen("c:\\tc\\output\\test6.txt","wb+"))==NULL)
    {
      printf("cann't open file\n");
      getch();
      exit(0);
    }
  printf("\nPlease enter data\n");
  for(i=0;i<X;i++,p1++)
  scanf("%s%s%d%d",p1->name,p1->ID,&p1->price,&p1->amount);
  p1=equ1;
  fwrite(p1,sizeof(struct equ),X,fp);
  rewind(fp);
  p2=equ2;
  fread(p2,sizeof(struct equ),X,fp);
  printf("\n\nName\tID\tPrice\tAmount\n\n");
  for(i=0;i<X;i++,p2++)
  printf("%s\tsb%s\t%d\t%d\n",p2->name,p2->ID,p2->price,p2->amount);
  fclose(fp);
}
```

程序运行结果如下：

```
Please enter data
jsj 001 4350 10
```

```
dyj 002 1200 20
fyj 003 12500 2
Name        ID      Price   Amount
 jsj       sb001     4350      10
 dyj       sb002     1200      20
 fyj       sb003    12350       2
```

10.3.4　文件中格式化读写函数

1. 格式化输入函数 fscanf()

功能：按照函数指定格式进行文件数据读取操作。
一般调用格式如下：

```
fscanf(文件指针,格式控制符,输入项列表);
```

说明：若函数调用成功，表示从文件指针指向的文件中读取数据后存入指定内存中，返回读取数据项个数，操作失败或文件结束时返回 EOF。

2. 格式化输出函数 fprintf()

功能：按照函数指定格式进行文件数据写入操作。
一般调用格式如下：

```
fprintf(文件指针,格式控制符,输出项列表);
```

说明：若函数调用成功，表示按照函数指定格式将输出项写入文件指针指向文件中，返回写入字节数，操作失败时返回 EOF。

可以看出，fscanf()、fprintf()函数与前面章节中介绍的 scanf()、printf()函数功能相似，都是格式化读写函数。区别在于 fscanf()、fprintf()函数的读写对象是磁盘文件，而 scanf()、printf()函数的输入、输出对象为键盘和显示屏幕。fscanf()、fprintf()函数的格式字符控制符与 scanf()、printf()函数相同。

【例 10.7】　在学籍管理中学生的基本信息涉及学号、姓名和成绩等，从键盘上输入学生学号、姓名、成绩 a 和成绩 b 并写入指定文件中，打开此文件读取文件内容后在屏幕上显示输出。

程序设计如下：

```
#include<stdio.h>
#include<stdlib.h>
main()
{
    char name[50];
    int id;
    float a,b;
    FILE *fp1,*fp2;
    if((fp1=fopen("c:\\tc\\output\\test7.txt","w"))==NULL)
        {
        printf("cann't open file\n");
```

```
        exit(1);
      }
    printf("\nPlease enter data\n");
    scanf("%d%s%f%f",&id,name,&a,&b);
    fprintf(fp1,"%d%s%f%f",id,name,a,b);
    fclose(fp1);
    if((fp2=fopen("c:\\tc\\output\\test7.txt","r"))==NULL)
    {
        printf("cann't open file\n");
        exit(1);
    }
    fscanf(fp2,"%d%s%f%f",&id,name,&a,&b);
    printf("%d\t%s\t%.1f\t%.1f",id,name,a,b);
    fclose(fp2);
}
```

程序运行结果如下：

```
Please enter data
1088 zhangpeng 88 92
1088     zhangpeng     88.0      92.0
```

10.4　文件读写中指针定位

C 语言关于文件的读写操作分为顺序读写和随机读写两种形式。

在对文件进行顺序读写时，其内部位置指针从文件头开始按字节顺序移动，并顺序读写每个数据。每次读写一个字符后，位置指针随之后移一个字符。在 C 语言解决实际问题时，常常需要从指定位置开始读写文件数据，这就要求移动文件内部的位置指针到指定读写数据的位置进行读写，这种对文件的读写操作称为随机读写。文件随机读写时位置指针要移动到指定位置，即文件读写指针定位。

文件读写指针定位函数包括 rewind()函数、fseek()函数和 ftell()函数。

10.4.1　rewind()函数

功能：把文件内部的位置指针重新移回到文件开头。

一般调用格式如下：

```
rewind(文件指针);
```

说明：函数调用后，文件内部位置指针重新回到文件开头位置。

10.4.2　fseek()函数

功能：fseek()函数用来移动文件内部位置指针。

一般调用格式如下：

```
fseek(文件指针,位移量,起始位置);
```

说明：fseek()函数中的文件指针指向被移动文件。位移量则表示文件内部位置指针移动的具体字节数，位移量为 long 型数据，用常量表示位移量时，要求在整型后加后缀 L。起始位置表示位移量计算的起始点，起始位置包括文件首、当前位置和文件尾。

若从文件首开始，则起始位置取 0，即 SEEK_SET(0)；若从文件当前位置开始，则起始位置取 1，即 SEEK_CUR(1)；若以文件尾开始，则起始位置取 2，即 SEEK_END(2)。

例如：

```
fseek(fp,20,0);//从文件首开始向文件尾方向移动 20 字节;
fseek(fp,-20,1);//从文件当前位置开始向文件首方向移动 20 字节;
fseek(fp,-15,2);//从文件尾开始向文件首方向移动 15 字节。
```

【例 10.8】　从键盘上输入字符串并写入指定文件中，打开此文件从指定位置读取文件内容后在屏幕上显示输出。

程序设计如下：

```
#include<stdio.h>
#include<stdlib.h>
main()
{
   char name[30];
   FILE *fp1;
    if((fp1=fopen("c:\\tc\\output\\test8.txt","w"))==NULL)
    {
      printf("cann't open file\n");
      exit(1);
    }
      printf("\nPlease enter data\n");
      scanf("%s",name);
      fprintf(fp1,"%s",name);
      fclose(fp1);
    if((fp1=fopen("c:\\tc\\output\\test8.txt","r"))==NULL)
    {
      printf("cann't open file\n");
      exit(1);
    }
      fscanf(fp1,"%s",name);
      printf("%s\n",name);
      fclose(fp1);
      if((fp1=fopen("c:\\tc\\output\\test8.txt","r"))==NULL)
    {
      printf("cann't open file\n");
      exit(1);
    }
      rewind(fp1);                          /*重置文件位置指针至开始*/
      fseek(fp1,4,0);                       /*移动文件指针到指定位置*/
      fscanf(fp1,"%s",name);
      printf("%s",name);
```

```
        fclose(fp1);
}
```

程序运行结果如下：

```
thisisatest
thisisatest
isatest
```

10.4.3 ftell()函数

功能：返回文件位置指针当前位置。

一般调用形式如下：

```
ftell(文件指针);
```

说明：当 ftell()函数调用成功时，返回文件当前指针位置；出错时，则返回–1L。

10.5 文件操作中的错误检测

10.5.1 ferror()函数

功能：检查对文件进行操作时是否出错。如果没有出错，则返回 0；如果出错，则返回非 0 值。

一般调用格式如下：

```
ferror(文件指针);
```

说明：对文件进行操作时可调用 ferror()函数进行错误检测，常根据此函数的返回值判断文件操作时是否出现错误。当用 fopen() 打开文件时，函数 ferror()初始值自动清 0。

10.5.2 feof()函数

功能：判断文件是否处于结束位置，如果文件结束，则返回值为 1，否则为 0。

一般调用格式如下：

```
feof(文件指针);
```

说明：调用函数 feof()检测文件是否结束，若返回 1，则结束，否则返回 0。

10.5.3 clearerr()函数

功能：清除出错标志和文件结束标志，使标志为 0 值。

一般调用格式如下：

```
clearerr(文件指针);
```

说明：当文件操作出现错误时，系统一直保留其错误标志，调用函数 clearerr()清除该错误标志。

【例 10.9】 打开已存在的文件，读取该文件内容并使用 feof()函数检查文件是否结束。

程序设计如下：

```
#include<stdio.h>
#include<stdlib.h>
main()
{
   int i,sum=0;
   char ch;
   FILE *fp1,*fp2;
   if((fp1=fopen("c:\\tc\\output\\test9.txt","w"))==NULL)
   {
       printf("cann't open file\n");
       exit(1);
   }
   for(i=1;i<=10;i++)
   {
       sum=sum+i;
       fprintf(fp1,"%d",sum);
   }
   fclose(fp1);
   if((fp2=fopen("c:\\tc\\output\\test9.txt","r"))==NULL)
   {
       printf("cann't open file\n");
       exit(1);
   }
   while(!feof(fp2))                         /*文件是否结束*/
   {
       ch=fgetc(fp2);
       fputc(ch,stdout);
   }
   fclose(fp2);
}
```

程序运行结果如下：

```
13610152128364555
```

习 题 十

一、填空题

1. 对文件的读(写)操作完成后，为防止文件内容丢失必须____________此文件。
2. 在函数 fopen()中，若文件打开方式设置为“wt”，则表示以____________打开此文件。
3. 函数 fgetc()与函数 fgets()的区别是____________。
4. 函数 rewind()的功能是重置文件的位置指针到____________。
5. 在 C 语言中，标准文件是指特殊的设备文件。指针为 stdout 代表____________。

二、单选题

1. 在 C 语言中，执行语句 fp=fopen("file","rt")后对文本文件 file 操作的正确叙述是(　　)。

A) 从文件中读取数据　　B) 向文件写入数据

C) 对文件进行读写数据　　D) 在文件已有数据后追加数据

2. 当文件指针已处在结尾时，函数 feof()的返回值是(　　)。

A) 0　　B) NULL　　C) 非 0　　D) 无返回值

3. 函数 fgets()的功能是(　　)。

A) 向文件中写入字符串　　B) 从文件中读出字符串

C) 对文件进行读写字符串　　D) 在文件已有数据后追加一个字符串

三、阅读程序并回答问题

1. 阅读以下程序：

```
#include<stdio.h>
#include<stdlib.h>
main()
{
    int i,sum=0;
    char *ch="";
    FILE *fp1,*fp2;
    if((fp1=fopen("c:\\tc\\output\\tcxt.txt","w"))==NULL)
    {
     printf("cann't open file\n");
     exit(1);
    }
    for(i=1;i<=3;i++)
    {
     sum=sum+i;
     fprintf(fp1,"%d",sum);
    }
    fclose(fp1);
    if((fp2=fopen("c:\\tc\\output\\tcxt.txt","r"))==NULL)
    {
       printf("cann't open file\n");
       exit(1);
    }
    fgets(ch,3,fp2);
    printf("%s\n",ch);
    fclose(fp2);
}
```

程序运行的正确结果是(　　)。

A) 136　　B) 1　　C) 13　　D) 1360

2. 阅读以下程序：

```
#include<stdio.h>
```

```
#include<stdlib.h>
main()
{
    int i,j;
    int s[10]={2,4,6,8};
    FILE *fp1,*fp2;
    if((fp1=fopen("c:\\tc\\output\\tcxt.txt","w"))==NULL)
    {
        printf("cann't open file\n");
        xit(1);
    }
    for(i=0;i<=3;i++)
      fprintf(fp1,"%d",s[i]);
    fclose(fp1);
    if((fp2=fopen("c:\\tc\\output\\tcxt.txt","r"))==NULL)
    {
        printf("cann't open file\n");
        exit(1);
    }
     fscanf(fp2,"%d",&j);
     fclose(fp2);
     printf("%d\n",j);
}
```

程序运行的正确结果是(　　)。

A) 24680　　B) 246　　C) 2468　　D) 24

3. 阅读以下程序：

```
#include<stdio.h>
#include<stdlib.h>
main()
{
    char ch,str[20]="bejingxian";
    FILE *fp;
    if((fp=fopen("c:\\tc\\output\\tcxt.txt","wb"))==NULL)
    {
        printf("cann't open file\n");
        exit(1);
    }
    printf(fp,"%s",str);
    fclose(fp);
    if((fp=fopen("c:\\tc\\output\\tcxt.txt","r"))==NULL)
    {
        printf("cann't open file\n");
        exit(1);
    }
    fseek(fp,6,SEEK_SET);
    while(!feof(fp))
```

```
    {
        ch=fgetc(fp);
        fputc(ch,stdout);
    }
    fclose(fp);
}
```

程序运行的正确结果是(　　)。

A) bejing　　B) xian　　C) bejingxian　　D) gxi

第 11 章 位 运 算

11.1 什么是位运算

众所周知，计算机中的数据信息、控制指令、计算指令等都是使用二进制方式进行表达、存储、传输的。

在计算机的应用中，有一类应用是要对机器语言中的二进制位数据(0 和 1)进行操作，如驱动程序、无人机电路控制、信号灯控制、单片机程序等。在这类应用的程序编制过程中，要对计算机中的位(bit)进行操作，以实现对一位(1bit)数据的控制。以上描述的这类操作称为位运算。

使用 C 语言控制二进制位的运算被称为位运算，与之配套的操作指令被称为位运算符。

11.2 位运算符与位运算

计算机 C 语言的运算都要有一个与该运算方法对应的操作符，对应于计算机位的操作，根据操作种类的不同对应了不同的操作符。

C 语言在位运算方面，主要有与、或、异或、取反、右移、左移等操作。本章主要介绍与、或、异或、取反、左移、右移操作。

首先假设有两个整型变量，变量名分别是 first 和 second，同时在 first 变量中存入数字 101，在 second 变量中存入数字 96。

```
int first,second;
first = 101;
second = 96;
```

根据计算机文化基础中的数值转换可知，101 在内存中 first 变量里的二进制表达为 01100101，96 在内存中 second 变量里的二进制表达为 01100000，如图 11-1 所示。

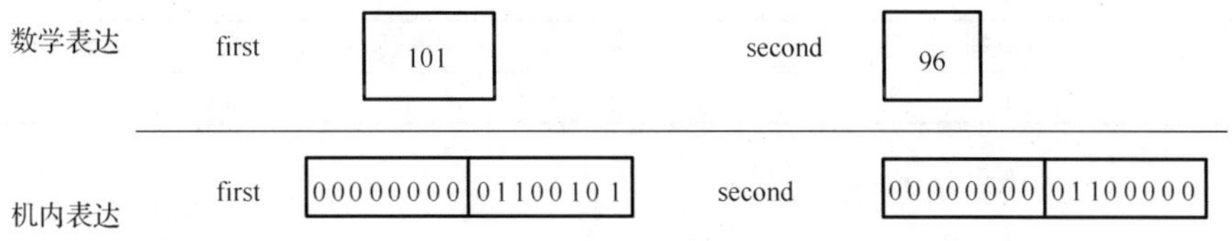

图 11-1 数值的数学表达与机内表达

后边的对位的操作都围绕这两个变量的机内表示展开操作。

11.2.1 “按位与”运算

位操作的“与”运算符见表 11-1。

表 11-1　与运算符

运算符	含义
&	按位与

“与”运算法则如表 11-2 所示。

表 11-2　与运算法则

运算数一	运算数二	运算符	结果
0	0	&	0
0	1	&	0
1	0	&	0
1	1	&	1

通过“与”运算的定义，我们可以总结一个口诀：运算时，操作数中“有零得零，无零为一”。这个规律通俗地讲就是“与”运算时，只要运算数中有零，结果一定为零。按位与和数学中的乘法类似，0 乘以任何数都为 0；按位与还与电路中的串联电路的原理类似，当两个用电器都是闭合状态(等同于是 1)，整个电路才能连通(等同于结果是 1)，两个灯才能同时亮；若有一个灯是坏的(等同于某一个运算数是 0)，整个电路处于断路状态(等同于结果是 0)，且两个灯都不亮，如图 11-2 所示。读者可以使用该方法类比辅助记忆。

根据“与”运算符和“与”运算规则，我们将 first 变量和 second 变量进行按位“与”运算，如图 11-3 所示。

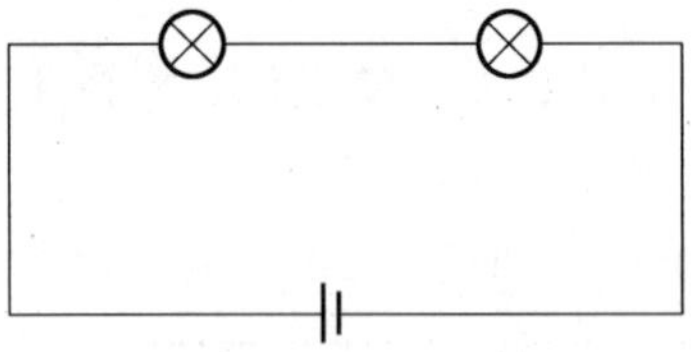

图 11-2　两灯串联

```
                      00000000 01100101
                    & 00000000 01100000
first & second = ─────────────────────
                      00000000 01100000
```

图 11-3　与运算

11.2.2　“按位或”运算

位操作的“或”运算符如表 11-3 所示。

表 11-3　或运算符

运算符	含义
|	按位或

“或”运算法则如表 11-4 所示。

表 11-4　或运算法则

运算数一	运算数二	运算符	结果
0	0	|	0
0	1	|	1
1	0	|	1
1	1	|	1

通过“或”运算的定义，我们也可以总结一个规律，即“有一得一，无一为零”。这个规律通俗地讲就是“或”运算时，只要运算数中有一，结果一定为一。

按位或与电路中的并联电路原理类似。当任何一个灯处于正常状态时(等同于操作数中有一个 1)，这个电路系统整体是连通的(等同于或运算的结果为 1)；仅当两个灯都处于损坏状态，整个电路系统处于断路状态(图 11-4)。读者可以用并联电路模型方法类比记忆。根据“或”运算符和“或”运算规则，我们将变量 first 变量和 second 变量进行按位或运算，如图 11-5 所示。

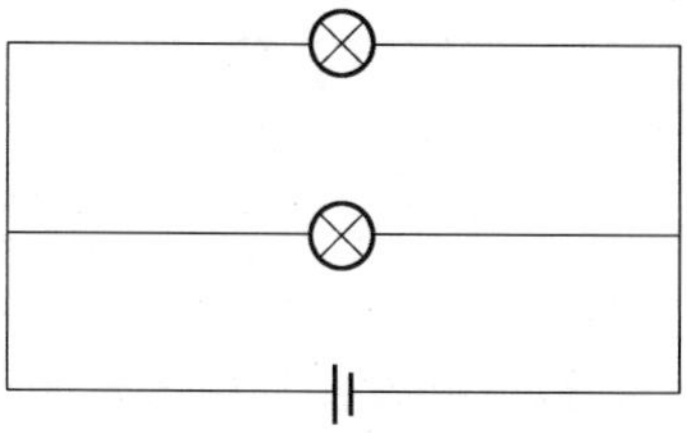

图 11-4　两灯并联

```
                      00000000  01100101
first | second =   |  00000000  01100000
                    ----------------------
                      00000000  01100101
```

图 11-5　或运算

11.2.3　“按位异或”运算

位操作的“异或”运算符如表 11-5 所示。

表 11-5　异或运算符

运算符	含义
^	按位异或

“异或”运算法则如表 11-6 所示。

表 11-6　异或运算法则

运算数一	运算数二	运算符	结果
0	0	^	0
0	1	^	1
1	0	^	1
1	1	^	0

通过异或运算的定义，我们也可以总结一个口诀：两个操作数“相同得零，不同得一”。这个规律通俗地讲就是“异或”运算时，两个运算数一致的时候，结果为零。根据“异或”运算符和“异或”运算规则，我们将变量 first 变量和 second 变量按位异或运算，如图 11-6 所示。

```
                      00000000  01100101
first ^ second =   ^  00000000  01100000
                    ----------------------
                      00000000  00000101
```

图 11-6　异或运算

11.2.4　“按位取反”运算

“取反”运算符如表 11-7 所示。

表 11-7　取反运算符

运算符	含义
～	按位取反

按位取反其实就是在二进制范畴内的状态转换。如果一个位的数值为二进制的 1，对其取反就是二进制的 0。按位取反的运算法则如表 11-8 所示。

表 11-8　取反运算法则

运算数	运算符	结果
0	～	1
1	～	0

我们可以类比电路中，一个灯处于打开状态(等同于 1)，取反操就是关掉电路的灯(等同于 0)。

11.2.5　左移运算

在软件开发中，尤其是对硬件开发驱动程序、通信软件中会有一类特殊的操作，这种操作是将内存中存储的机器码在字节内整体移动，其中有一种是整体向左移动二进制位。

位操作的“左移”运算符如表 11-9 所示。

表 11-9　左移运算符

运算符	含义
<<	左移

下面以 first 变量操作为例演示左移运算，具体见图 11-7。

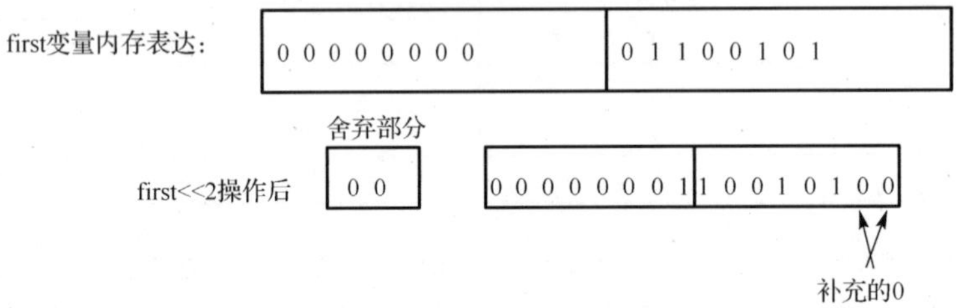

图 11-7　左移执行效果

first<<2 的含义是对 first 变量的机器表示执行左移 2 位操作，高位的两个 0 溢出，在低位空缺的位置补入两个 0。

first<<3 的含义是对 first 变量的机器表示执行左移 3 位操作，高位的三个 0 溢出，在低位空缺的位置补入三个 0，如图 11-8 所示。

技巧：左移运算比乘法运算计算要快得多，对于时间要求严格的程序，可以使用左移实现乘法。例如，乘 2 的计算可以通过左移一位来快速计算；乘 2^n 可以使用左移 n 位来实现。

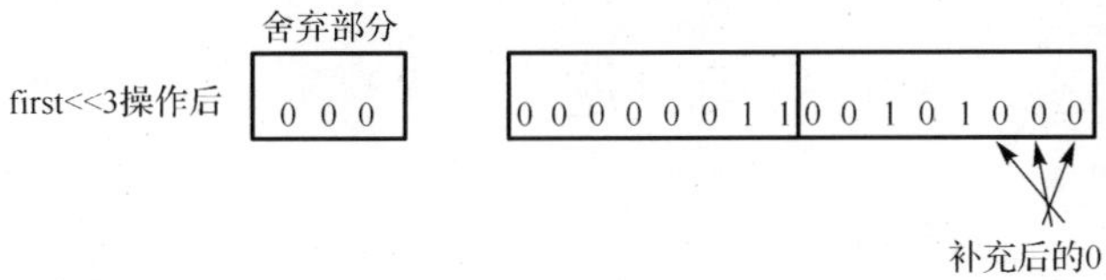

图 11-8　左移 3 位操作

11.2.6　右移运算

对应左移，还有另一种操作就是右移。右移操作是将内存中存储的机器码在字节内整体移动，其中有一种是整体向右移动二进制位。

位操作的“右移”运算符如表 11-10 所示。

表 11-10　右移运算符

运算符	含义
>>	右移

以 first 变量操作为例演示右移运算，具体见图 11-9。

对变量 first 执行右移操作过程中补位的问题进行说明。对于有符号的变量，数字机内表达的最高位代表符号位，当数字为正时，最高位为 0，当数字为负时，最高位为 1；当右移有符号的正数时，在最高位补 0，当右移有符号的负数时，不同系统处理方法不同，有的系统在最高位补 1，有的系统在最高位补 0，对于无符号的数，右移时，最高位补 0。对于溢出的处理，将溢出的位舍弃。

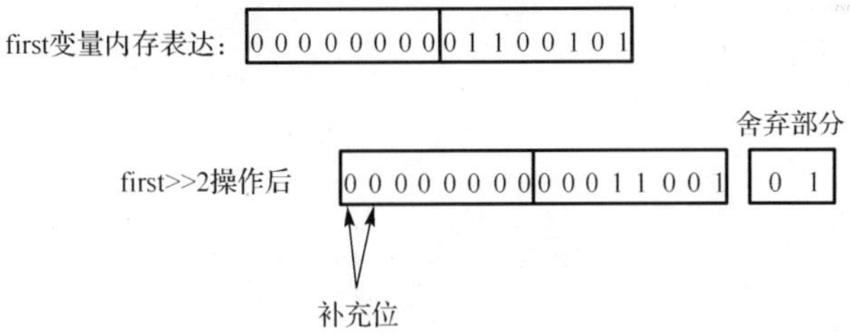

图 11-9　右移运算

first>>2 的含义是对 first 变量的机器表示执行右移 2 位操作，高位的两个 0 溢出，在低位空缺的位置补入两个 0。

first>>3 的含义是对 first 变量的机器表示执行右移 3 位操作，高位的三个 0 溢出，在低位空缺的位置补入三个 0，如图 11-10 所示。

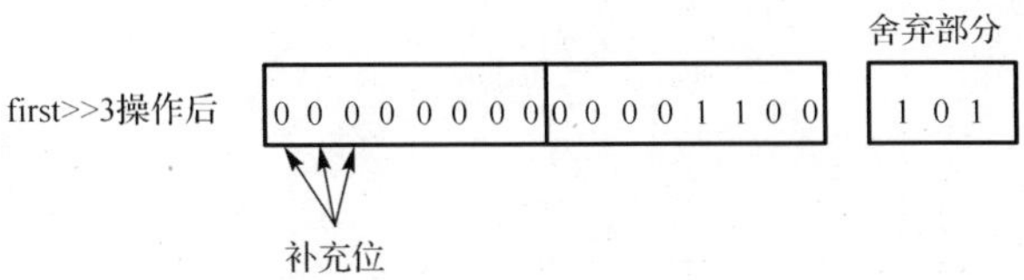

图 11-10　右移运算

习　题　十一

一、单选题

1. 下列位操作符号中，属于“与”操作的运算符是(　　)。

A) &　　B) |　　C) !　　D) ^ E) ～

2. 下列位操作符号中，属于“或”操作的运算符是(　　)。

A) &　　B) |　　C) !　　D) ^ E) ～

3. 下列位操作符号中，属于“异或”操作的运算符是(　　)。

A) &　　B) |　　C) !　　D) ^ E) ～

4. 下列位操作符号中，属于“取反”操作的运算符是(　　)。

A) &　　B) |　　C) !　　D) ^ E) ～

5. 下列位操作符号中，属于“左移”操作的运算符是(　　)。

A) >　　B) >>　　C) <　　D) <<

6. 下列位操作符号中，属于“右移”操作的运算符是(　　)。

A) >　　B) >>　　C) <　　D) <<

二、问答题

1. 什么是位操作？位操作的对象是什么？
2. 在位操作的右移操作中，最高位的补位原则是什么？
3. 在位操作的左移操作中，最低位的补位原则是什么？

第 12 章　编译预处理

12.1　C 语言预处理概述

C 语言程序源代码编写完成后，还需把这些源代码编译成机器指令才可运行，即程序源文件需要进行编译、链接后才能生成可执行程序。编译前首先要对源文件进行必要的加工处理，预处理程序依据源代码中的指令(预处理编译指令)执行一系列源代码修改操作。这些加工处理称为预处理。

预处理是 C 语言的一个重要功能，在对 C 源文件进行编译时，编译程序首先对源程序中预处理进行操作。预处理程序通常被集成在 C 的编译程序中，在进行源文件编译时，预处理程序自动运行。

前面各章中已经使用的#include 指令和#define 指令都是预处理指令。C 语言标准库函数在被调用前，首先使用#include 指令引入相应的头文件。在 C 中，把以#号开头的指令称为预处理命令。C 语言提供了多种预处理功能，如宏定义、文件包含、条件编译等，它们为 C 语言程序编写提供了方便、灵活的方法。

12.2　C 语言宏定义

宏定义是预处理命令的一种，它是用一个指定的标识符来表示一个字符串。在源程序中出现此标记的地方都用该字符串替换。宏定义由#define 命令完成，宏替换则是由预处理程序完成。在 ANSI 标准中，#define 定义为宏名字(Macro Name)，相应的替换操作为宏替换(Macro Substitution)。

宏定义分为带参数宏定义和不带参数宏定义。

12.2.1　不带参数的宏定义

宏定义的一般格式如下：

```
#define  宏名  字符串
```

功能：用宏名替代字符串。而宏替换是由预处理程序完成源程序中将宏名替换成字符串的操作，也称此替换为宏展开。

说明：(1)宏定义语句不是 C 语句，其句尾不用分号标识。

(2)#表示它是一条预处理命令，C 语言中所有的预处理命令都以#开头。

(3)宏名是标识符的一种，其命名规则与标识符相同，通常用大写字母表示。

(4)字符串又称宏体，是一般意义上的字符序列，与 C 语言中的字符串不同，所以不需要双引号。它可以是常数、表达式、语句、关键字，也可以是空白。

(5) #define 命令在主函数之前定义，宏名的有效范围是从定义命令开始到源文件结束为止。

【例 12.1】 无参宏定义举例。以给定半径 r 的值，计算球体的体积 v 和表面积 s 为例。

程序设计如下：

```
#include<stdio.h>
#include<math.h>
#define PI 3.141592                                   /*宏定义*/
main()
{
   float r=1,v,s;
   v=4.0/3*PI*pow(r,3);                               /*宏替换*/
   s=4*PI*pow(r,2);                                   /*宏替换*/
   printf("v=%f,s=%f\n",v,s);
}
```

程序运行结果如下：

```
v=4.188789,s=12.566368
```

说明：在本程序中，#define PI 3.141592 就是宏定义，PI 为宏名，3.141592 是宏体。在编译预处理时，对程序中所有出现的宏名 PI，都用宏定义中的字符串去替换，这种替换又称为宏展开。程序中，语句 v=4.0/3*PI*pow(r,3)，s=4*PI*pow(r,2) 中的 PI 都用 3.141592 替换。

【例 12.2】 无参宏定义举例，引用已定义过的宏名。以计算三角形面积 s 为例。

程序设计如下：

```
#include<stdio.h>
#include<stdlib.h>
#define A 8.5                                         /*宏定义*/
#define H 5                                           /*宏定义*/
#define M A*H                                         /*宏定义*/
main()
{
   float s;
   s=1.0/2*M;                                         /*宏替换*/
   printf("A=%.2f\nH=%d\nM=%.2f\ns=%.2f\n"A,H,M,s);
}
```

程序运行结果如下：

```
A=8.50
H=5
M=42.50
s=21.25
```

说明：(1) 宏展开是用已定义的宏体去替换宏名。本例中在宏展开后 A 被 8.5 替换，H 被 5 替换，M 被 8.5*5 替换。

(2) 在宏定义的字符串中可使用已经定义的宏名，本例中宏定义 M 就引用了已定义过的宏名 A、H。展开时由预处理程序进行层层替换。

(3) 宏定义与 C 中变量定义的含义不同，它只完成字符串替换，系统不为其分配存储空间。

(4) 在程序中被双引号括起来的字符尽管与宏名相同，但不进行替换。如在本例的输出函数 printf("A=%.2f\nH=%d\nM=%.2f\ns=%.2f\n"A,H,M,s) 中，双引号内的字符 A、H、M 尽管都与宏名相同，但不进行替换。

【例 12.3】　被双引号括起来的字符不进行替换。

```
#include<stdio.h>
#define LL 200
main()
{
   printf("LL\n");
}
```

程序运行结果如下：

```
LL
```

说明：在本例 printf("LL\n") 函数中，宏名 LL 被双引号括起来，故程序不进行宏替换，仅以字符串处理，所以输出结果为 LL。

12.2.2　带参数的宏定义

带参数宏定义的一般格式如下：

```
#define  宏名(形参表) 字符串
```

带参数宏调用的一般格式如下：

```
宏名(实参表);
```

功能：用宏调用中的实际参数去替换宏定义中的形式参数。

说明：(1) 带参数宏定义中宏名的参数表是形式参数表，带参数宏调用中宏名的参数表为实际参数表。

(2) 调用带参数的宏时，既要进行宏展开，还要用调用中的实际参数对应替换宏定义中的形式参数。

【例 12.4】　带参数宏定义及调用，以计算球体的面积 s 为例。

程序设计如下：

```
#include<stdio.h>
#include<math.h>
#define PI 3.141592
#define S(r) 4*PI*r*r                                              /*带参数宏定义*/

main()
{
    float k=3.5,area;
    area=S(k);                                                     /*宏调用*/
```

```
    printf("r=%.2f\ns=%.2f\n",k,area);
}
```

程序运行结果如下：

```
r=3.50
s=153.94
```

说明：(1)在本例中当宏调用时，用实际参数 3.5 替换形式参数 r。

(2)预处理程序进行宏名展开替换操作，直到程序中无宏名时结束。本例中宏调用为：

```
S(3.5)
```

调用后的展开替换为：

```
s=4*PI*3.5*3.5
s=4*3.141592*3.5*3.5
```

(3)宏替换中的实际参数可为变量、常量或表达式。

【例 12.5】 带参数宏定义调用，以实参为表达式举例。

程序设计如下：

```
#include<stdio.h>
#include<stdlib.h>
#define A(x) 5*(x)*x+1                              /*带参数宏定义*/
main()
{
    int k=5,p=2;
    printf("%d\n",A(k+p));                          /*宏调用实参为表达式*/
}
```

程序运行结果如下：

```
178
```

说明：(1)本例中宏调用时，实际参数为表达式 k+p。

(2)宏调用为：

```
A(k+p)
```

调用后的展开替换为：

```
5*(k+p)*k+p+1
5*(5+2)*5+2+1
```

(3)进行宏展开替换时并不求表达式 k+p 的值，而是用实际参数字符 k+p 替换形式参数 x，因此宏展开后为 5*(5+2)*5+2+1。

【例 12.6】 带参数宏定义调用中容易产生误解的表达式举例。

程序设计如下：

```
#include<stdio.h>
#include<stdlib.h>
#define A(x,y) x+y                                  /*带参数宏定义*/
```

```
    main()
{
    int s=A(5,2)*8;                                     /*宏调用*/
    printf("%d\n",s);
}
```

程序运行结果如下：

```
21
```

说明：(1)宏调用为：

```
A(5,2)
```

调用后的展开替换为：

```
s=5+2*8
```

(2)本例中若要计算(x+y)*8 的值，则宏定义#define A(x,y) x+y 应改写为#define A(x,y) (x+y)。

12.3　宏定义的解除

从前面的介绍中可以看出，宏定义#define 命令在主函数之前定义，其有效范围是从宏定义命令开始到源文件执行结束为止。实际编程中，如果需要在某一给定的范围内使用宏定义，则使用#undef 命令解除宏定义。

宏定义命令解除的一般格式如下：

```
#undef 宏名
```

功能：解除已定义的宏，终结宏定义的作用域。配对使用#define 命令与#undef 命令，将实现宏定义的作用域限定在它们之间，即局部宏定义。

【例 12.7】　宏定义的定义与解除。

程序设计如下：

```
#include<stdio.h>
#include<stdlib.h>
#define PI 3.141592                                /*定义宏 PI*/
main()
{
      float r=3.5,area;
      area=PI*r*r;
      #ifdef PI
           printf("area=%.2f\n",area);            /*参与编译*/
      #endif
      #undef PI                                    /*取消宏 PI 的定义*/
      #ifndef PI                                   /*未定义宏 PI*/
            printf("undefined symbol PI\n");       /*参与编译*/
      #endif
}
```

程序运行结果如下：

```
area=38.48
undefined symbol PI
```

说明：本例中，首先定义了宏 PI，进行面积计算公式(area=PI*r*r)中宏 PI 的替换，取消了宏定义后，输出 undefined symbol PI。

12.4 文 件 包 含

C 语言提供的文件包含命令用来实现在一个源文件中使用另一个源文件的内容。

文件包含的一般格式如下：

```
#include<文件名>
```

或

```
#include "文件名"
```

说明：(1) 文件包含命令#include 中的文件名必须由一对双引号(" ")或一对尖括号(<>)引起来，文件名是指被包含或使用的文件名称，它可以是系统文件(头文件)，也可以是由程序设计者自己编写的程序。头文件以“.h”作为扩展名。例如：

```
#include <math.h>
```

是一个文件包含命令，执行此命令时编译程序将读入用于常见数学运算操作的标准库头文件 math.h，使其成为源文件的一部分并一同参加编译。

(2) 一个包含命令只能定义一个文件包含，多于一个文件包含则要使用多个文件包含命令。例如：

```
#include<stdio.h>
#include<stdlib.h>
#incloud<math.h>
```

使用三个文件包含命令定义了不同的文件包含。

(3) 文件包含中也可以包含其他包含文件，即文件包含嵌套。

(4) 文件包含命令#include 中的文件名用一对双引号(" ")或一对尖括号(<>)引起来时意义不同，尖括号括住的文件编译时，系统直接在存放 C 标准库头文件的目录中查找；双引号括住的文件编译时，系统首先在当前目录中查找，若找不到再去存放 C 标准库头文件目录中查找。

12.5 条件编译指令

在 C 语言实际应用中，往往根据不同要求对源程序中的部分语句在满足给定条件时才进行编译，即条件编译。C 语言提供的条件编译功能，可按照给定的不同条件处理不同源程序的部分编译。条件编译共分为三种形式。

12.5.1 #if、#else 条件编译指令

#if、#else 条件编译指令的一般格式如下：

```
#if 常量表达式
    程序段 1
#else
    程序段 2
#endif
```

功能：若常量表达式值为真(非零)，则编译程序段 1，否则编译程序段 2。在条件编译指令#if 中可以无#else，格式如下：

```
#if 常量表达式
    程序段
#endif
```

【例 12.8】 #if 条件编译应用举例。

程序设计如下：

```
#include<stdio.h>
#include<math.h>
#define X 50                                              /*宏定义*/
main()
{
   #if X>40                                               /*条件编译判断*/
      printf("To compile\n");
   #endif
}
```

程序运行结果如下：

```
To compile
```

说明：#if 后常量表达式判断结果为真，则执行“printf("To compile\n");”语句编译。

【例 12.9】 #if、#else 条件编译应用举例。

程序设计如下：

```
#include<stdio.h>
#include<math.h>
#define X 50                                                  /*宏定义*/
main()
{
   #if X>50                                                   /*条件编译判断*/
      printf("To compile\n");
   #else
      printf("Do not compile\n");                             /*参与编译*/
   #endif
}
```

程序运行结果如下：

```
Do not compile
```

说明：(1)#if 后的常量表达式判断结果为假时，则执行#else 后的程序语句。

(2)#else 是#if 在常量表达式判断结果为假时的备选，其作用与前面介绍的条件分支语句中的 else 类似。它既是#if 判断的结束，又是#else 的开始。

(3)在#if、#else 条件编译指令中，#if 与#endif 配对使用。

在 C 语言中还提供了#if 和#elif 的嵌套功能。

#elif 条件编译指令的一般格式如下：

```
#if 常量表达式
    程序段
#elif 常量表达式 1
    程序段 1
#elif 常量表达式 2
    程序段 2
…
#elif 常量表达式 n
    程序段 n
#endif
```

功能：当#if 中常量表达式为假时，执行#elif 的条件判断，如果为真就编译#elif 中的程序段。

说明：实际应用中，特别要注意#if、#elif，#if、#endif 相对应的关系。

12.5.2　#ifdef、#else 条件编译指令

#ifdef、#else 条件编译指令的一般格式如下：

```
#ifdef 标识符
     程序段 1
#else
     程序段 2
#endif
```

功能：如果#define 命令已定义标识符，则编译程序段 1，否则编译程序段 2。本格式中可以无#else，则格式可写成：

```
#ifdef  标识符
     程序段
#endif
```

12.5.3　#ifndef、#else 条件编译指令

#ifndef、#else 条件编译指令的一般格式如下：

```
#ifndef 标识符
     程序段 1
#else
     程序段 2
#endif
```

功能：如果#define 命令未定义过标识符，则编译程序段 1，否则编译程序段 2。它与#ifdef 的功能相反。

【例 12.10】　#ifdef、#ifndef 条件编译应用举例。

程序设计如下：

```
#include<stdio.h>
#include<stdlib.h>
#define FINE 85                                          /*宏定义*/
main()
{
    #ifdef FINE
        printf("Resuit is fine\n");                      /*参与编译*/
    #else
        printf("\n");
    #endif

    #ifdef GOOD
        printf("Resuit is fine\n");
    #else
        printf("Resuit is good\n");                      /*参与编译*/
    #endif

    #ifndef EXCELLENT
        printf("Resuit is excellent\n");                 /*参与编译*/
    #else
      printf("Resuit is good\n");
    #endif
}
```

程序运行结果如下：

```
Resuit is fine
Resuit is good
Resuit is excellent
```

说明：因在#define 编译命令中定义了宏 FINE，故“printf("Resuit is fine\n");”语句参与编译；在#define 编译命令中没有定义 GOOD，因此“printf("Resuit is good\n");”语句参与编译；在#define 编译命令中没有定义 EXCELLENT，所以“printf("Resuit is excellent\n");”语句参与编译。

习　题　十二

一、填空题

1．#define 指令定义了一个宏名和一个字符串，预加工处理时源程序中的宏名都被字符串__________。

2．宏替换由预处理程序完成源程序中宏名替换字符串的操作，此替换又称为____________。

3．设有宏定义#define Y(X) 5*X，若宏调用为 Y(8+2)，则表达式 5*X 的值是____________。

4．设有宏定义#define A(x) 10*(x)*x+1，若宏调用为 A(5)，则表达式 10*(x)*x+1 的值是____________。

二、选择题

1．在下列表述中，不属于编译预处理的操作是(　　)。

A)宏定义　　B)条件编译　　C)文件运行　　D)解除宏定义

2．下列叙述中正确的是(　　)。

A)C 预处理命令无法实现宏定义的功能　　B)宏名必须都用大写字母表示

C)解除宏定义无实际意义　　D)C 预处理命令行都以“#”开头

3．下列叙述中错误的说法是(　　)。

A)C 预处理命令行都是以“#”开头　　B)#define PX 是正确的宏定义

C)C 预处理命令行结尾不用分号标识　　D)C 预处理操作是在程序的执行过程中进行

三、阅读程序并填空

1．阅读以下程序并给出运行结果。

```
#include<stdio.h>
#include<stdlib.h>
#define A(x,y) x+y*x+y

main()
{
    int s=A(5,2)*8;
    printf("%d\n",s);
}
```

程序运行的结果是____________。

2．阅读以下程序并给出运行结果。

```
#include<stdio.h>
#include<stdlib.h>
#define A(x) 8*(x)*(x+1)+1

main()
{
    int i=5,j=2;
    printf("%d\n",A(i+j));
}
```

程序运行的结果是____________。

3．阅读以下程序并给出运行结果。

```
#include<stdio.h>
#include<stdlib.h>
```

```
#include<math.h>
#define PI 3.141592
#define V(r) 4.0/3*PI*r*r*r
#define S(r) 4*PI*r*r
main()
{
    float r=1.0,v,s;
    v=V(r),s=S(r);
    printf("v=%f\n",v);
    printf("s=%f\n",s);
}
```

程序运行的结果是____________。

4．阅读以下程序并给出运行结果。

```
#include<stdio.h>
#include<stdlib.h>
#include<math.h>
#define MAX(x,y) (x>y)?x:y
main()
{
    int i,j,max;
    printf("please enter data: ");
    scanf("%d,%d",&i,&j);
    printf("max=%d\n",MAX(i,j));
    return 0;
}
```

程序运行结果是____________。

附　　录

附录 A　ASCII 表

十进制	八进制	十六进制	字符	说明(控制字符)
0	000	00	NUL	NULL(空，串结束)
1	001	01	SOH	start of heading(标题开始)
2	002	02	STX	start of text(文本开始)
3	003	03	ETX	end of text(文本结束)
4	004	04	EOT	end of transmission(传输结束，文件结束)
5	005	05	ENQ	enquiry(询问)
6	006	06	ACK	Acknowledge(肯定应答)
7	007	07	BEL	bell(蜂鸣，报警)
8	010	08	BS	backspace(退格)
9	011	09	HT	horizontal tab(水平制表)
10	012	0A	LF	NL line feed, new line(换行)
11	013	0B	VT	vertical tab(垂直制表)
12	014	0C	FF	NP form feed, new page(换页)
13	015	0D	CR	carriage return(回车)
14	016	0E	SO	shift out(取消变换)
15	017	0F	SI	shift in(启用变换)
16	020	10	DLE	data link escape(数据链接码)
17	021	11	DC1	device control 1(设备控制 1，恢复滚屏)
18	022	12	DC2	device control 2(设备控制 2)
19	023	13	DC3	device control 3(设备控制 3，停止滚屏)
20	024	14	DC4	device control 4(设备控制 4)
21	025	15	NAK	negative acknowledge(拒绝应答)
22	026	16	SYN	synchronous idle(同步停顿)
23	027	17	ETB	end of trans.Block(结束传输块)
24	030	18	CAN	Cancel(取消)
25	031	19	EM	end of medium(消息结束，中断)
26	032	1A	SUB	Substitute(替换，退出)
27	033	1B	ESC	Escape(换码)
28	034	1C	FS	file separator(文件分隔符)
29	035	1D	GS	group separator(组群分隔符)
30	036	1E	RS	record separator(记录分隔符)
31	037	1F	US	unit separator(单元分隔符)
32	040	20	SP	Space(空格符)
33	041	21	!	
34	042	22	"	
35	043	23	#	

续表

十进制	八进制	十六进制	字符	说明(控制字符)
36	044	24	$	
37	045	25	%	
38	046	26	&	
39	047	27	'	
40	050	28	(	
41	051	29	)	
42	052	2A	*	
43	053	2B	+	
44	054	2C	,	
45	055	2D	–	
46	056	2E	.	
47	057	2F	/	
48	060	30	0	
49	061	31	1	
50	062	32	2	
51	063	33	3	
52	064	34	4	
53	065	35	5	
54	066	36	6	
55	067	37	7	
56	070	38	8	
57	071	39	9	
58	072	3A	:	
59	073	3B	;	
60	074	3C	<	
61	075	3D	=	
62	076	3E	>	
63	077	3F	?	
64	100	40	@	
65	101	41	A	
66	102	42	B	
67	103	43	C	
68	104	44	D	
69	105	45	E	
70	106	46	F	
71	107	47	G	
72	110	48	H	
73	111	49	I	
74	112	4A	J	
75	113	4B	K	
76	114	4C	L	
77	115	4D	M	
78	116	4E	N	
79	117	4F	O	
80	120	50	P	

续表

十进制	八进制	十六进制	字符	说明(控制字符)
81	121	51	Q	
82	122	52	R	
83	123	53	S	
84	124	54	T	
85	125	55	U	
86	126	56	V	
87	127	57	W	
88	130	58	X	
89	131	59	Y	
90	132	5A	Z	
91	133	5B	[	
92	134	5C	\	
93	135	5D	]	
94	136	5E	^	
95	137	5F	_	
96	140	60	`	
97	141	61	a	
98	142	62	b	
99	143	63	c	
100	144	64	d	
101	145	65	e	
102	146	66	f	
103	147	67	g	
104	150	68	h	
105	151	69	i	
106	152	6A	j	
107	153	6B	k	
108	154	6C	l	
109	155	6D	m	
110	156	6E	n	
111	157	6F	o	
112	160	70	p	
113	161	71	q	
114	162	72	r	
115	163	73	s	
116	164	74	t	
117	165	75	u	
118	166	76	v	
119	167	77	w	
120	170	78	x	
121	171	79	y	
122	172	7A	z	
123	173	7B	{	
124	174	7C	|	
125	175	7D	}	

续表

十进制	八进制	十六进制	字符	说明(控制字符)
126	176	7E	~	
127	177	7F	DEL	delete 删除，抹掉

附录 B　运算符的优先级与结合性

优先级	运算符	含义	运算对象个数	结合方向
1	() [] -> .	圆括号 下标运算符 指向结构体成员运算符 结构体成员运算符		自左至右
2	! ~ ++ -- - (类型) * & sizeof	逻辑运算符 按位取反运算符 自增运算符 自减运算符 负号运算符 类型转换运算符 指针运算符 取地址运算符 长度运算符	1(单目运算符)	自右至左
3	* / %	乘法运算符 除法运算符 取余运算符	2(双目运算符)	自左至右
4	+ -	加法运算符 减法运算符		
5	<< >>	左移运算符 右移运算符		
6	<、<= >、>=	关系运算符		
7	== !=	等于运算符 不等运算符		
8	&	按位与运算符		
9	^	按位异或运算符		
10	|	按位或运算符		
11	&&	逻辑与运算符		
12	||	逻辑或运算符		
13	?:	条件运算符	3(三目运算符)	自右至左
14	=、+=、-=、*=、 /=、%=、>>=、<<=、 &=、^=、|=	赋值运算符	2(双目运算符)	
15	,	逗号运算符		自左至右

附录 C　标准 C 函数库

标准 C 函数库包含可供程序员直接调用的函数。一个好的程序设计风格应尽可能调用标准函数库来实现自己所需要的功能，因此，熟悉函数库，有助于提高用户的程序设计能力。常用的标准函数库有数学函数、字符和字符串函数、I/O 函数、动态内存分配函数等。

C.1 常用的字符和字符串函数

字符函数用于处理单独的字符，它可分为两组，一组用于对字符分类，另一组用于字符转换。C 语言没有字符串类型，它不是以字符串常量的形式出现，而是必须存储于字符数组或动态分配的内存中。字符串函数可分为两大类，一类是对字符数组的操作，另一类是将一个内存块视为一个字符串的操作。

头文件 ctype.h 中包含了字符函数的原型和声明，string.h 中包含了字符串函数所需的原型和声明。

函数名	原型和功能描述	头文件
atof	double atof(const char* nptr); 把 nptr 所指的字符串转换成浮点数值，遇到不可识别的字符时转换结束	math.h 或 stdlib.h
atoi	int atoi(const char* nptr); 把 nptr 所指的字符串转换成整数值，若无法转换，则返回 0，遇到不可识别的字符时转换结束	stdlib.h
atol	long atol(const char* nptr); 若无溢出，则返回字符串转换成的长整型值	stdlib.h
isalnum	int isalnum(int ch); 如果 ch 是字母或数字，则返回非 0 值，否则返回 0	ctype.h
isalpha	int isalpha(int ch); 如果 ch 是字母，则返回非 0 值，否则返回 0	ctype.h
iscntrl	int iscntrl(int ch); 如果 ch 是控制字符(ASCII 值为 00～x1F0)，则返回非 0 值，否则返回 0	ctype.h
isdigit	int isdigit(int ch); 如果 ch 是数字(0～9)，则返回非 0 值，否则返回 0	ctype.h
isgraph	int isgraph(int ch); 如果 ch 是任何图形字符(ASCII 值为 0x21～0x7E)，则返回非 0 值，否则返回 0	ctype.h
islower	int islower(int ch) 如果 ch 是小写字母，则返回非 0 值，否则返回 0	ctype.h
isprint	int isprint(int ch) 如果 ch 是可打印字符，则返回非 0 值，否则返回 0	ctype.h
ispunct	int ispunct(int ch); 如果 ch 是标点符(除字母、数字、空格外的所有可打印字符)，则返回非 0 值，否则返回 0	ctype.h
isspace	int isspace (int ch) 如果 ch 是空白字符(含空格、'\f'、'\n'、'\r'、'\t'和'\v')，则返回非 0 值，否则返回 0	ctype.h
isupper	int isupper(int ch); 如果 ch 是大写字母，则返回非 0 值，否则返回 0	ctype.h
isxdigit	int isxdigit (int ch); 如果 ch 是十六进制数字字符(0～9 或 A～F 或 a～f 之一)，则返回非 0 值，否则返回 0	ctype.h
itoa	char *itoa(int value,char *string,int radix); 将指定的整数值 value 转换为以空字符 NULL 结束的字符串。转换后的字符串存于参数 string 所指的位置，参数 radix 指定转换所使用的基数(2～36)	stdlib.h
ltoa	char *ltoa(long int value,char *string,int radix); 将指定的长整数值 value 转换为以空字符 NULL 结束的字符串。转换后的字符串存于参数 string 所指的位置，参数 radix 指定转换所使用的基数(2～36)	stdlib.h
memchr	void *memchr(const void *s,int ch,size_t len); 从 s 的起始位置开始查找字符 ch(转换为 unsigned char 类型)第一次在字符串 s 前 len 个字符出现的位置，函数返回指向该位置的指针，它共查找 len 字节，即使遇到 0 值也不终止。如果字符 ch 未出现则返回一个空指针	string.h

续表

函数名	原型和功能描述	头文件
memcmp	void *memcmp(const void *a, const void *b,size_t len); 将 a 和 b 的前 len 字节作比较，如果前者大于、等于、小于后者，则函数的返回值分别大于、等于、小于零。由于参与比较的值是按照无符号字符逐字节比较的，所以如果用于比较不是单字节的数据(如整数)，那么其结果可能是无法预知的。该函数可实现对非字符串数据的比较，即比较两个特定的内存块的内容	string.h
memcpy	void *memcpy(void *dest, const void *source,size_t len); 该函数从 source 复制 len 字节数据到 dest 中，返回 dest。如果 dest 和 source 的位置发生重叠，则其结果是未定义的。可以用该函数复制任何类型的数据，而并非仅适用字符串，即将一个内存块的数据复制到另一个内存块。参见 strcpy()和 memmove()函数	string.h
memmove	void *memmove(void *dest, const void *source,size_t len); 从 source 复制 len 字节数据到 dest 中，返回 dest。它与 memcpy()函数的区别在于允许 dest 和 source 的位置发生重叠。因此，也可以复制任何类型的数据。参见 strcpy()和 memcpy()	string.h
memset	void *memset(void *a, int ch,size_t len); 把从 a 开始的 len 字节都设置为字符值 ch, 函数返回 a。该函数的典型应用是将指定的缓冲区清零	string.h
strcat	char *strcat(char *dest,const char *source); 将字符串 source 连接到字符串 dest 后面构成一字符串，然后返回 dest。在连接前，dest 可以是空字符串。如果 dest 和 source 的位置重叠，则其结果是未定义的	string.h
strchr	char *strchr(const char *str,int ch); 该函数在字符串 str 中寻找字符 ch 第一次出现的位置。若找到，则返回指向该位置的指针，否则返回 NULL。这是在字符串中查找一个特定字符的函数	string.h
strcmp	int strcmp(const char *str1,const char *str2); 比较字符串 str1 和 str2。如果 str1>str2，则返回正数；如果 str1==str2，则返回 0；如果 str1<str2，则返回负数	string.h
strcoll	int strcoll(const char *str1,const char *str2); 比较字符串 str1 和 str2，两个字符串都被解释为适合当前环境的 LC_COLLATE 类型。如果 str1>str2，则返回正数；如果 str1==str2，则返回 0；如果 str1<str2，则返回负数	string.h
strcpy	char *strcpy(char *dest,const char *source); 将字符串 source 复制到 dest 中，返回 dest。如果 dest 和 source 的位置重叠，则其结果是未定义的	string.h
strcspn	size_t strcspn(const char *str1,const char *str2); 该函数与 strspn()函数正好相反，它返回字符串 str1 起始部分与字符串 str2 中任意字符的不匹配字符数。该函数多用于查找一个字符串的前缀	string.h
strlen	size_t strlen(const char *str); 求字符串 str 的长度，返回 str 包含的字符数	string.h
strlwr	char *strlwr(char *str); 将字符串 str 中的字母转换为小写字母，返回 str	string.h
strncat	char *strncat(char *dest, const char *source,size_t len); 将字符串 source 中的前 len 个字符连接到 dest 的后面，并在结果后面添加一个字符串结束符，然后返回 dest	string.h
strncmp	int strncmp(const char *str1, const char *str2,size_t len); 与 strcmp()函数一样比较两个字符串，但最多比较字符串的前 len 个字符。如果两个字符串在第 len 个字符之前存在不相等的字符，则这个函数就像 strcmp()函数一样结束比较，返回结果。如果两个字符串的前 len 个字符相同，则函数返回 0	string.h
strncpy	char *strncpy(char *dest, const char *source,size_t len); 将字符串 source 中的前 len 个字符复制到 dest 中，然后返回 dest。如果 strlen(source)的值小于 len，就用字符串结束符补足到 len 长度；如果 strlen(source)的值大于或等于 len 个字符，则将 source 中前 len 个字符复制到 dest 中，此时，它的结果将不会以\0 字符结尾	string.h

续表

函数名	原型和功能描述	头文件
strpbrk	char *strpbrk(const char *str1,const char *str2); 函数返回一个指针，它指向 str1 中第一个匹配 str2 中任何一个字符的位置。如果 str2 中没有字符在 str1 中出现则返回一个空指针。该函数的主要用途不是查找某个特定的字符，而是查找任何一组字符第一次在字符串中出现的位置	string.h
strrchr	char *strrchr(const char *str ,int ch); 与 strchr()功能基本相同，只是它所返回的是一个指向字符串中字符 ch 最后一次出现的位置。这是在字符串中查找一个特定字符的函数	string.h
strrev	char* strrev(char * str); 将字符串的顺序逆转，返回逆转后的字符串	string.h
strspn	size_t strspn(const char *str1,const char *str2); 用于在字符串的起始位置对字符计数。函数返回字符串 str1 起始部分匹配字符串 str2 中任意字符的字符数。该函数多用于查找一个字符串的前缀。参见 strcspn()函数	string.h
strstr	char *strstr(const char *str1,const char *str2); 找出字符串 str2 在字符串 str1 中第一次出现的位置，函数返回一个指向该位置的指针。如果 str2 并没有完整地出现在 str1 中，则函数返回 NULL；如果 str2 是一个空字符串，则函数返回 str1。这是在字符串中查找子串的函数	string.h
strtok	char *strtok(char *str1,const char *str2); str2 是一个字符串，它定义了用作分隔的字符集合。str1 指定一个字符串，它包含零个或多个由 str2 中一个或多个分隔符分隔的标记。该函数找到 str1 的下一个标记，并将其用 NULL 结尾，然后返回一个指向这个标记的指针。若没有标记则返回空指针	string.h
strupr	char *strupr(char *str); 将字符串 str 中的字母转换为大写字母，返回 str	string.h
toascii	int toascii(int c); 返回字符 c 转换成的 ASCII 码值(0～127)	
tolower	int tolower(int ch); 将 ch 中的字母转换为小写字母并返回	ctype.h
toupper	int toupper(int ch); 将 ch 中的字母转换为大写字母并返回	ctype.h

C.2　常用的数学函数

函数名	原型和功能描述	头文件
abs	int abs(int x); 返回整数 x 的绝对值。如果其结果不能用一个整数表示，则这个行为是未定义的。参见 labs()和 fabs()函数	math.h
acos	double acos(double x); 返回 arccos(x)的值	math.h
asin	double asin(double x); 返回 arcsin(x)的值	math.h
atan	double atan(double x); 返回 arctan(x)的值	math.h
atan2	double atan(double x,double y); 返回 arctan(x/y)的值	math.h
atof	double atof(const char*nptr); 将 nptr 所指向的字符串的前面部分转换成 double 数值，然后返回转换后的值	stdlib.h
atoi	int atoi(const char*nptr); 将 nptr 所指向的字符串的前面部分转换成 int 数值，然后返回转换后的值	stdlib.h
ceil	double ceil(double x); 函数返回不小于 x 的最小整数值。参见 floor()函数	stdlib.h

续表

函数名	原型和功能描述	头文件
cos	double cos(double x); 返回 cos(x)的值。x 的单位为弧度	math.h
cosh	double cosh(double x); 返回 cosh(x)的值	math.h
div	div_t div(int number,int denom); 返回两个整数(number 为被除数，denom 为除数)相除后的商和余数。返回值类型为 Typedef struct{long int quot; /*商*/ long int rem; /*余数*/ }div_t;	stdlib.h
exp	double exp(double x); 返回 e^x 的值	math.h
fabs	double fabs(double x); 返回实型 x 的绝对值。参见 labs()和 abs()函数	math.h
floor	double floor(double x); 函数返回不大于 x 的最大整数值。参见 ceil()函数	math.h
fmod	double fmod(double x，double y); 返回整除 x/y 所产生的余数	math.h
frexp	double frexp(double val，int*exp); 将双精度数 val 分成小数部分 x 和指数部分 n，即 $val=x*2^n$，n 存放在由指针 exp 所指向的位置。函数返回 x。其中，0.5≤x<1。当必须在那些浮点格式不兼容的计算机之间传递浮点时，该函数非常有用。参见 Idexp()函数	math.h
labs	long int labs(long int x); 其功能与 abs()相同，但它的作用对象是长整型。参见 abs()函数	stdlib.h
idexp	double idexp(double x,int exp); 函数返回 x 乘以 2 的 exp 次幂的值。参见 frexp()函数	math.h
log	double log(double x); 返回自然对数 lnx 的值	math.h
log10	double log10(double x); 返回 $log_{10}x$ 的值	math.h
max	(type) max(a，b); a 和 b 为任何类型的变量，返回两个参数中较大的一个，其类型和参数相同	stdlib.h
min	(type) min(a，b); a 和 b 为任何类型的变量，返回两个参数中较小的一个，其类型和参数相同	stdlib.h
poly	double poly(double x，int n，double c[]); 返回根据参数计算的多项式(一元 n 次)值。x 为变量值，n 为多项式中变量的最高次数，c[]为存储多项式各项(从低到高)的系数数组	
poly	double poly(double x，int n，double c[]); 返回根据参数计算的多项式(一元 n 次)值。x 为变量值，n 为多项式中变量的最高次数，c[]为存储多项式各项(从低到高)的系数数组	
pow	double pow(double x，double y); 返回幂指数 x^y 的值。由于在计算这个值时可能要用到对数，所以如果 x 是一个负数且 y 不是一个整数，就会出现一个定义域错误	math.h
pow10	double pow10(int p); 返回 10 的 p 次幂	math.h
rand	Int rand(void); 函数返回 0～RAND_MAX 的一个随机整数。RAND_MAX 是一个宏常量，它定义在 stdlib.h 中，其值至少是 32767。参见 srand()	stdlib.h
random	int random(int num); 返回 0～num–1 范围内的随机整数	stdlib.h

续表

函数名	原型和功能描述	头文件
randomize	void randomize(void); 初始化随机数发生器，使它产生新的随机序列	stdlib.h
sin	double sin(double x); 返回 sin(x)的值。x 的单位为弧度	math.h
sinh	double sinh(double x); 返回双曲线正弦函数 sinh(x)的值	math.h
sqrt	double sqrt(double x); 返回 x 的平方根	math.h
srand	void srand(unsigned int seed); 为了避免程序每次运行时调用 rand()函数获得相同的随机数序列，用不同的参数 seed 作为随机数种子，在调用 rand()函数之前，先调用 srand()函数对随机数发生器进行初始化，就可获得不同的随机数序列。参见 rand()函数	stdlib.h
tan	double tan(double x); 返回 tan(x)的值。x 的值单位为弧度	math.h
tanh	double tanh(double x); 返回双曲线正切函数 tanh(x)的值	math.h

C.3　常用的 I/O 函数

I/O 函数是以文本流或二进制流处理数据的。头文件 stdio.h 包含了使用 I/O 库函数所需要的声明，其中定义了数量众多的与输入/输出有关的常量，一些主要的常量说明如下。

_IOFBF：指定一个完全缓冲的流。

_IOLBF：指定一个行缓冲的流。

_IONBF：指定一个不缓冲的流。

以上 3 个常量都具有唯一的整常数表达式，用作函数 setbuf()的第 3 个参数。

BUFSIZ：整型常数表达式，为函数 setbuf()所用缓冲区的大小。

EOF：负整型常数表达式，表示文件尾。

FILE：一种数据结构，它记录访问一个流所需要的全部信息。欲访问一个流，每个流都应有一个相应的 FILE 与它相关联。

FILENAME MAX：整型常数表达式，一个字符数组应多大以便容纳编译器所支持的文件名的最大长度。

FOPEN_MAX：整型常数表达式，允许一个程序能够同时打开的最大文件数。

fops_t：能表示文件中任一位置信息的对象类型。

L_tmpnam：整型常数表达式，表示足以容纳函数 tmpnam()所生成的最长临时文件名的字符数组的大小。

NULL：空指针常数。

以下 3 个常数表达式用作函数 fseek()的第 3 个参数：SEEK_CUR、SEEK_END、SEEK_SET。

ize_t：无符号整数类型。

tderr：文件指针型表达式，指向与标准错误相关联的 FILE 对象。

tdin：文件指针型表达式，指向与标准输入流相关联的 FILE 对象。

tdout：文件指针型表达式，指向与标准输出流相关联的 FILE 对象。

MP_MAX：整型常数表达式，允许函数 tmpnam()生成的文件的最小数目。

函数名	原型和功能描述	说明
clearer	void clearer(FILE *stream); 清除 stream 所指向的流的相关文件的文件结束标志和出错标志	
fclose	int fclose(FILE *stream); 刷新 stream 所指向的流，关闭相关文件，并在关闭前刷新缓冲区。如果关闭成功，则函数返回 0，否则返回 EOF	
feof	int feof(FILE *stream); 若遇文件结束，则返回非 0 值，否则返回 0	
ffush	int ffush (FILE *stream); 此函数迫使 stream 所指的输出流的缓冲区内的数据立即物理写入，并刷新缓冲区，而不管它是否已满。如果发生写错误，则函数返回 EOF，否则返回 0。当需要立即清空输出缓冲区时，应该使用该函数	
fgetc	int fgetc(FILE *stream); 从 stream 所指向的输入流中读取下一个字符，并把它作为函数的返回值。如果到了文件尾而未读到字符，则函数返回 EOF	参见 getc()与 getchar()
fgets	int *fgets (char *buf,int n,FILE *stream); 从指定的 stream 流中读取最多 n–1 个字符并把它们存放到 buf 所指向的缓冲区中，当读取到换行符或文件结束符后将终止读取。最后一个字符读入缓冲区后接着添加一个 NULL 字符，使它成为一个字符串。如果成功，则函数返回 buf。如果在任何字符读取前就到达了文件尾，则缓冲区的内容不变，并返回一个 NULL 指针	参数 buf 所指缓冲区的长度不能小于 2。如果缓冲区溢出，fgets 也不引起错误
fgetpos	int fgetpos (FILE *stream,fops_t*pos); 将 stream 所指流的文件当前位置值存入 pos 所指的位置。如果成功，则函数返回 0，否则返回非 0 值	该函数事实上是 ftell()函数的替代方案
fopen	FILE *fopen(const char *fname,const char *mode); 以 mode 方式打开以 fname 所指向的字符串为文件名的文件，并为该文件创建一个流。如果打开成功，则该函数返回一个指向 FILE 结构的指针，该结构代表这个新创建的流。如果失败，则函数返回 NULL 指针	
fprintf	int fprintf(FILE *stream,const char *format,…); 按 format 指定的格式将输出信息写入 stream 所指向的流。如果写入成功，则函数返回实际写入的字符数，否则返回一个负值	参见 printf()和 sprintf()
fputc	int fputc(int ch,FILE *stream); 将 ch 中的字符写入 stream 所指向的输出流中。如果写入成功，则函数返回所写的字符，否则返回 EOF	参见 putc()和 putchar()
fputs	int fputs(const char*str,FILE *stream); 将 str 中的字符串写入 stream 所指向的输出流中。字符串结束符不被写入。如果写入成功，则函数返回一个非负值，否则返回 EOF	参见 fgets()、gets()和 puts()
fread	size_t fread(void *buf,size_t size,size_t count,FILE *steam); 从 stream 所指流中读取长度为 size 的 count 个数据元素，写入由 buf 所指的缓冲区。函数返回成功则读入元素的个数，如果发生度错误或遇到文件结束符，则返回值可能小于 count	
freeopen	FILE *freeopen(const char *fname,const char *mode,FILE *stream); 打开以 fname 所指向的字符串为文件名的文件，使其与 stream 流相关联。参数 mode 用法同 fopen()函数。成功返回 stream 的值，失败则返回 NULL	
fscanf	int fscanf(FILE *stream,const char *format,…); 从 stream 所指流中读取输入数据，按 format 指定的格式存入其后面的一系列指针参数所指的对象中。读取成功，则返回读取的数据个数；出错或遇文件结束，则返回 EOF	

续表

函数名	原型和功能描述	说明
fseek	int fseek (FILE *stream,long offset,int from); 定位 stream 所指流的文件位置指针。新位置通过 from 指定的位置加上 offset 得到。若 from 为 SEEK_SET、SEEK_CUR 或 SEEK_END,则分别把文件位置指针定位在文件开头、文件当前位置或文件末尾。成功返回当前位置，否则返回-1	
fsetpos	int fsetpos (FILE *stream,fops_t const *pos);	参见 fseek ()
ftell	long ftell (FILE * stream); 返回 stream 所指流的当前位置	参见 fgetpos ()
fwrite	size_t fwrite (const void *buf,size_t size,size_t n,FILE *stream); 将 buf 所指缓冲区中的 n*size 字节写入 stream 所指的流中。n 为元素个数，size 是元素的字节数。函数返回成功写入的元素数，如果写入出错，则返回值可能小于 n	
getc	int getc (FILE *stream); 从 stream 所指流中读取一个字符。读取成功，则返回读取的字符，出错或遇文件结束，则返回 EOF	参见 fgetc ()
getchar	int getchar (void); 从 stdin (标准输入设备) 所指的输入流读取下一个字符，函数返回所读字符。若流到了文件尾或出错，则函数返回 EOF	
gets	char *gets (char *str); 从 stdin 所指的输入流读取字符送*str 中，直到读到文件尾或新行符 (按 Enter 键) 结束。所有新行符被丢弃，最后一个字符读到*str 后再补写一个串结束符。若成功，返回 str，否则返回 NULL	
printf	int printf (const char *format,arg_list); 参数 arg_list 是输出项列表。函数将 arg_list 中的输出项按 format 指定的格式写入 stdout 流中 (标准输出设备)。成功则返回输出字符的个数，否则返回负数	
putc	int putc (int ch,FILE *stream); 将 ch 中的字符写入 stream 所指向的输出流中。如果成功，则函数返回写入的字符，否则返回 EOF	
putchar	int putchar (int ch); 将 ch 中的字符输出到标准输出设备 (写入 stdout 流中)。如果写入成功，则函数返回写入的字符，出错则返回 EOF	
puts	int puts (const char *str); 将 str 所指的字符串写入 stdout 所指的流中 (输入标准设备)，并再添加一个换行符。若成功则函数返回一个非负数，否则返回 EOF	
remove	int remove (const char *fname); 删除 fname 所指文件，如果该文件处于打开状态，则其结果取决于编译器。若成功则函数返回 0，否则返回非零值	
rename	int rename (const char *oldfname, const char *newfname); 将名为 oldfname 的文件重命名为 newfname。如果名为 newfname 的文件已存在，其结果取决于编译器。成功返回 0，否则返回-1	
rewind	void rewind (FILE *stream); 将文件读/写指针定位到 stream 所指流的起始位置，同时清除流的错误提示标志	
scanf	int scanft (const char *format,…); 从标准输入设备 (stdin) 按 format 指定的格式读取数据，存入其后面的一系列指针参数所指的对象中。读取成功，函数返回读取的数据项个数；发生输入项错误时，返回 EOF	
sprintf	int sprintf (FILE *buf,const char *format,…); 此函数与 fprintf () 函数功能基本相同，区别在于这里的参数 buf 是一个数组而不是流。输出内容被写入数组，并在最后写入一个字符串结束符。如果写入成功，则函数返回实际写入的字符数，否则返回一个负值	

续表

函数名	原型和功能描述	说明
sscanf	int sscanf(const char *str,const char *format,…); 此函数与 fscanf()函数功能基本相同，区别在于这里的参数 str 指定的不是流，而是一个字符串，函数从该字符串中获取输入内容。遇到字符串结束符时等同于 fscanf()遇到文件结束符	参见 fscanf()
tmpfile	FILE *tmpfile(void); 创建一个临时二进制文件，当文件被关闭或程序终止时这个文件将自动关闭。该文件是以"wb+"方式打开的，这时它可用于二进制和文本数据。如果能创建文件，函数返回一个指向所创建文件流的指针。如果文件不能创建，则函数返回一个空指针	
ungetc	int ungetc(int ch,FILE *stream); ungetc()函数把一个先前读取的字符 ch 退回到由 stream 所指向的流中，这样它可以在以后被重新读取，如果成功，则函数返回转换成 int 类型的退回字符；失败则返回 EOF	

C.4　常用的内存相关函数

函数名	原型和功能描述	头文件
calloc	void *calloc(size_t n,size_t size); 把连续的内存块分配给 n 个数据项，每个数据项大小为 size 字节。如果分配成功，则返回分配的内存空间起始地址；否则返回 NULL。所分配的内存空间已被初始化为 0。参数 size 的类型为 size_t，它是一个无符号整数类型	stdlib.h
free	void free(void *ptr); 释放由 ptr 所指向的一块内存，该内存块是先前由 calloc()或 malloc()函数调用分配的	stdlib.h
malloc	void *malloc(size_t size); 分配 size 字节的内存块。如果分配成功，则返回所分配的内存空间起始地址，否则返回 NULL。所分配的空间未初始化	stdlib.h
realloc	void *realloc(void *ptr,size_t newsize); 将 ptr 所指的原先已分配的内存块的大小改为 newsize 字节，返回新分配的内存空间起始地址。分配不成功返回 NULL。被分配的空间可能被整体移动	stdlib.h

C.5　其他库函数

函数名	原型和功能描述	头文件
abort	void abort(void); 除非信号 SIGABRT 被捕获且信号处理函数不返回，否则使程序异常终止。此函数不能返回调用者	stdlib.h
assert	void assert(int expression); assert 实际上是一个宏，其功能是用于诊断。当它执行时，如果表达式参数 expression 的值为假，则宏 assert 将特定调用失败的信息写到标准错误文件中。然后 assert 再调用函数 abort 终止程序。通常，对于用户无法消除的错误，使用宏 assert 还是合适的	assert.h
atexit	int atexit(void(*fun)(void)); 把 fun 所指向的无参数函数注册为程序正常结束时要调用的函数。如果注册成功，则函数返回 0，否则返回非 0 值。参见 exit()函数	stdlib.h
clock	clock_t clock(void); clock()函数返回从程序开始执行起处理器所消耗的时间。这个值可能是个近似值，若需要更精确的值，则可以在 main()函数刚开始执行时调用 clock，然后把以后调用 clock()返回的值减去前面这个值。如果机器无法提供处理器时间，或时间值过大则不能用 clock_t 类型的变量表示，则函数返回–1。如果要把返回的时间值转换为秒，则应把它除以常量 CLOCKS_PER_SEC	time.h

续表

函数名	原型和功能描述	头文件
exit	void exit (int status); 此函数使得程序正常终止。如果一个程序对函数 exit() 的调用多于一次，则其行为是不可预知的。如果 status 的值为 0 或 EXIT_SUCCESS，则返回一个正常终止状态。如果 status 的值为 EXIT_FAILURE，则返回一个异常终止状态。此函数不能返回调用者	stdlib.h
time	time_t time (time_t *timer); 此函数返回当前日历时间的最佳近似值。如果日历时间不能得到，则函数返回–1。如果参数 timer 是一个非空指针，则时间值也被存储在该指针所指的位置	time.h

参考文献

陈建铎. 2008. C 语言程序设计[M]. 西安: 西北大学出版社.

戴建华. 2009. C 语言开发技术详解[M]. 北京: 电子工业出版社.

耿国华, 索琦, 等. 2002. 计算机基础与语言程序设计[M]. 北京: 电子工业出版社.

霍尔顿. 2013. C 语言入门经典[M]. 北京: 清华大学出版社.

孔垂柳, 宋维平, 周雅翠, 等. 2010. C 语言程序设计[M]. 北京: 科学出版社.

乔林. 2009. C 程序设计[M]. 北京: 清华大学出版社.

谭浩强. 2010. C 程序设计[M]. 4 版. 北京: 清华大学出版社.

张铭, 王腾蛟, 赵海燕, 等. 2008. 数据结构与算法[M]. 北京: 高等教育出版社.

张毅坤, 张亚玲, 等. 2011. C 语言程序设计教程[M]. 西安: 西安交通大学出版社.